U0142209

凝煉知識品味閱讀

化妝品概論

Introduction of Cosmetics

張效銘

作者序

追求「美麗」是人類的天性，化妝品與人們的生活自古就息息相關。打從數千年埃及的牛奶沐浴，中國殷商時期燒製的「鉛白」等等，均是早期人們使用化妝品的例子。化妝品製造產業是與美相關的產業，係結合科技與美學之特用化學品工業，也是低污染、高附加價值、形象好、親和力佳的產業。隨著我國人們生活水平逐年提升，在經濟繁榮發展與高齡化社會來臨的趨勢下，化妝品使用的層面急速擴展，化妝品市場規模亦也逐年擴大。依據我國「化妝品衛生管理條例」第 3 條對化妝品的定義，化妝品係指施於人體外部，以潤澤髮膚、刺激嗅覺、掩飾體臭或修飾容貌之物品。舉凡皮膚保養品、髮用製品、彩妝品、香水、男士用品、防曬用品、嬰兒用品及個人衛生用品等，都是屬於大家耳熟能想的化妝產品。

本書是針對化妝品相關科系設計的基礎課程，接續化妝品相關科系的基礎化學課程，並爲中高階課程──化妝品原料學、化妝品有效性評估、化妝品調製等課程建立基礎。在本書編排架構上，共分「化妝品的基礎概念」、「化妝品的基礎理論」、「化妝品原料」及「化妝品分類與實例」等四個部分。先介紹化妝品的基本定義、分類及產業趨勢。接著，陳述影響化妝品調製的重要基礎化學理論及新技術在化妝品的發展應用。除了調配、加工技術及設備條件外，原料的開發和選擇會影響化妝品的品質、功效。第三部分，針對化妝品的基質原料、輔助性原料及機能性原料的分類、特性及作用，挑選具代表性的成分進行介紹。最後，針對不同化妝品產品的類型進行介紹並舉相關實例提供讀者參考。科學日新月異，資料之取捨難免有遺漏，尚祈國內外專家學者不吝指正。最後，希望化妝品概論一書，提供讀者對化妝品有全面性的瞭解！

張效銘

二〇一六年於台北

目錄

第四篇　化妝品產品分類與實例

第一篇 化妝品的基礎概念

追求「美麗」是人類的天性，化妝品與人們的生活自古就息息相關。打從數千年埃及的牛奶沐浴，中國殷商時期燒製的「鉛白」等等，均是早期人們使用化妝品的例子。進入二十世紀的至今，化妝品已是結合科技與美學的高科技產業，也是低污染、高附加價值、親和力最佳的產業。隨著科技進步，自 1980 年開始，化妝品更由奢侈品變成日常生活不可或缺的必需品，其發展與流行趨勢變化息息相關，對社會文化的影響亦日漸顯著。依據我國「化妝品衛生管理條例」第 3 條對化妝品的定義，化妝品係指施於人體外部，以潤澤髮膚、刺激嗅覺、掩飾體臭或修飾容貌之物品。美國食品暨藥物管理局的「食品、藥物及化妝品法」（Food, drug, and cosmetic Act; FD&C Act）對化妝品的定義爲舉凡用塗擦、撒布、噴霧或其他方法使人體清潔、美化、增進吸引力或改變外表的產品。舉凡皮膚保養品（skin care）、髮用製品（hair care）、彩妝品（color cosmetics or makeup）、香水（fragrances）、男士用品（Men's grooming products）、防曬用品（sun care）、嬰兒用品（baby care）及個人衛生用品（personal hygiene）等，都是屬於化妝產品。本篇主要介紹化妝品的定義、作用、分類及化妝品產業，以提供讀者認識化妝品及化妝品產業。

第一章　化妝品與化妝品產業

第一節　化妝品的定義

化妝品的定義，就廣義而言是指化妝用的物品。在希臘語中「化妝」的詞義是「裝飾的技巧」，意思是把人體自身的優點多加發揚，而把缺陷加以彌補。1923 年，美國哥倫比亞大學 C. P. Wimmer 概括化妝品的作用為：「使皮膚感到舒適和避免皮膚病；遮蓋某些缺陷；美化面容；使人清潔、整齊、增加神采」。

我國對於化妝品的定義為，根據行政院於中華民國 91 年 6 月 16 日總統令修正公布的「化妝品衛生管理條例」第 3 條對於化妝品之定義為：「本條例所稱化妝品，係指施於人體外部，以潤澤髮膚、刺激嗅覺、掩飾體臭或修飾容貌之物品；其範圍及種類，由中央衛生主管機關公告之」。化妝品管理分為兩類，一為含有醫療及毒劇藥品化妝品（簡稱含藥化妝品），需要查驗登記；另一為未含有醫療及毒劇藥品化妝品（簡稱一般化妝品）。兩者的產品標示規範也不相同，如表 1-1 我國化妝品的分類與管理。

表 1-1　我國化妝品的分類與管理

分類	一般化妝品	含藥化妝品（如染髮劑、防曬劑、止汗劑及牙齒美白劑）
上市前管理	無須事先申請備查	須經查驗登記許可後，才能輸入或製造販售； 國產：衛署製字第 000000 號 輸入：衛署粧輸第 000000 號 衛署粧陸輸第 000000 號（大陸製）

分類	一般化妝品	含藥化妝品（如染髮劑、防曬劑、止汗劑及牙齒美白劑）
產品標示	產品名稱、製造廠商名稱及地址、國外產品進口商名稱及地址、內容物淨重或容量、全成分、用途、用法及保存期限	除一般化妝品應標示的項目外，還要包括許可證字號及使用注意事項等

世界各國家依照國情之不同，對化妝品的定義與分類與我國不完全相同。這些不相同的定義與分類在各國衛生機構對產品的管理及各國化妝品工業的發展及貿易都產生重要的影響，各國化妝品的分類與定義如表 1-2 所示。

表 1-2 各國化妝品的分類與定義

項目	管理法規與主管機關	化妝品的分類	化妝品的定義
我國	化妝品衛生管理條例 衛生福利部	1. 一般化妝品 2. 含藥化妝品	1. 一般化妝品：施於人體外部，以潤澤髮膚、刺激嗅覺、掩飾體臭或修飾容貌之物品（化妝品衛生管理條例第 3 條）。 2. 含藥化妝品：含有醫療或劇毒藥品之化妝品。
歐盟	歐盟化妝品指引 76/768/EEC 歐盟委員會各國主管當局	化妝品	化妝品：接觸於人體各外部器官（表皮、毛髮、指趾甲、口唇和外生殖器或口腔內的牙齒和口腔黏膜），以清潔、發出香味、改善外觀、改善身體氣味或保護身體使之保持良好狀態爲主要目的的物質和製劑。口腔衛生用品，包含含氟牙膏屬於化妝品，但是經口、吸入或注射途徑攝入體內的產品不屬於化妝品。

項目	管理法規與主管機關	化妝品的分類	化妝品的定義
美國	1.聯邦食品、藥物及化妝品法 2.商品包裝和標籤法 食品藥物管理局	1.化妝品 2.Over the Counter 化妝品／藥品（OTC Cosmetic/ Drug Products）	1.化妝品：預期用於塗抹、傾注、噴灑或噴霧、引注或塗敷於人體任何部位，以清潔、美化、增加魅力或改變容貌之商品，但不含肥皂。 2.OTC 化妝品／藥品：指預期用於診斷、治療、減緩人類或動物疾病並影響人體或動物生理結構與機能之物質。無須醫生處方即可買到的含有藥品成分的化妝品。
日本	1.藥事法 2.厚生省執行法規 厚生勞動省	1.化妝品 2.醫藥部外品之「藥用化妝品」	1.化妝品：爲清潔、美化、增進魅力、修飾容貌或爲了維持肌膚、毛髮健康而塗抹、噴灑或以其他類似方法而溫和作用於人體之物品；乃指其對人體的作用緩和，不論是正常使用或不慎誤用，都不會危及人體，安全性無虞。 2.藥用化妝品：指具有固定用途，溫和作用於身體但不使用於診斷、治療、預防疾病及影響身體構造或機能之化妝產品。
中國	1.化妝品標示管理訂定 2.化妝品衛生監督條例 衛生部、國家食品藥品監督管理局	1.化妝品 2.特殊用途化妝品	1.化妝品：指以塗擦、噴灑或者其他類似的方法，散布於人體表面任何部位（皮膚、毛髮、口唇等），以達到清潔、消除不良氣味、護膚、美容和修飾目的日用化學工業用品。 2.特殊用途化妝品：具有法定特殊用途之化妝品。

項目	管理法規與主管機關	化妝品的分類	化妝品的定義
東協	東協化妝品指令 ACD 東協聯盟	化妝品	化妝品：採用與歐盟相同之化妝品定義。

綜上所述，化妝品的定義可做如下概述：「化妝品是指以塗敷、揉擦、噴灑等不同方式，塗抹在人體皮膚、毛髮、指甲、口唇和口腔等處，發揮清潔、保護、美化、促進身心愉快等作用的日用化學工業產品」。

第二節　化妝品的作用

化妝品的作用可概括爲如下五個方面：

1.清潔作用

去除皮膚、毛髮、口腔和牙齒上的髒污，以及人體分泌與代謝過程中產生的不潔物質。例如：清潔霜、清潔乳、淨面面膜、清潔用化妝水、沐浴乳、洗髮精、牙膏等。

2.保護作用

保護皮膚及毛髮等處，使其滋潤、柔軟、光滑、富有彈性，以抵禦寒風、烈日、紫外線輻射等的損害，增加分泌機能活力，防止皮膚皺裂、毛髮斷裂。例如：雪花膏、冷霜、潤膚霜、防裂油膏、乳液、防曬霜、潤髮油、髮乳、護髮乳等。

3.營養作用

補充皮膚及毛髮營養，增加組織活力，保持皮膚角質層的含水量，減少皮膚皺紋，減緩皮膚衰老以及促進毛髮生理機能，防止脫髮。例如：人參霜、維生素霜、珍珠霜等各種營養霜、營養面膜、生髮水、藥性髮乳、藥性頭蠟等。

4.美化作用

美化皮膚及毛髮，使之增加魅力，或散發香氣。例如：粉底霜、粉餅、香粉、胭脂、唇膏、髮膠、慕絲、染髮劑、燙髮劑、眼影膏、眉筆、睫毛膏、香水等。

5.防治作用

預防或治療皮膚及毛髮、口腔和牙齒等部位影響外表或功能的生理病理現象。例如：雀斑霜、粉刺霜、抑汗劑、除臭劑、生髮水、痱子水、藥物牙膏等。

第三節　化妝品的分類

化妝品種類繁多，其分類方法也五花八門，例如：按劑型分類、按內含物成分分類、按使用部位和使用目的分類或按使用年齡、性別分類等。

一、按劑型分類

即按產品的外觀形狀、生產工藝和配方特點分類，可分為如下十三類：

1.水劑類產品

如香水、花露水、化妝水、營養頭水、奎寧頭水、冷燙水、除臭水等。

2.油劑類產品

如髮油、髮蠟、防曬油、浴油、按摩油等。

3.乳劑類產品

如清潔霜、清潔乳液、潤膚霜、營養霜、雪花膏、冷霜、髮乳等。

4.粉狀產品

如香粉、爽身粉、痱子粉等。

5.塊狀產品

如粉餅、胭脂等。

6.懸浮狀產品

如香粉蜜等。

7.表面活性劑溶液類產品

如洗髮乳、沐浴乳等。

8.凝膠狀產品

如抗水性保護膜、染髮膠、面膜、指甲油等。

9.氣溶膠製品

如噴髮膠、慕絲等。

10. 膏狀產品

如泡沫剃鬍膏、洗髮膏、睫毛膏等。

11. 錠狀產品

如唇膏、眼影膏等。

12. 筆狀產品

如唇線筆、眉筆等。

13. 珠光狀產品

如珠光香皂、珠光指甲油、雪花膏等。

二、按產品的使用部位和使用目的分類

1.皮膚用化妝品類

(1) 清潔皮膚用化妝品：如清潔霜、清潔乳液等。

(2) 保護皮膚用化妝品：如雪花膏、冷霜、乳液、防裂膏、化妝水等。

(3) 營養皮膚用化妝品：如人參霜、維生素霜、荷爾蒙霜、珍珠霜、絲素霜、胎盤膏等。

(4) 藥性化妝品：如雀斑霜、粉刺霜、除臭劑、抑汗劑等。

2.毛髮用化妝品類

(1) 清潔毛髮用化妝品：如洗髮精、洗髮膏等。

(2) 保護毛髮用化妝品：如髮油、髮蠟、髮乳、爽髮膏、護髮乳等。

(3) 美髮用化妝品：如燙髮劑、染髮劑、髮膠、慕絲、定型髮膏等。

(4) 營養毛髮用化妝品：如營養頭水、人參髮乳等。

(5) 藥性化妝品：如去屑止癢精、奎寧頭水、藥性髮乳等。

3.美容化妝品

(1) 基面化妝品：粉底液、粉底霜、粉底膏、粉散和粉餅等。

(2) 彩妝用品：眼部化妝品（包括眉筆、眼影、眼線筆、睫毛膏）、腮紅、口紅、指甲油等。

4.口腔衛生用品

(1) 牙膏（包括普通牙膏和藥物牙膏）。

(2) 牙粉。

(3) 含漱口水。

三、我國化妝品的分類

1.頭髮用化妝品類

髮油、髮表染色劑、整髮液、髮蠟、髮膏、養髮液、固髮料、髮膠、髮霜、染髮劑、燙髮用劑、其他。

2.洗髮用化妝品類

洗髮粉、洗髮精、洗髮膏、其他。

3.化妝水類

剃髮後用化妝水、一般化妝水、花露水、剃鬍水、黏液狀化妝水、護手液、其他。

4.化妝用油類

化妝用油、嬰兒用油、其他。

5.香水類

一般香水、固形狀香水、粉狀香水、噴霧式香水、腋臭防止劑、其他。

6.香粉類

粉膏、粉餅、香粉、爽身粉、固形狀香粉、嬰兒用爽身粉、水粉、其他。

7.面霜乳液類

剃鬍後用面霜、油質面霜（冷霜）、剃鬍膏、乳液、粉質面霜、護手霜、助曬面霜、防曬面霜、營養面霜、其他。

8.沐浴用化妝品類

沐浴油（乳）、浴鹽、其他。

9.洗臉用化妝品類

洗面霜（乳）、洗膚粉、其他。

10. 粉底類

粉底霜、粉底液、其他。

11. 唇膏類

唇膏、油唇膏、其他。

12. 覆敷用化妝品類

腮紅、胭脂、其他。

13. 眼部用化妝品類

眼皮膏、眼影膏、眼線筆、睫毛膏、眉筆、其他。

14. 指甲用化妝品類

指甲油、指甲油脫除液、其他。

15. 香皂類

香皂、其他。

按產品的外觀形狀、生產工藝和配方特點分類，有利於化妝品生產裝置的設計和選用、產品規格標準的確定以及分析試驗方法的研究，對生產和品管部門進行生產管理和質量檢測是有利的。按產品的使用部位和使用目的分類，比較主觀，有利於配方研究過程中原料的選用和有利於消費者了解和選用化妝品；但由於將不同劑型、不同生產工藝及配方結構的產品混在一起，不利於生產設備、生產工藝條件和質量控制標準等的統一。

隨著化妝品工業的發展，化妝品已從單一功能邁向多功能方向發展，許多產品在特性和應用方面已沒有明顯界線，同一劑型的產品可以具有不同的特性和用途，而同一使用目的的產品也可製成不同的劑型。爲此，既考慮生產上的需要，又考量應用方面的需要，在介紹生產工藝及設備時，著重於按劑型分類；而在介紹各種化妝品配方時，則著重於按使用部位和使用目的分類。

第四節　化妝品產業與發展趨勢

化妝品製造產業是與美相關的產業，是結合科技與美學之特用化學品工業，也是低污染、高附加價值、形象好、親和力佳的產業。隨著人們生活水平逐年提升，在經濟繁榮發展與高齡化社會來臨的趨勢下，化妝品使用的層面急速擴展，化妝品市場規模也逐年擴大。

化妝品製造產業是與美相關的產業，是特用化學品產業中最爲注重包與整體行銷的產業，產品品牌與通路形象深深影響產品銷售與商業經營模式。化妝保養品市場蘊藏著無限的商機，國內外各廠商無不卯足全力不斷的開發新產品來吸引消費者的目光藉以擴大商機。

一、化妝品產業

(一)化妝品的產業結構

化妝品製品產業結構如圖 1-1 所示，從上游的基本化學原料供應、化妝品原料供應、化妝品原料通路商，到中游的委託製造商、化妝品品牌商，一直發展至下游的終端產品通路商、零售商及化妝品消費者。

化妝品原料供應鏈在化妝品產業中扮演上游製成終端化妝品所需原料的重要角色，除了自基礎化工廠商取得基礎化學原料加工生產各類化妝品原料，提供中游製造廠商製作化妝品外，亦是開發各式創新基質或輔助原料的關鍵要角。

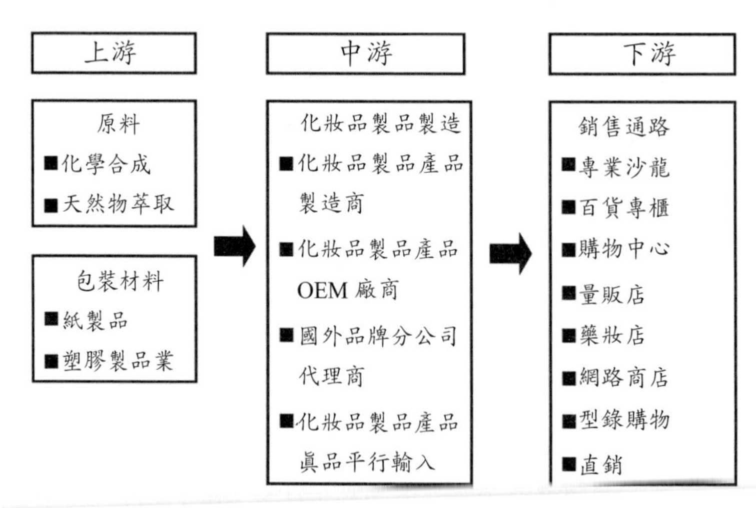

圖 1-1 化妝品製品製造產業結構

(二)產業定義

化妝品所包括之範圍相當廣，主要可分爲保養品、彩妝品與香水三大系列。保養化妝品包括化妝水、乳液、面霜等。彩妝品則包括口紅、眼影、腮紅、粉餅等。產業之特色：

1. 化妝品已視爲日常生活中不可或缺的必需品。
2. 是與美相關的產業，也是爲低污染、高附加價值、親和力最佳的產業。
3. 行銷依賴良好品牌形象，產業服務品質以與產品形象密切關係。
4. 與生化、生技、奈米、高科技結合，以創新方式產品精緻度。
5. 產品具有以安全性、有效性爲品質號召之高品質管控特性。
6. 與服務業高度結合。

二、台灣化妝品製造產業市場規模

台灣具規模之化妝品製造廠商有台灣資生堂、台塑生醫、台灣高絲、統一化妝品、台糖生技、台鹽、美吾華與耐斯等公司。目前市場上仍以國外品牌及台灣資生堂、台灣花王等經營市場較久的化妝品品牌之市場占有率較高，但近年國內生技及製藥產業爲基礎的廠商，有心投入保養品研發和銷售的新公司爲數不少，未來在化妝品市場的經營亦可預期國產品的市場占有率將逐年提升，而台灣化妝品製造廠商將具有良好的發展機會。

根據經濟部統計處工業生產統計，台灣化妝品製造產業自 2011 年，即保持穩定成長，2012 年台灣化妝品製造產業爲新台幣 12,430 百萬元，2013 年產值爲新台幣 13,327 百萬元，2014 年產值爲新台幣 13,768 百萬元。綜觀全球經濟發展趨勢，2012 年起全球經濟受到歐洲信債及美國財政懸崖的威脅下，全球化妝品消費者的購買意願降低，全球化妝品製造產業市場規模呈現萎縮狀態，但台灣化妝品製造產業市場隨著陸客來台觀光，開啓化妝品製造產業的新商機，許多早年將生產重心移至中國大陸的化妝品製造廠商，也陸續回流耕耘台灣化妝品市場，並以自有品牌經營模式進行產品生產與銷售。因此 2013 年台灣化妝品製造產業的產值呈現小幅成長。2014 年台灣之消費力道在經濟數據改善下，較 2013 年呈現緩步增溫，台灣化妝品製造產業呈現穩定成長。2015 年第一季台灣民眾對於奢侈品消費力道受惠薪資調整影響，化妝品製造產業變化呈現上升，預期 2015 年台灣化妝品製造產業產值應可達新台幣 14,456 百萬元。

表 1-3 2011~2015 年台灣化妝品製造業產值趨勢分析

單位：新台幣百萬元

年份	2011	2012	2013	2014(e)	2015(f)	2014 年成長	2015 年成長 (f)
年生產值	10,851	12,430	13,327	13,768	14,456	3.3%	5.0%

e：推估值；f：預估值
資料來源：經濟部統計處

三、我國化妝品製造產業面臨之課題

1. 產業及企業規模小，所擁有的資源較少，投入研發與行銷的能量較少。

2. 我國市場規模雖有逐年成長的趨勢，但長久以來在美、日、歐等國際知名品牌的壓境下，國內消費者偏愛國際品牌，加上近年來國外眞品平行輸入、仿冒品、水貨等，均嚴重影響本土業者在國內市場的生存空間。

3. 我國化妝保養品業者對國際流行及產品技術資訊掌握程度較低，

導致產品開發多採用「追隨國際大廠」的方式進行，產品自主性的開發設計能力較弱。

4. 目前我國化妝保養品產業原料的自主性較低，尤其是在中高階定位產品所需之原料九成以上多自國外進口，加上國際原料供應商在供給原料時多會附上參考配方，無形中也增加了我國化妝保養品業者對國際原料商的依賴，造成生產成本上升、進入障礙較低的現象。

5. 目前我國化妝保養品用之包材供應，無論在玻璃製品或塑膠製品上，技術層次均有一定的水準，但由於我國化妝保養品業者訂單數量較少，開發模具成本費用高，一般業者多不願負擔，因此多採用公模，可變化的空間較少。另外，我國化妝保養品業者在高級品上多採用進口品，連帶也降低了我國化妝保養品用包材的市場規模，影響業者的投入，目前已有包材業者逐漸將重心轉往中國大陸發展，對我國發展化妝保養品產業將會有一定的影響。

6. 國內缺乏具公信力之有效性確認機制。目前我國化妝保養品相關產品在消費者的心目中仍未建立穩固的地位，加上市面上產品多訴求機能性，在法規的要求下，均需針對產品進行一連串有系統的評估。但目前國內並未建立具公信力的有效性確認機制，業者多必須自行摸索，對業者造成相當大的困擾。

7. 目前國內對於化妝保養品產業之相關業務，並無單一窗口處理。

8. 目前我國化妝保養品相關法規有過嚴或不足之處，例如環保署之減廢法規規定、含藥化妝品之規定等。

9. 出口市場受中國大陸與韓國廠商的競爭程度日益增大。

四、我國化妝保養品工業之優劣勢分析

1.優勢（strength）

- 化妝保養品企業之化工製造技術佳，具生產之工業基礎，製造成本低。
- 業者學習能力強，產品化能力佳。
- 業者與學界互動佳，學界日漸重視。
- 相關化工產業（原料、製品）發展基礎穩固。
- 人民生活水準日益提升。
- 政府正積極建構持續吸引投資之優良環境。

2.機會（opportunities）

- 政府列爲國家重點發展產業。
- 經濟發展，生活水準提高，使用年齡層下降，消費意願、能力提升，帶動需求上升。
- 低污染、高附加價值產業適合我國發展。
- 高齡化社會來臨，高價產品市場空間增大。
- 大中華市場逐漸成長，台灣品牌發展機會大。
- 產品附加價值高，且橫跨眾多領域，可帶動石化、生技、塑膠加工等其他相關產業之技術升級與發展。
- 生技、特用化學品人才充沛，轉換投入容易。

3.劣勢（weaknesses）

- 國內市場規模小，國內消費者鍾情國際品牌。
- 產品生命週期短，產品研發能力不足，研發成本過高，業者難以負荷。
- 上下、周邊等相關產業之資源未能充分連結。

- 缺乏功能性原料、流行設計、（國際）行銷之人才。
- 業者缺乏 GMP 之認證，外銷競爭力較弱。

4.威脅（threats）

- 仿冒品、平行輸入品侵蝕市場之威脅。
- 中國大陸擁有原料（尤其是中草藥）、市場之優勢，相關產業快速成長，未來極可能威脅國內業者之生機。
- 國際相關法規（GMP）之限制，將對國內業者之出口造成衝擊。

五、台灣化妝品製造產業的未來發展展望

1.化妝品 GMP 制度推動台灣化妝品製造產業提升

歐盟第一部化妝品法規 Regulation (EC) No.1223/2009（化妝品 GMP）於 2013 年 11 月在 27 個歐盟成員國以及挪威、冰島和列支敦士登中正式實施。歐盟化妝品新規範將全面替代舊的化妝品指令，且其涉及的產品影響範圍廣，包括乳霜、乳液、化妝水、凝膠及潤膚劑、肥皂、防臭劑、香水以及口腔護理等，與皮膚接觸的這些化妝品都要通過 GMP 認證。屆時，不符合規定的化妝品將不得在歐盟成員國銷售，歐盟法規的修正也連帶影響中國大陸地區修法，自 2014 年 6 月 1 日起，將提升化妝品資訊相關資料登錄，強化化妝品安全性評估以及取消動物實驗。(EC) No.1223/2009 將成為未來歐盟化妝品監管的主要依據，目前東南亞、中國大陸及美國的化妝品法規逐漸以此為版本修改之依據。

國際市場逐漸採用 GMP 驗證機制的趨勢下，未來對未取得相關證照的廠商，在國外市場的經營上將逐漸面臨壓力，國內化妝品保養公司應及早因應此一趨勢。目前我國採用自願性的化妝品 GMP 制度，自民國 97 年推廣至今通過台灣自願性化妝品優良製造規範（GMP）驗證工廠有 37 間，通過 ISO 22716 GMP 驗證工廠約 50 間，且仍在持續增加當中，顯示

企業對化妝品製造產業升級的意願，我國政府積極予以輔導與支持的正面協助，以協助台灣化妝品製造產業升級。

2.台灣產業面對中國大陸市場之發展利基產品策略

發展利基產品策略（差異性、利基性與關鍵性產品項目、產品產值與發展方向）；雖然中國大陸化妝品發展很快，但是其本土企業仍存在不少問題，例如：

- **產業科技含量不高，品質難以保證**：中國大陸的化妝品行業以中小型企業居多，在產品研發、技術創新上投入不夠，在科學配方研製和開發方面技術落後，有的尚達不到國家衛生檢疫標準，中國大陸人民對其自有品牌的品質普遍抱持懷疑態度。
- **品牌知名度低，行銷手段滯後**：與國外企業相比，中國大陸本土品牌間的品牌力對比懸殊，合資和獨資企業生產的化妝品在中國大陸市場上占主導地位。

從中國大陸觀光客來台大肆收購化妝保養品可見，台灣製的產品目前在中國大陸人們的心目中仍舊有相當的品質與產地號召力。對於利基產品的規劃策略如下：

- 我國與國際同步實施化妝品 GMP 制度，應擴大在台灣和大陸宣傳，讓兩岸人民知道台灣已經實施化妝品 GMP 以及其內容和成效。以此進一步樹立台灣的化妝品製造形象。
- 台灣在彩妝製造能力優秀，在口紅、唇彩、眼影、腮紅調配技術佳，過去幫國外大廠代工甚多。由於大陸內需市場廣大，應輔導我國彩妝廠商發展自有品牌，以期擺脫幫國際大廠代工之舊有模式，而以在大陸發展自有品牌為策略。

- 台灣在天然活性萃取技術先進且資料庫建立完整，中國大陸人民也渴望天然化妝品且能接受植物成分之保養品，應進一步協助廠商瞭解兩岸法規之差異及市場喜好，以開發既符合需求又能符合法規之商品。

此外，競爭策略上應學習外商在中國大陸展開大規模市場調查，瞭解中國大陸民眾的需求；其次，與既有的通路聯合作戰，並不排除併購通路以及建立新通路（例如網路行銷等）。強勁的廣告宣傳、公關應用、品牌塑造行銷策略等，全方面布局。台灣中小企業廠商很多，但能打整體戰的廠商很少，政府可以在台灣化妝品產品形象（例如 GMP）、市場調查、新產品開發輔導、法規和質量規範輔導和貿易障礙的消除、甚至行銷平台之建構等來協助台灣廠商進軍大陸市場。

3.韓風化妝品崛起，商業經營模式值得台灣借鏡

韓國化妝品在台灣乃至整個亞洲有驚人成績和影響力，除了要歸功韓國影視文化的成功發展，其化妝品製品行業在全球的行銷經驗更值得我們學習。

- 韓方原料配方建立化妝品市場區隔性：隨著韓劇風潮的引領下，標榜高級人蔘萃取液、宮廷皇家配方等各種韓方原料，在韓國政府大力支持化妝品製造產業發展下，積極向全世界拓展市場。
- 韓國化妝品製造企業商業經營模式特別著重產品行銷策略：在包材設計上，韓國化妝品的外觀、標誌、顏色等方面，均做得相當漂亮且具有特色，贏得不少台灣消費者的青睞，受到全球化妝品市場注意。無論是從產品的開發、外觀的設計，還是在產品的使用上，韓國企業一直不斷對消費者進行分析和研究，思考消費者

意見和潛在需求，並發揮自身優勢，此種商業經營模式值得台灣借鏡。

習 題

1. 請說明我國化妝品的定義？
2. 請說明化妝品的作用？
3. 請舉例說明你（妳）所常使用或知道化妝品產品？

第二篇 化妝品的基礎理論

化妝品工業是綜合性較強的技術密集型工業，它涉及的面很廣，不僅與物理化學、界面化學、膠體化學、有機化學、染料化學、香料化學、化學工程等有關，還和微生物學、皮膚科學、毛髮科學、生理學、營養學、醫藥學、美容學、心理學等密切相關。這需要多門學科知識相互配合，並綜合運用，才能生產出優質、高效能的化妝品。近年來，生物工程技術、奈米科技的引入與化妝品相融合，更爲現代化妝品科學提供新的發展。本篇著重介紹化妝品的化學基礎理論、化妝品的毒理及安全試驗，同時介紹新的發展技術在化妝品中的應用。

第二章　化妝品與膠體理論

化妝品是由許多種化學物質組成的混合物，有關化妝品的物理化學特性與膠體和界面科學有密切關係。大多數的化妝品是一種處於溶解狀態的物質和不溶解狀態物質相混合形成的狀態，屬於一種分散體系或多分散體系，90% 以上的化妝品為分散體系，即屬於化學領域中的膠體體系，因此膠體理論是化妝品基礎科學中的重要理論之一。

第一節　膠體與膠體的特性

一、膠體

自然界的各類物質一般都形成氣、液和固體三種聚集狀態，常稱為氣相、液相和固相三種狀態，常有一種或幾種物質分散在另一種物質中的分散系。例如，水滴分散在空氣中形成雲霧；油分散在水中形成乳液等。將被分散的物質稱為分散相或內相，另一種物質則稱為分散介質或外相，有時也稱為連續相。分散體系可按照分散相與分散介質的聚集狀態來分類，例如分散相為氣態、液態和固態，其分散介質為液態的分散體系則稱為泡沫、乳狀液和溶膠，化妝品大多為這幾類分散體系，化妝品產品慕絲、乳液、膏霜和粉蜜就分別屬於這幾類。

膠體（colloids）也是一種分散系，在這種分散系裡，分散質微粒直徑的大小介於溶質分子或離子的直徑（一般小於 10^{-9} 米）和懸濁液或乳濁液微粒的直徑（一般大於 10^{-7} 米）之間。一般來說，分散質微粒的直徑大小在 10^{-7}~10^{-9} 米之間的分散系叫做膠體。根據膠體粒子大小介於

10^{-7}~10^{-9} 米之間的特點，把混有離子或分子雜質的膠體溶液放進用半透膜製成的容器內，並把這個容器放在溶劑中，讓分子或離子等較小的微粒透過半透膜，使離子或分子從膠體溶液裡分離出來，以淨化膠體。這樣的操作叫透析，應用透析的方法可精煉某些膠體。

膠體的種類很多，按照分散劑的不同，可分爲液溶膠、氣溶膠和固溶膠。分散劑是液體的叫做液溶膠（也叫溶膠），例如，實驗室裡製備的 $Fe(OH)_3$ 和 AgI 膠體都是液溶膠；分散劑的氣體形態，叫做氣溶膠，例如，霧、雲、煙等都是氣溶膠；分散劑是固體形態的，叫做固溶膠，例如煙水晶、有色玻璃等都是固溶膠。日常生活裡經常接觸和應用的膠體，有食品中的牛奶、豆漿、粥，日用品中的塑膠、橡膠製品，建築材料中的水泥等。90% 以上的化妝品均爲膠體分散系，例如：

1. 雪花膏是一種以油脂、蠟分散於水中的分散系。
2. 冷霜是將水分散於油脂、蠟中的分散系。
3. 牙膏是以固體細粉爲主，懸浮於膠性凝膠中的一種複雜分散系。
4. 水溶性香水是採取增溶方法，將芳香油分散於水中的透明液體。
5. 香粉蜜是利用保護膠體的作用，使細粉懸浮在水溶液中的分散系。
6. 洗髮精和剃鬚膏是肥皂或各種洗滌劑溶解於水的膠體溶液或膠性凝膠。
7. 唇膏、胭脂膏和指甲油是顏料分散於液體或半固體蠟類的分散系。
8. 香粉可以說是細粉中含有大量空氣或固體細粉。

此外，化妝品的許多原料都是以膠體形態存在的。

二、膠體的生成

膠體是一種高分散體系，分散相的大小是處於粗分散粒子和原子分子的大小之間，因此有兩個途徑可以獲得膠體，一種是分散法，它是將粗顆粒透過機械、聲波、通電等方法分裂成膠體粒子；另一種是凝聚法，它是將原子、離子或分子聚結成膠體粒子，即

$$\text{粗分散體系} \xrightarrow{\text{分散法}} \text{膠體} \xleftarrow{\text{凝聚法}} \text{低分子體系}$$

三、膠體的重力特性

動力性質主要是溶膠中粒子的不規則運動及由此產生的擴散、滲透及在重力場下粒子數隨高度的分布平衡等特性。

(一)布朗運動

植物學家布朗（Brown）利用顯微鏡觀察到，懸浮液水面上的花粉不斷地作不規則的運動，他觀察到溶膠粒子不斷地作不規則「之」字形的連續運動（圖 2-1），此即布朗運動（Brownian movement）。它是由於分散介質的分子熱運動碰撞溶液粒子的合力不為零而引起的。布朗運動是溶膠

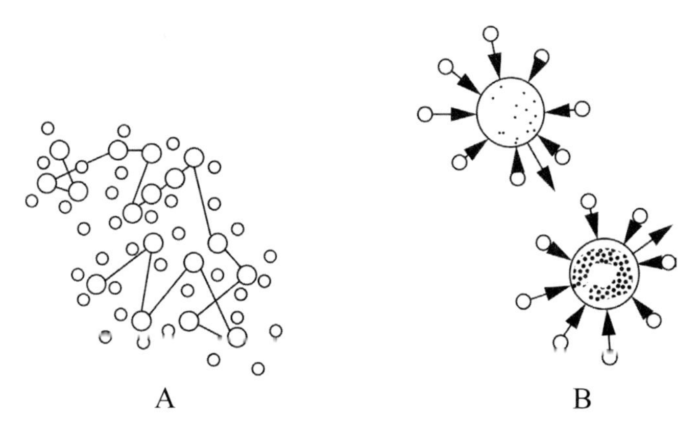

圖 2-1　膠粒的布朗運動示意圖

重要的動力性質之一，膠粒越小，布朗運動越激烈。

(二)擴散

布朗運動是不規則的，對膠粒來說，在某一瞬間向各個方向運動的機率幾乎是相等的。當溶膠中存在濃度差異時，布朗運動將使膠粒從濃度高的區域向濃度低的區域運動，這種現象稱爲膠粒的擴散（diffusion）。濃度差越大，擴散越快。膠粒顆粒較大，擴散速率要比眞溶液小得多。膠粒直徑在 10^{-7}~10^{-9}m 範圍內，濾紙的孔徑在 10^{-5}~10^{-6}m 之間。半透膜孔徑一般小於 10^{-9}m ，膠粒能透過濾紙，不能透過半透膜。利用膠粒不能透過半透膜的性質，可除去溶膠中的小分子雜質，使溶膠淨化。

(三)沉降

分散系中的分散相粒子在重力作用下逐漸下沉的現象，稱爲沉降（sedimentation）。懸濁液（如泥漿水）中的分散相粒子大而重，可視爲不存在擴散現象，在重力作用下很快沉降。溶膠的膠粒較小，質量較輕，沉降和擴散兩種作用同時存在：一方面膠粒受重力作用沉降，另一方面由於介質的黏度和布朗運動使膠粒向上擴散。當沉降和擴散這兩個相反作用的速率相等時，稱爲沉降擴散平衡。平衡時，底層濃度最大，隨著高度的增加濃度逐漸減少，形成一定的濃度梯度。這種狀況與大氣層中氣體的分布相似。達到沉降平衡所需的時間與膠粒的大小及密度等有密切關係，粒子越小（或密度越小），建立平衡所需的時間就越長。

爲了加速膠粒沉降，可使用超速離心機。比地球重力大數十倍的離心力作用下，可使溶膠或蛋白質溶膠迅速沉降，可利用沉降速率測定溶膠膠團的莫耳質量或高分子化合物的莫耳質量。

四、膠體的光學特性

膠體分散體系同小分子眞溶液和高分子化合物溶液，雖屬於高度分散體系，但在光學性質上仍有差別。光不能完全通過懸浮液和乳狀液而呈現混濁，眞溶液往往是透明的。高度分散的溶膠能通過光線，也是呈現透明狀。很難從外觀上來鑑別溶膠與眞溶液，但若讓一束匯聚的光線透過溶膠，在側面可以看到一個發光的圓錐體，這現象稱爲丁達爾效應（Tyndall effect）（圖 2-2）。後來的研究發現眞溶液和高分子溶液也能產生這種丁達爾效應，但強度十分微弱。

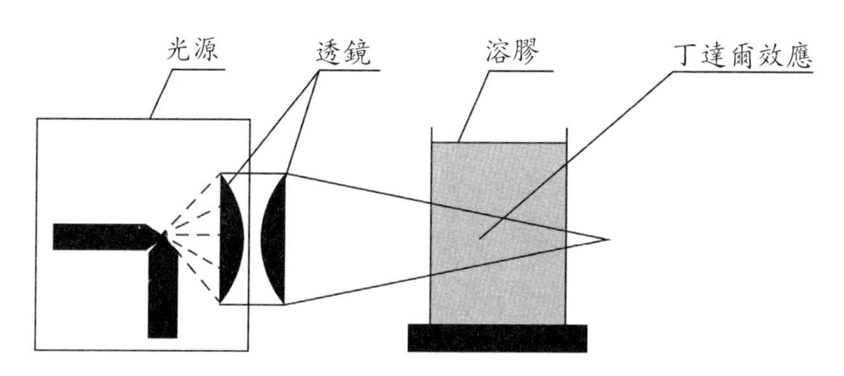

圖 2-2　丁達爾效應

可見光射入分散系統有三種不同的作用：第一種爲光的吸收。例如，硫酸銅溶液呈現藍色，與銅離子吸收橙黃色的光有關；第二種爲光的反射，當分散粒子的直徑大於光的波長時發生反射。例如，懸浮液和浮狀液；第三種爲光的散射，當分散粒子的直徑大於光的波長時發生的現象，即光可以繞過粒子向各個方向傳播。溶膠的一般膠粒大小大不超過 10^{-6}m，小於可見光和紫外光的波長。對溶膠而言，以散射爲主。對有色溶膠（例如氫氧化鐵溶液），除了散射作用外，尚有光的選擇吸收作用存在（即吸收可見光的某一部分）。

丁達爾效應可鑑別小分子溶液、高分子溶液和溶膠。小分子溶液基本上無丁達爾效應，高分子溶液的丁達爾效應微弱，而溶膠的丁達爾效應強烈。

五、膠體的電學特性

溶膠的電學特性又稱電動現象，是用來描述膠粒雙電層中的擴散層，從帶電的表面錯動分開時所引起的電泳及電滲等現象。

(一)電泳

在外加電場作用下，帶電的分散相粒子在分散介質中向電性相反電極移動的現象稱爲電泳（electrophoresis）（如圖 2-3 所示）。外加電勢梯度越大，膠粒帶電越多，膠粒越小，介質的黏度越小，則電泳速度越大。溶膠的電泳現象證明溶膠是帶電的，若在溶膠中加入電解質，則對電泳會有顯著的影響。隨著增加電解質至溶膠中，可改變膠粒帶電特性，電泳速度會降低以至爲零，甚至改變膠粒的泳動方向。

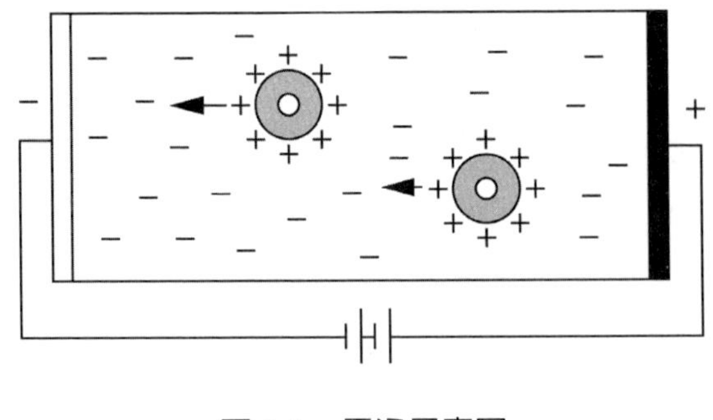

圖 2-3　電泳示意圖

(二)電滲

在外加電場作用下，分散介質（由過剩反離子所攜帶）通過多孔膜或極細的毛細管移動的現象稱爲電滲（electroosmosis）（如圖 2-4 所示）。

電滲時帶電的固相不動，增加電解質至溶膠中會影響電滲的速度。隨著電解質的增加，電滲速度降低，甚至會改變液體流動的方向。

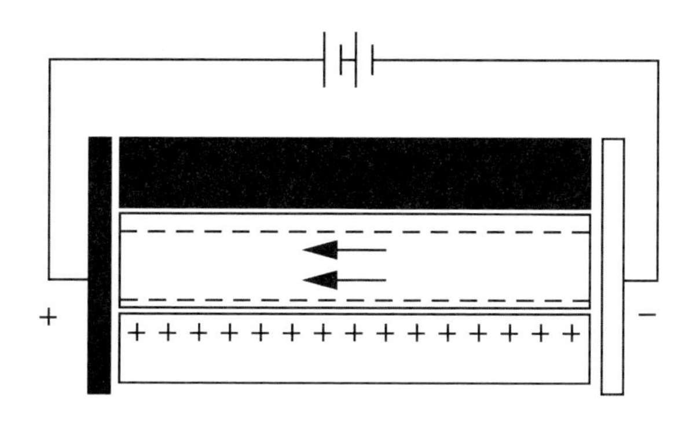

圖 2-4　電滲示意圖

六、膠體的穩定理論

膠體分散系的穩定與聚沉，涉及到膠體的形成和破壞，在理論上和實際上都具有重大的意義。

膠體是多分散體系，具有極大的比表面積和表面能，從熱力學角度來說，粒子間的聚結（從小微粒變成大微粒），降低其表面能是自發過程的必然趨勢，這是膠體不穩定的原因，即膠體是熱力學不穩定系統。另一方面，膠體中分子的熱運動狀態是存在的，擴散總會發生，使體系濃度分布均勻，使整個體系處於相對穩定狀態，即膠體體系又具有動力穩定性。雖然膠體是熱力學上的不穩定系統，但它又具有動力穩定性、電力穩定性及其他穩定因素，如加入一定各類和適當數量的電解質、高聚合物或聚合電解質等可以使膠體體系在一個相當長時間內處於穩定的狀態。

膠體分散系是穩定與聚沉矛盾的體系，在體系中穩定與聚沉同時產生作用並相互轉化。膠體的穩定與聚沉取決於膠粒之間的排斥力和吸引力，前者是穩定的主要因素，後者是聚沉的主要因素。根據這兩種力產生的原因及其相互作用情況建立了膠體的穩定理論。

1.膠體的 DLVO 穩定理論

DLVO 理論是研究帶電微粒穩定的理論，其認為帶電膠粒之間存在著兩種相互作用力：雙電層重疊時的靜電排斥力和粒子間的凡得瓦引力。它們相互作用決定了膠體的穩定性。

在描述膠體穩定時，通常採用「位能」而不用「力」，它們之間關係是位能等於力乘上在該力作用下位移的距離。膠體膠粒之間的總位能為排斥力位能與吸引力位能之和。體系的總位能決定了膠體的穩定性。當粒子間排斥力位能大於吸引力位能，並且足以阻止粒子由布朗運動碰撞而聚集時，則膠體處於相對的穩定狀態；相反地，若吸引力位能大於排斥力位能，則粒子相互靠攏而發生聚沉。改變它們的相對大小，亦即改變了膠體的穩定性。DLVO 理論指出，膠粒間的排斥力位能是與膠粒大小、表面電位及雙電層的厚度等有關，且與兩膠粒的最短距離成指數關係。而吸引位能與膠粒間距離成反比，也與膠粒的大小有關，較大的膠粒具有較大的吸引位能，另外還和膠粒的特性有關。

膠體的穩定性受粒子的大小及粒子間距離的影響，還受粒子表面電荷以及擴散雙電層的厚度和電解度的濃度等影響，要使膠體處於穩定狀態，可以從幾個方面考慮：

- **提高膠粒的表面電位**：在帶有相同電荷的兩個膠粒間存在靜電排斥力（如圖 2-5），阻止兩膠粒接近、合併變大，膠體中的膠粒動能相對穩定的存在。當膠粒的動能增大到能克服靜電排斥力時，膠粒間就會相互碰撞、合併及出現聚沉。通常膠體膠粒的動能沒有那麼大，故膠體能穩定存在。

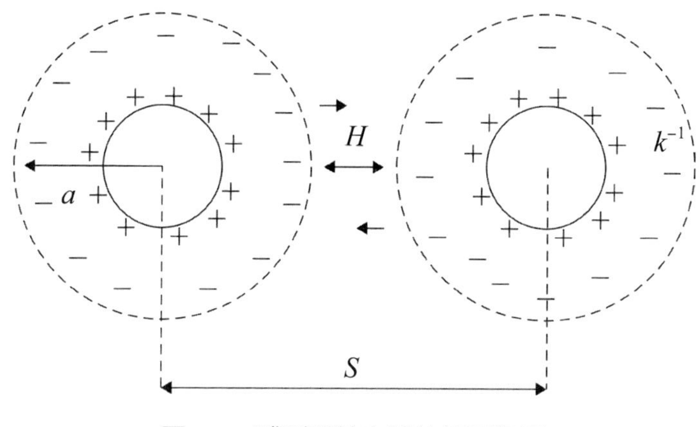

圖 2-5　球型膠粒之間的相互作用

- 增大擴散雙電層的厚度：這可透過加入適當濃度的低價電解質來實現，即必然有一最佳電解質濃度使其排斥位能達到最大，而使膠體處於相對穩定狀態，電解質濃度不足或加入過量都會降低其排斥位能，而使聚體聚沉。
- 改變分散相及分散介質的特性來影響穩定性：例如選擇與分散相特性相同的分散介質，這有利於提高膠體的穩定性。

2.膠體的空間穩定理論

DLVO 穩定理論的考量點之一是微粒的雙電層重疊時的靜電排斥力作用。然而應用 DLVO 理論來解釋一些高聚體或非離子型表面活性劑存在的膠體體系的穩定性時，往往不成功。如即使在水體系中加入非離子型表面活性劑或高分子聚合物往往能使膠體的穩定性大大提升，如按 DLVO 理論，擴散層重疊的排斥位能就會減少，膠體就會趨向不穩定，但事實並非完全如此，原因爲 DLVO 理論忽略了靜電排斥力位能以外的一些因素：微粒表面上的大分子吸附層阻止了粒子間的聚集，即忽略了吸附聚合物層的穩定作用，此一類穩定作用稱爲空間穩定作用。這種穩定理論稱爲空間穩定理論，又可稱爲膠體的吸附聚合物穩定理論。在空間穩定理論中，體系的總位能是排斥力位能與吸引力位能還有空間排斥力位能之總和。這裡的排斥力位能、吸引力位能其含義同 DLVO 理論，而空間排斥力位能當體系有非離子型的表面活性劑或高分子聚合物存在時，尤其在非水溶液中，它對體系穩定產生重要作用。在空間穩定理論中，吸附聚合物對體系的穩定性影響很大，吸附聚合物的結構、分子量、吸附層的厚度及分散介質對聚合物的溶解度等都對體系穩定有一定影響。

若在溶體中加入足夠數量的某些高分子化合物的溶液，高分子化合物能吸附在膠粒的表面上，使其對介質的親和力增加，達到防止聚沉的保護作用。高分子化合物的保護能力取決於它和膠體粒子間的吸附作用，如圖 2-6A 所示。若加入的高分子化合物少於保護膠體所必須的數量，則少量的高分子化合物能使膠體更容易爲電解質所聚沉，這種效應稱爲敏化作用（sensitization）。可由三個方面說明高分子化合物對膠體的聚沉作用。

- 搭橋效應：一個長碳鍵的高分子化合物可以同時吸附在許多個分散相的微粒上。高分子化合物能發揮搭橋的作用，把許多個膠粒連接起來變成較大的聚集體而聚沉，如圖 2-6B。
- 脫水效應：高分子化合物對水有更強的親和力，因爲它的溶解與水化作用，使膠體粒子脫水失去水化外殼而聚沉。
- 電中和效應：離子型的高分子化合物吸附在帶電的膠體粒子上，可以中和分散相粒子的表面電荷，使粒子間的斥力勢能降低而使溶膠聚沉。

A. 保護作用

B. 聚沉作用

圖 2-6 高分子化合物對膠體的保護作用和聚沉作用

第二節　膠體的流變特性

流變學（rheology）是研究物質的流動與變形的科學，流變特性（rheological characteristic）是討論物質在外力作用下發生形變和流動的性質，即黏性和彈性。對某一流體施加極小的力，也會使其流動，此力的能量全部消耗於流動上，透過流體流動的方式而消耗能量。像這類有黏性而無彈性的液體（例如水和液體石蠟等），稱之爲牛頓流體。若對像彈簧、橡膠等無黏性但有彈性的物體施加作用力時，會使固體變形，但不會消耗能量，此類物體稱爲變形體（又稱虎克固體）。

溶液狀態的化妝品（例如香水、花露水、化妝水及髮油、防曬乳等）可以按照牛頓流體來處理，但分散體化妝品（例如乳狀液、懸浮體和凝膠狀的化妝品）則是黏性和彈性交織在一起，具複雜的流變特性，這類物體稱爲黏彈性物體。

化妝品的流變特性非常重要，它直接關係到化妝品在使用時的黏性、彈性、可塑性、潤滑性、分散性和光澤性等一系列的物理特性。同時，它對化妝品生產設備的設計或選擇、製備條件和要求都有直接的影響。

一、流體的流動型式（牛頓流體）

黏度是由於內摩擦力而產生的流動阻力，是流動的一個重要參數。流體流動時存在速度梯度。剪切應力（τ）的作用就是克服流動阻力，以維持一定的速度梯度而流動。對於簡單流體，剪切應力（τ）與速度梯度（D）成正比關係，即：

$$\tau = \eta D$$

式中，η 爲黏度係數，簡稱黏度。此公式稱爲牛頓公式。

凡符合牛頓公式的流體都屬於牛頓流體，表現出的流動形式稱爲牛頓流形，其特點有：(1) 一旦受到外力作用立即流動；(2) 黏度只與溫度有關，不受速度梯度的影響；(3) 流變曲線爲一通過原點的直線，直線的斜率爲 $1/\eta$。根據流變曲線可將流體分爲牛頓流體和非牛頓流體；純液體和低分子量化合物的溶液等簡單液體屬於牛頓流體。

二、化妝品中的流動形式（非牛頓流體）

化妝品中大多數屬於濃分散體系，它們的流變特性較爲複雜，τ-D 關係不符合牛頓公式，即 τ/D 的比值不是常數，而是速度梯度的函數，它們對應的流變曲線不像牛頓流體是一條通過原點的函數，而是如圖 2-7 所示的各種曲線。以黏度 η 與速度梯度 D 作圖，則得到 η-D 關係圖，如圖 2-8 所示。在化妝品中的流體形式爲非牛頓流體，又可分爲塑性流動（plastic flow）、假塑性流動（pseudoplastic flow）、脹流流動（dilatant flow）等幾種類型。

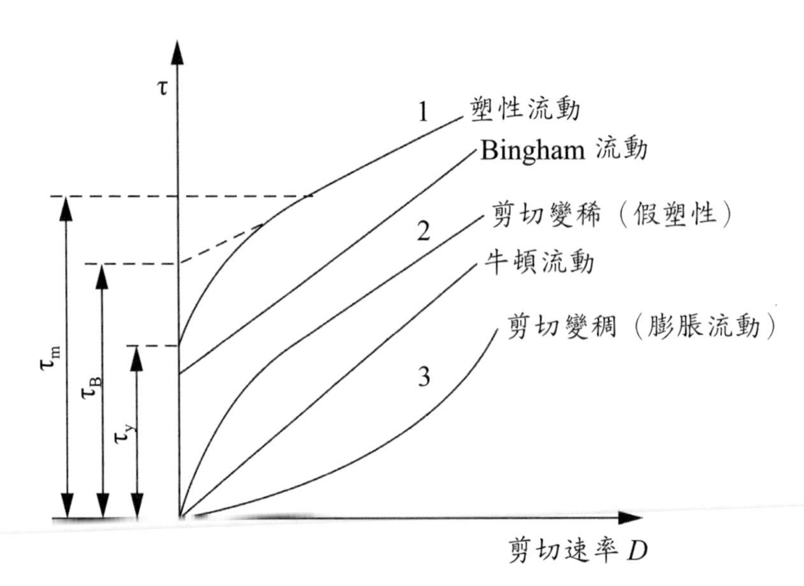

圖 2-7　牛頓流體與非牛頓流體的 τ-D 關係圖

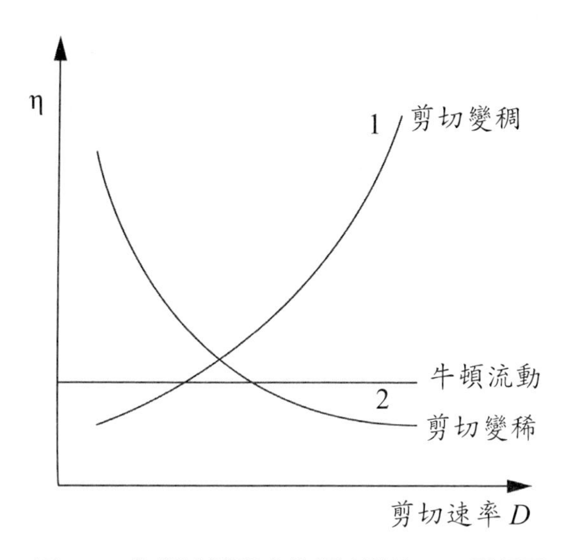

圖 2-8 牛頓流體和非牛頓流體的 η-D 關係圖

(一)塑性流動類型

塑性流動屬於非牛頓流型，塑性流變曲線的特點是不通過原點，與剪切應力軸相交於 τ_y 處。只有 $\tau > \tau_y$ 時，體系才流動，此處 τ_y 稱作屈服值（yield value）。塑性流動可看作是具有屈服值的假塑性流動，同屬於「剪切變稀（shear thinning）」非牛頓流體。隨著剪切應力的增大，在高剪切應力時，τ-D 曲線開始變成一定的線性關係。把開始變成線性關係時的剪切應力稱爲上限屈服值 τ_m；沿著線性部分直線外推至剪切應力軸，截距的剪切應力稱爲外推屈服值 τ_B；要使流體開始流動，需要克服最低剪切應力（上限屈服值），即爲塑性流動所謂的屈服值 τ_y。

影響塑性流動的因素很多，主要原由是網狀結構的形成，這完全取決於固體粒子的濃度、質點大小、形狀及它們之間的吸引力。只有當懸浮液濃度大到與質點相互接觸時，才表現出塑性流動現象。當體系處於靜置狀態時，部分質點相互吸引並形成疏鬆而有彈性的三維網狀結構。由於體系中三維網格作用力較大，黏度很高，使體系具有「固體」的性質。體系在流動變形之前，只有當外加剪切應力超過某一臨界值時，拆散質點間的網狀結構，網格崩潰，體系才能產生流動。剪切應力取消後，體系中的網狀結構又重新恢復，例如牙膏、泥漿、油漆、油墨、瀝青等。這類流型中，屈服值（又稱塑變值）和塑性黏度 η_p 是描述其流變性質的兩個重要參數。

在化妝品中，表現出塑性流體性質的產品和包括唇膏、棒狀髮蠟、無水油膏霜、溼粉、粉底霜、眉筆和胭脂等。

(二)假塑性流體

假塑性流體是一種常見的非牛頓流體，多數大分子化合物溶液和乳狀液均屬於假塑性流動。其特點是 τ-D 曲線通過原點，表示只要略微加上應力，就發生流動，沒有屈服值；黏度隨著速度梯度的增大而越來越小，亦即流動越快，越顯得稀，最終達到一個恆定的最低值，這種流體稱爲「剪切變稀」非牛頓流體。

大多數的乳化狀化妝品都表現出假塑性的流體行爲。體系中高聚合物分子和一些長鏈的有機分子多屬不對稱質點，在速度梯度場中會取向，將其長軸轉向流動方向，因此降低流動阻力，即黏度降低。另外，在剪切應力的作用下，質點溶劑化層也可以變形，已溶劑化的體液層會部分地被分離出來，使原來質點的體積相應減少，同樣可減小流動阻力、黏度降低。隨著剪切速率增大，定向和變形的程度越甚，黏度降低越多。而當剪切速率很高時，定向已趨向完全，黏度則不再變化。

(三)膨脹流動類型

膨脹流動也屬於非牛頓流體。膨脹流動的流變曲線也通過原點，但它與假塑性流型相反，曲線是下凹的，黏度隨剪切速率增加而變大，即「剪切變稠」。具有這種流型的物體，攪拌時黏度增大，攪拌停止後黏度反而降低，又恢復到原來的流動特性。膨脹流動的顆粒必須是分散的，而不是聚結的；分散相濃度須相當大，且應在一狹小範圍內，即剪切增稠區僅只是一個數量級的剪切速率範圍；表現在濃度較低時爲牛頓流體，濃度較高時則爲塑性流體。當剪切應力不大時，膨脹流動的顆粒全是分散的；剪切應力加大時，許多顆粒被攪拌在一起，雖然這種結合並不穩定，但增加了流動的阻力，流動的阻力隨剪切速率增加而增加。分散相濃度太小，這種結合不易形成，濃度太大，顆粒早就接觸，攪拌時體系內部變化不多，故膨脹現象也不顯著。

因爲分散相顆粒本來是分散的，它們之間的結合是暫時的，停止攪拌後質點又成分散的，於是黏度會再次降低。多數粉末和分散粒子都在稠密充塡的分散體系中顯現出膨脹流動的特性，但在化妝品中這種流動類型並不多見。

三、影響化妝品流變特性因素

多數化妝品是複雜的多相分散體系，即分散物質在分散介質中分散成膠態（如微乳液）、微粒（如乳液和膏霜）或粗粒狀（如含粉乳液和膏霜、面膜等），其流變特性較複雜。影響化妝品流變特性因素有很多，通常是幾個因素同時作用的結果。影響流變特性的主要因素包括：

1. 分散相的體積（或質量）分數、黏度、液滴或顆粒直徑、粒度分布和化學結構。
2. 連續相的性質和化學結構。
3. 乳化劑的化學性質、濃度，在分散相和連續相中的溶解度，以及乳化劑形成界面膜的特性、電黏度效應。
4. 其他添加物，特別是水溶性聚合物的作用等。

由於各類化妝品分散相的特性和體積分數變化很大，流變特性也會相應地發生變化而產生不同的使用效果。

四、觸變性

非牛頓流體（如膏霜、稠乳液和牙膏等）在恆定的剪切速率作用下，破壞形成液滴凝聚體的結構和結構再生之間產生平衡需要一定時間，因此會形成剪切應力隨時間延長而減小，最後接近某一定值的變化曲線，如圖2-9所示。這類體系，在恆定的剪切速率或剪切應力作用下，黏度隨時間延長而減小，並接近某一定值。當剪切速率或剪切應力解除後，黏度會逐漸回復。

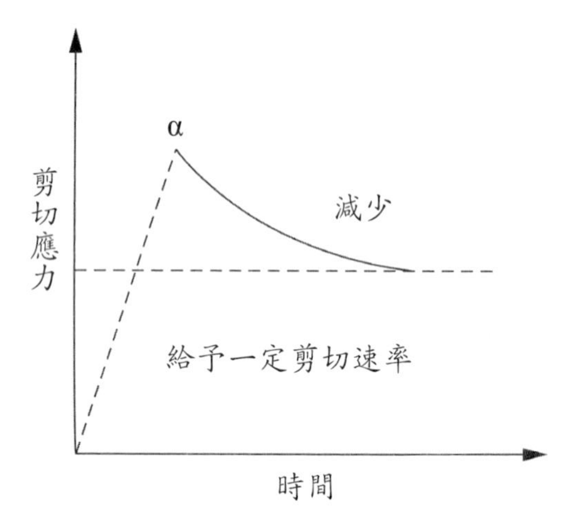

圖 2-9 恆定剪切速率下剪切應力隨時間的變化

在一定溫度下，非牛頓流體在外力（如攪拌等）作用下黏度隨時間延長而降低，變成易流動的。取消外力後，黏度又逐漸恢復到原來黏度的特性稱爲觸變性（thixotropy）。觸變體系的流變曲線有個塑變値，但不同於塑變流體，因爲增加剪切時，使體系結構自動復原，但被拆散的質點要靠布朗運動才能重建結構。這個過程需要時間，在一定短時間內不可能有明顯的觸變性形成，所以觸變流體的流變曲線上可得如圖 2-9 所示的滯後環（hysteresis loop）。通過計算環的面積，可做爲體系觸變性大小的度量。環的面積越大，觸變性越大。

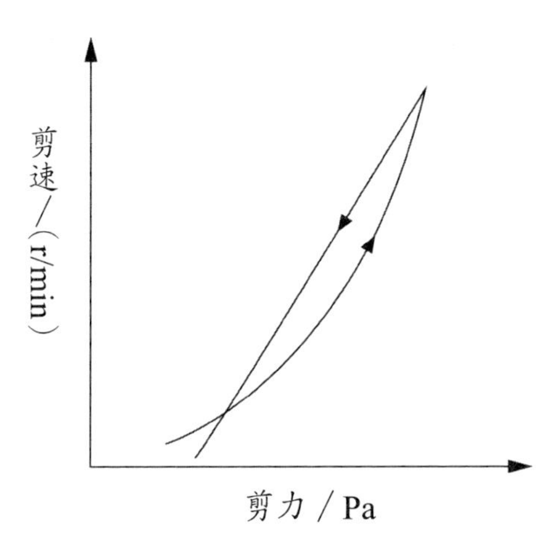

圖 2-9　觸變性滯後環

體系的觸變性與質點的不均勻性和定向性有關。但實際情況是相當複雜的，影響觸變性的因素主要有下列幾點：

1. 體系的濃度：體系只有在一定濃度下，才具有觸變性。
2. 體系的固體質點大小及形狀：對於較細的質點，形狀越不對稱的質點，體系越易呈現觸變性。
3. 在膠體中加入電解質使之呈現觸變性。
4. 溫度升高對觸變性的形成不利。

自然界中的許多物質（如血漿、天然礦物中的膨潤土、高嶺土等）

在一定的條件下都具有觸變性。不少乳狀液、懸浮液也有明顯的觸變性。觸變性的應用價值，如化妝品中膏霜、牙膏、唇膏和溼粉等都要求適合的觸變性。油漆因爲有一定的觸變性才不致使新刷的油漆立即從漆壁上流下來。硅鋁酸鹽類無機增稠劑也有很好的觸變性。這類體系的加工過程如高速均質、膠體磨、輸送泵的類型等對產品的最終流變性有很大的影響。

一些化妝品的流變特性如表 2-1 所示。

表 2-1　化妝品流變特性

分類	形式	產品	流變學特性
油性製品	液狀	頭髮油、防曬油、化妝用油	牛頓流動類型
	半固體狀 固體狀	潤髮乳、髮蠟、無水油性膏霜、唇膏、軟膏基質	塑性流動類型，油脂結晶的網狀結構
水性製品	液狀	化妝水、花露水、香水、潤髮水	牛頓流動類型
	半固體狀 固體狀	果凍狀膏霜 面膜	塑性流動類型
粉末製品	粉末狀	香粉、爽身粉	塑性流動類型、膨脹流動類型、粉體的流動
油性＋水性製品（乳化體）	液狀	乳液、髮膏、護髮乳	塑性流動類型、假塑性流動類型
	半固體狀 固體狀	膏霜	多爲觸變性；由於分散液滴和結構成分而造成結構形成與破壞

分類	形式	產品	流變學特性
油性＋粉末製品	液狀	指甲油（粉末＋有機溶劑）	觸變性；流動和結構回復，易塗抹
	半固體狀 固體狀	口紅、胭脂、面油膏 眉筆	塑性凝膠結構
水性＋粉末製品	液狀	化妝水粉	塑性流動類型；靜止狀態下沉降，振盪下再分散
	半固體狀 固體狀	面膜 牙膏	觸變性凝膠，塑性大假塑性流動類型
油性＋水性＋粉末製品	液狀	粉底液	塑性流動類型
	半固體狀 固體狀	粉底霜	
幾乎不含水分	固體	粉餅、眼影粉（固體香粉）	粉體流動

習　題

1. 什麼是膠體？它的重要性質有哪些？
2. 影響膠體穩定的因素爲何？
3. 請說明高分子化合物對溶膠的聚沉作用有哪些效應？
4. 請解釋流變特性與化妝品的關係？影響化妝品流變特性的因素爲何？
5. 出現在化妝品中的流體流動形式爲何？並舉例說明。
6. 何謂流體的觸變性？請說明影響觸變性的因素爲何？

第三章 化妝品與界面化學

90% 以上的化妝品都是分散體系，分散體系具有很大的比表面積，體系形成的巨大界面使得體系具有界面（表面）特性，這些表面特性會影響化妝品的物質特性。

第一節　表面活性劑與表面活性劑特性

一、表面張力

(一)表面與界面

通常所說的表面是指物體與空氣的接觸面，實際上也是空氣和物體的界面。界面是相與相接觸的面，即固體與液體的表面或是固相或液相與氣相的界面。

什麼是相？相是指物質體系中具有相同組成、相同物理性質和相同化學性質的均勻物質。例如，水、冰及水蒸氣三者雖然都是 H_2O ，但因有所不同的物理特性，所以分屬液相、固相及氣相。按固相、液相和氣相組合的形式，界面可以分成：固體 - 氣體、固體 - 液體、液體 - 氣體、液體 - 液體、固體 - 固體等五種界面。

(二)表面張力

物質分子之間存在著各種引力。在液體內部，分子間的距離很小，分子間的吸引力較大。但是，由於液體內部每個分子的上下左右都有相同的吸引力，因此彼此可以抵消互成平衡，即作用於該分子上吸引力的合力等

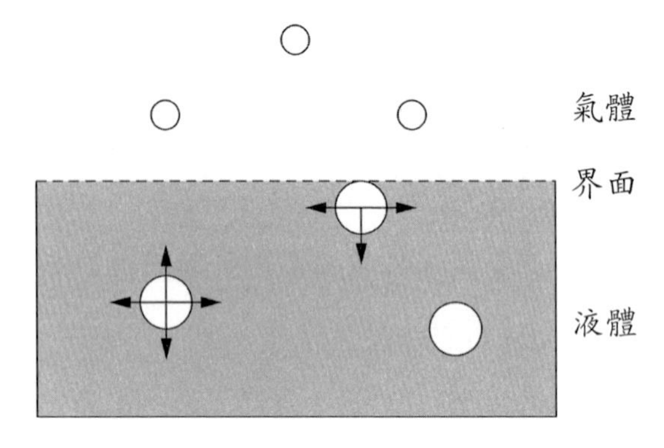

圖 3-1　界面分子受力示意圖

於零。在液體表面層，情況就與液體內部不一樣，表面上的液體分子只受到液體分子的吸引力，表面上空氣對它的吸引力則是微不足道。

如圖 3-1 所示，液體表面層的分子層僅在它的左右和下面受相鄰分子的吸引力。作用於表面層分子的吸引力的合力，方向指向液體內部並與液面垂直。這種合力把液體表面層上的分子拉向液體內部，因而液體表面有趨向縮小的傾向（即縮小表面積的趨勢）。如要使表面積擴大，就必須克服這種吸引力，即爲表面張力。表面張力越大的液體，縮小表面積的趨勢越強。例如，汞常呈圓球狀，水滴有時也可呈圓球狀，乙醚在空氣中表面張力很小，很少呈圓球狀。常見的液體物質的表面張力如表 3-1 所示。

表 3-1　幾種液體的表面張力

物質	表面張力（mM/m）	物質	表面張力（mM/m）
汞	485.0	氯仿	27.1
水	72.8	四氯化碳	26.7
硝基苯	43.4	乙醚	17.1
油酸	32.5	蓖麻油	39.0
苯	28.9	液狀石蠟	33.1

二、表面活性劑的定義與分類

(一)表面活性劑的定義

表面活性劑是一種有機化合物，分子結構具有兩種不同性質的基團：一種是不溶於水的長碳鏈烷基，稱爲親油基（hydrophobic group）；一種是可溶於水的基團，稱爲親水基（hydroplilic group）。故表面活性劑對水油都有親和性，能吸附在水油界面上，降低二相間的表面張力。以十二醇硫酸鈉（$C_{12}H_{25}OSO_3Na$）爲例，親水基爲 $-SO_4Na$ 部分，是親性基團並具有較強的親水性；親油基（疏水基）爲分子中烴基部分，$CH_3(CH_2)_{10}CH_2^-$ ，是非極性基團，具有較強的親油性或疏水性，如圖 3-2 所示。

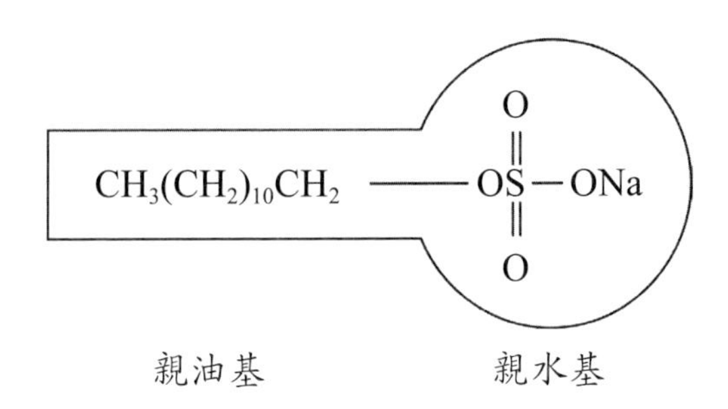

圖 3-2 表面活性劑分子結構示意圖

(二)表面活性劑的分類

表面活性劑大多兼有保護膠體和電解質的性質，例如肥皀在水溶液中具有保護膠體和電解質的雙重性質。我們知道，酸、鹼、鹽類電解質溶解在水裡，解離成帶有正（陽）電荷及負（陰）電荷的兩種離子。酸根，如硫酸根 SO_4^-，鹼根，如氫氧根 OH^- 都是陰離子；氫離子 H^+，重金屬離子，如鉀離子 K^+ 都是陽離子。表面活性劑也是電解質，在水中同樣離解成陰、陽兩種離子。能夠產生界面活性（就是發生作用的部分）的官能基是陰離子時叫做「陰電荷劑」；是陽離子時叫做「陽電荷劑」。此外，還有不產生離解作用的助劑，它的水溶性由分子中的環氧乙烷基－CH_3・O・CH_2－所產生，這一類界面活性劑叫做「非電離劑」。

表面活性劑按其是否在水中離解以及離解的親油基團所帶的電荷可分為陽離子型表面活性劑、陰離子型表面活性劑、兩性型表面活性劑及非離子型表面活性劑等類型。

1. 陽離子型表面活性劑（cationic surfactant）：高碳烷基的一級、二級、三級和四級銨鹽等，陽電荷活性劑在水中離解後，它的親水性部分（hydroplilic group）帶有陽電荷，特點是具有較好的殺菌性與抗靜電性，在化妝品中的應用是柔軟去靜電。

2. 陰離子型表面活性劑（anionic surfactant）：脂肪酸皂、十二烷基硫酸鈉等，陰電荷活性劑在水中離解後，它的親水性部分（hydroplilic group）帶有陰電荷，特點是洗淨去污能力強，在化妝品中的應用主要是清潔洗滌作用。

3. 兩性型表面活性劑（amphoteric surfactant）：椰油醯胺丙基甜菜鹼、咪唑啉等，特點是具有良好的洗滌作用且比較溫和，常與陰離子型或陽離子型表面活性劑搭配使用。大多用於嬰兒清潔用品、洗髮劑。

4. 非離子型表面活性劑（nonionic surfactant）：包括失水山梨醇脂肪酸酯（Span）及環氧乙烷加成物（Tween）。例如，失水山梨醇單硬脂酸酯（Sorbitan Monostearate, Span 60）和聚氧乙烯失水山梨醇單硬脂酸酯（Polyoxyethylene Sorbitan Monostearate, Tween 60），特點是安全溫和，無刺激性，具有良好的乳化、增溶等作用，在化妝品中應用最廣 。

除了上面幾種按離子形式分類的表面活性劑外，還有天然的表面活性劑，如羊毛脂、卵磷脂以及近年來迅速發展的生物表面活性劑，如槐糖脂等。表面活性劑在化妝品中的作用原理，以及各類型表面活性劑更詳細的介紹，請參見本書第七章輔助原料 (一)。

三、表面活性劑的水溶液

(一)定向排列

表面活性劑的分子是由親水基和親油基兩部分構成。當表面活性劑溶於水，分子在水面上呈有序定向方式排列，親水基朝向水相。如果溶於相互不溶的油和水中，在油 - 水兩相界面上，分子也是以有序定向方式排列，如圖 3-3 所示。親水基伸向水相，親油基則伸向油相，引起油 - 水兩相界面性質發生改變。

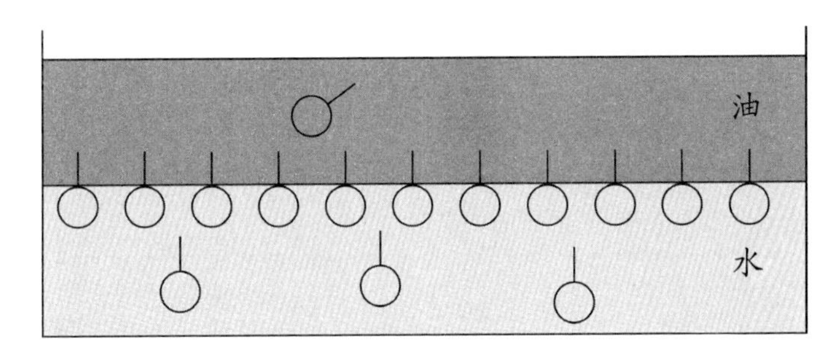

圖 3-3　表面活性劑分子在油 - 水界面上定向排列示意圖

(二)膠束形成

表面活性劑溶於水後，分子吸附在水面上，使水界面性質發生變化。以陽離子表面活性劑十二醇硫酸鈉（$C_{12}H_{25}OSO_3Na$）水溶液爲例（如圖 3-4 所示），一些物理化學性質，例如去污能力、增溶能力、溶解度、表面張力、滲透壓、導電的當量與油相的表面張力等物理化學性質會隨濃度的變化而有一個轉折點，大約爲 0.008 mol/L 左右的範圍，此爲十二醇硫酸鈉的 C_{mc} 值。當濃度大於此 C_{mc} 值時，表面活性劑的效果較佳。對同一種表面活性劑而言，幾乎在同一濃度範圍之內發生許多特性的急劇變化，當表

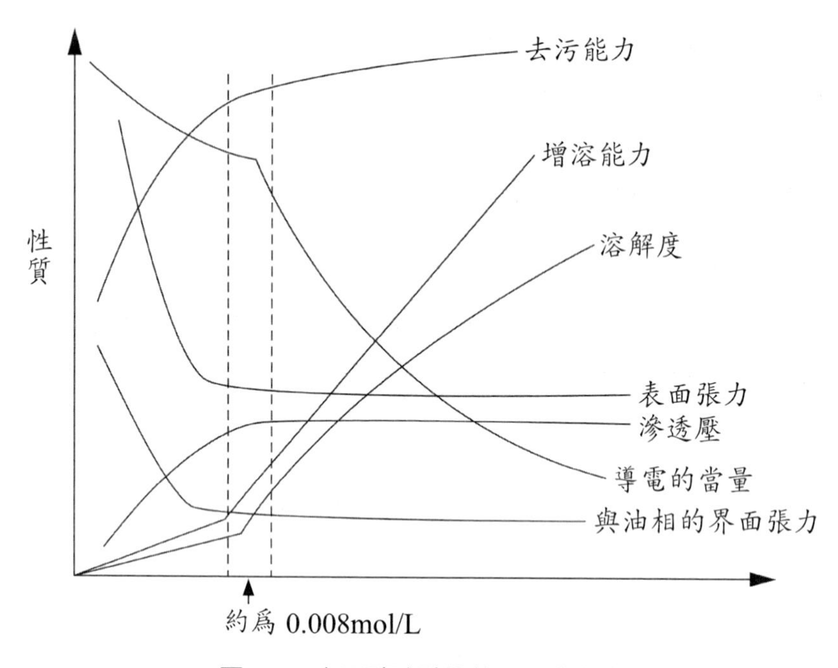

圖 3-4　十二醇硫醇鈉的 C_{mc} 濃度值

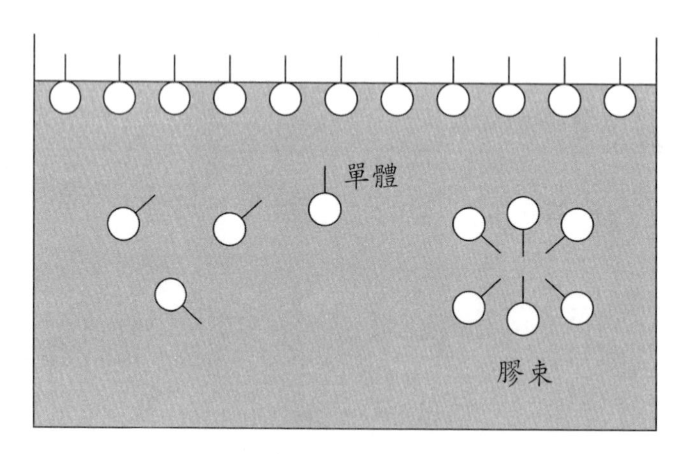

圖 3-5　膠束形成示意圖

面活性劑達到某一濃度範圍時，分子形成聚集體或締合體，使稱爲膠束（micelle），如圖 3-5 所示。能夠形成膠束的最低濃度稱爲臨界膠束濃度（critical micelle concentration），以 C_{mc} 表示。

四、膠束結構

表面活性劑溶解於水，當濃度很稀時，分子量是以少量分子將疏水基互相靠攏而分散在水中，當達到一定濃度時，即達到臨界膠束濃度（C_{mc}）時，立即互相聚集成較大的集團或是膠束（膠團），如圖 3-6 所示球形、棒狀或層狀膠束。極性基團（親水基）朝外與水相接觸，非極性基團（親油基或疏水基）朝裡面被包裹在膠束內部，幾乎和水脫離，此過程稱爲膠束化作用（micellization）。

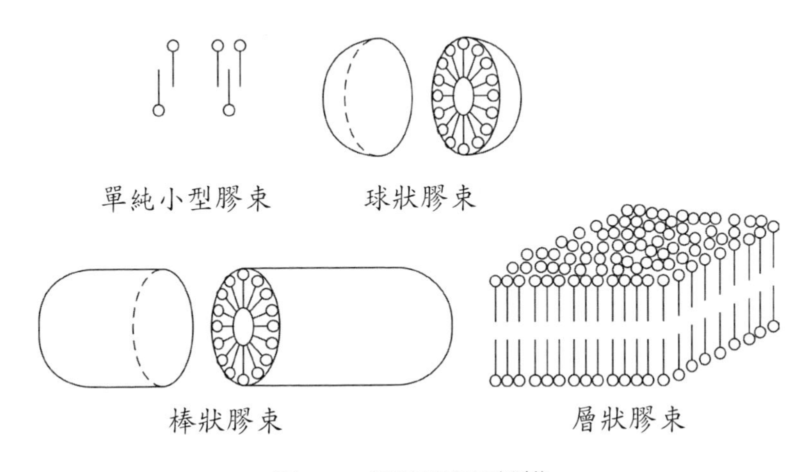

圖 3-6　各種膠束的結構

膠束大小的量度是聚集數，表示構成膠束的分子或離子單體數目。一般情況下，離子型表面活性劑的聚集數很小，約爲 100 之內，而非離子型表面活性劑的聚集數很大，參見表 3-2。聚集數在 100 之內的膠束多爲球狀，再多可形成棒狀或層狀膠束。離子型表面活性劑雖親水基不同，但其聚集數在 50~60 之間，非離子型表面活性劑的 C_{mc} 很低，聚集數則較大，這是因爲它們的親水基之間沒有離子電荷排斥作用所致。在水溶液中，表面活性與水之間相似性越大，聚集數越小；反之，相似性越小，聚集數越大。當表面活性劑分子的親水性變弱或親油性增加，形成膠束聚集數顯著增大。

表 3-2 碳鏈為 C_{12} 的表面活性劑的 C_{mc}、膠束量與聚集數（20℃）關係

表面活性劑	C_{mc}(mmol/L)	膠束量（$\times 10^3$）	聚集數（n）
$C_{12}H_{25}SO_4Na$	8.1	18	62
$C_{12}H_{25}N(CH_3)_3Br$	14.4	15	50
$C_{12}H_{25}COOK$	12.5	11.9	50
$C_{12}H_{25}SO_3Na$	10.0	14.7	54
$C_{12}H_{25}NH_3Cl$	14.0	12.3	56
$C_{12}H_{25}N(C_2H_5)Br$	16.0	17.7	54
$C_{12}H_{25}N(CH_3)_2O$	0.21	17.3	76
$C_{12}H_{25}O(CH_2CH_2O)_6H$	0.087	180	400

五、表面活性劑的C_{mc}與表面活性劑的關係

表面活性劑的臨界膠束濃度（C_{mc}）與在水溶液表面上開始形成飽和吸附層所對應的濃度是一致的，同時，表面活性劑水溶液的許多物理性質以 C_{mc} 值爲分界，發生顯著的變化，如圖 3-4 所示。反之，也可透過其水溶液物理性質顯著變化的濃度範圍，推測出其 C_{mc} 值的範圍。去污能力、增溶能力、溶解度、表面張力、滲透壓等作用均在 C_{mc} 值的範圍內，有顯著的變化。表 3-3 列出常見各類表面活性劑的 C_{mc} 值。將 C_{mc} 值作爲表面活性劑的一種量度時，C_{mc} 值越小，表示該表面活性劑在水溶液中形成膠束所需的濃度越低，表面活性越高。

表 3-3　一些表面活性劑的臨界膠束濃度

表面活性劑	溫度（℃）	C_{mc}（mmol/L）
$C_{12}H_{25}SO_4Na$	40	8.72
$C_{16}H_{33}SO_4Na$	40	0.88
$C_{11}H_{23}COONa$	25	26.0
$C_{17}H_{35}COONa$	55	0.45
$C_{17}H_{33}COONa$	50	1.20
$C_{12}H_{25}SO_3Na$	40	9.70
$C_{16}H_{33}SO_3Na$	50	0.70
p-n-$C_8H_{17}C_6H_4SO_3Na$	35	15.0
p-n-$C_{12}H_{25}C_6H_4SO_3Na$	60	1.20
$C_{12}H_{25}N(CH_3)_3Br$	25	16.0
$C_{16}H_{33}N(CH_3)_3Br$	25	0.92
$C_{12}H_{25}N^+(CH_3)_2CH_2COO^-$	23	1.80
$C_{16}H_{33}N^+(CH_3)_2CH_2COO^-$	23	0.02
$C_{10}H_{21}O(CH_2CH_2O)_8H$	25	1.00
$C_{12}H_{25}O(CH_2CH_2O)_3H$	25	0.052
$C_{12}H_{25}O(CH_2CH_2O)_7H$	25	0.082
$C_{12}H_{25}O(CH_2CH_2O)_8H$	25	0.10
$C_{12}H_{25}O(CH_2CH_2O)_9H$	23	0.10
$C_{14}H_{29}O(CH_2CH_2O)_8H$	25	0.09

六、影響臨界膠束濃度的因素

1. 碳氫鏈長的影響：離子表面活性劑分子中碳氫鏈的碳數在 8~16 之間，C_{mc} 值隨碳原子數變化呈現一定規律，在同系物中每增加一個碳原子，C_{mc} 值降低約 1/2。對非離子活面活性劑其碳氫鏈上長度對 C_{mc} 值影響較大，每增加 2 個碳原子，C_{mc} 值降低約 1/10。

2. **碳氫鏈分支及極性基團位置的影響**：非極性基團的碳氫鏈有支鏈或極性基團處於烴鏈中間位置時，能使烴鏈之間相互作用力減弱，C_{mc} 值則增加。親油基烴碳原子數目相同時，極性基團越靠近中間位置時，則 C_{mc} 值越大。

3. **碳氫鏈中其他取代基的影響**：疏水碳氫鏈中有其他基團時，會影響表面活性劑的疏水性而影響。例如碳氫鏈中有苯基時，一個苯基約相當於 3.5 個 $-CH_2-$ 基。若疏水基碳氫鏈中有雙鍵或其他基團（如 -O- 或 -OH）時，也會使 C_{mc} 值增大。

4. **親水基團的影響**：在水溶液中，離子型表面活性劑的 C_{mc} 值比非離子型的大得多。疏水基團相同時，離子型表面活性劑的 C_{mc} 值大約爲非離子型表面活性劑（聚氧乙烯爲親水基）的 100 倍。兩性離子表面活性劑中親水基團的變化和非離子型表面活性劑中親水基團聚氧乙烯單元數目變化，對 C_{mc} 值的影響不大。

5. **鹽離子的影響**：在表面活性劑水溶液中，添加鹽可使 C_{mc} 值降低且還與添加鹽的濃度有關。1 價金屬鹽離子對 C_{mc} 值影響不大，2 價金屬鹽離子（Cu^{2+}、Zn^{2+}、Mg^{2+}）比 1 價金屬鹽離子（K^+、Na^+）對降低 C_{mc} 值的效應大。而陰離子對 C_{mc} 值的影響卻不同，數個陰離子降低 C_{mc} 值能力的大小爲 $I^- > Br^- > Cl^-$。

七、表面活性劑溶解度與溫度關係

溶質的溶解度隨溫度升高而增加，表面活性劑的溶解度隨溫度改變而有所不同。

1. **離子型表面活性劑**：低溫時，溶解度較低，溫度升高則增加，當達到某一溫度時，溶解度急劇增加，該溫度稱爲臨界溶解度。如圖 3-7 所

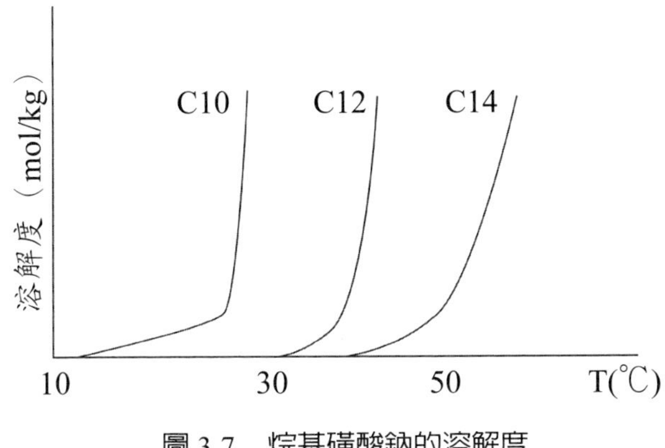

圖 3-7　烷基磺酸鈉的溶解度

示，烷基磺酸鈉的溶解度隨溫度的變化情況。離子型表面活性劑分子發生締合形成膠束形式，使溶解度增大。實際上，該溫度也是該溫度下的臨界膠束濃度（C_{mc}）。

2. 非離子型表面活性劑：與上述相反，非離子型表面活性劑的溶解度隨溫度升高而降低，達到某一溫度時溶液變混濁，此溫度稱為濁點（cloud point）。例如，以聚氧乙烯為親水基的非離子表面活性劑，由於聚氧乙烯鏈中氧原子與水分子之間形成氫鍵而溶解。當溫度升高時，氫鍵發生斷裂，導致親水性變弱、溶解度降低，溶液才會出現混濁。

第二節　乳化作用

人們日常使用的化妝品幾乎都是由某種載體所形成乳化體、水溶液、油狀液、懸浮液、粉劑或固體等。其中，乳化體（emulsoid）（即乳狀液）的形式最多，它可以是類似水溶液的流體、黏稠狀的乳蜜液、半固體膏霜等形式製成化妝品。這類型的化妝品無論以特性、效果和使用感覺上，還是從產品的外觀上都優於單獨使用水性或油性的原料，深受人們的喜愛。之所以能製成各種形式的乳化體，主要是由於表面活性劑的乳化作用

（emulsification）。

一、乳狀液的概念

使非水溶性物質在水中呈均勻乳化形成乳狀液的現象稱爲乳化作用。乳化過程中，表面活性劑分子的親油基一端溶入油相，親水基一端溶入水相，活性劑的分子吸附在油與水的界面間，從而降低油與水的表面張力，使之能充分乳化。乳化按連續相是水相還是油相可分爲水包油型（O/W）與油包水型（W/O）二種基本形式。如圖 3-8 所示。

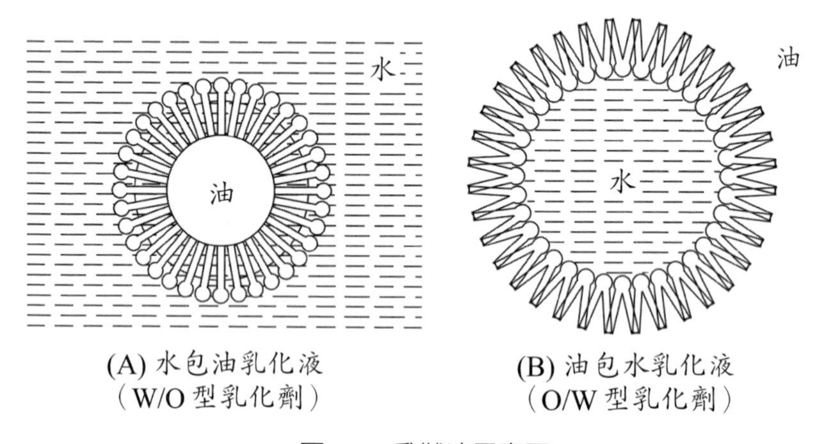

圖 3-8　乳狀液示意圖

二、乳化機制

互不相溶的油和水兩相，藉助攪拌等方式使油相和水相混合，其中一相呈微球狀液滴分散於另一相中，形成一種暫時乳狀液，該暫時乳狀液是一種熱力學不穩定的體系。分散相或內相的微球狀液滴之直徑大小在 0.05~10μm 之間，比表面積很大，兩相的界面積也相當大，使該體系的能量很高，它們有自動降低能量的趨勢，即微小液狀球會相互聚集，力圖縮小界面積、降低界面能，分散的微小液球逐漸分開，液滴逐漸變大。最後，使油和水重新分開成兩層液體，油和水又恢復到原來狀態。爲了使形成的乳狀液較長時間保持穩定，需要加入降低表面張力的成分，即乳化劑。表面活性劑具有降低分散體系表面張力的作用，使不穩定的分散體系變成相對穩定的體系，如圖 3-9 所示。

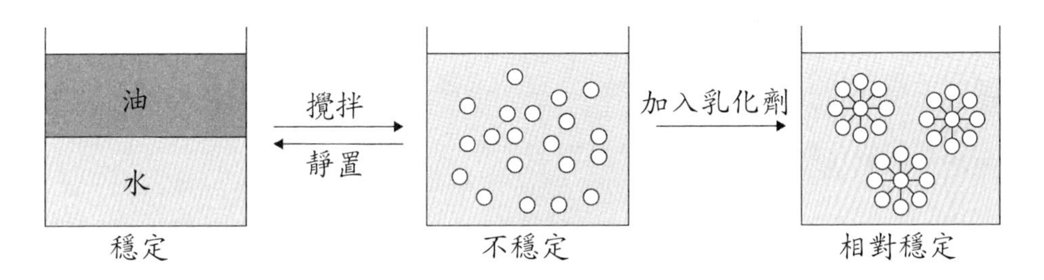

圖 3-9　乳狀液形成示意圖

三、乳狀液的穩定性及不穩定形式

(一)乳狀液的穩定性

油和水在表面活性劑作用下製得相對穩定的乳狀液。但爲了製得的乳狀液能具有較好的穩定性，應從選擇適當的乳化劑、降低表面張力、增加界面膜的強度等因素考慮。

1.依據乳狀液類型選擇乳化劑

- 製備油／水型乳狀液，一般選用在乳狀液的水相中溶解度較大的乳化劑，通常爲低價的離子型表面活性劑。離子型乳化劑分子在界面定向吸附時，非極性碳氫鏈部分伸向油相，使分散的油相液珠表面帶有電荷，因同種電荷的排斥作用而使分散體系穩定。
- 製備水／油型乳狀液，要求乳化劑在分散介質（油相）中溶解度好，通常多爲非離子型表面活性劑。高價的陰離子表面活性劑也利形成水／油型乳狀液。非離子乳化劑在分散相（水相）表面通過氫鍵形成一層界面膜，能降低表面張力而使水相的液珠不易聚集，使體系穩定。

2.界面膜的形成

爲了使分散體系穩定，加入乳化劑降低表面張力，同時，乳化劑分子是定向排列在界面上形成界面膜（圖 3-10 所示）。界面膜可以保護分散相液珠不易因相互碰撞而發生聚結。爲了使形成界面膜具有一定強度，加入足夠量的乳化劑是必要的。

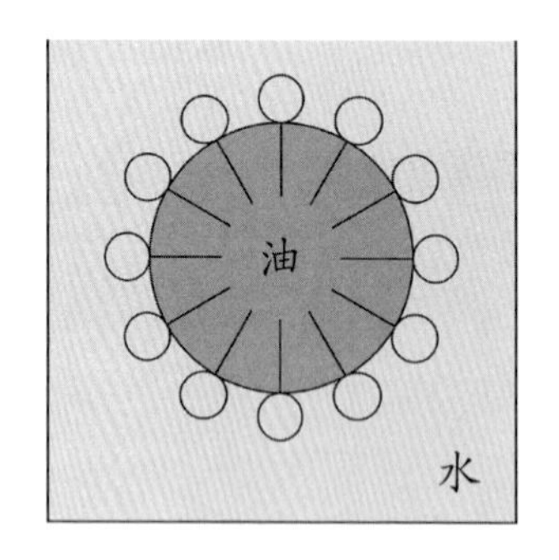

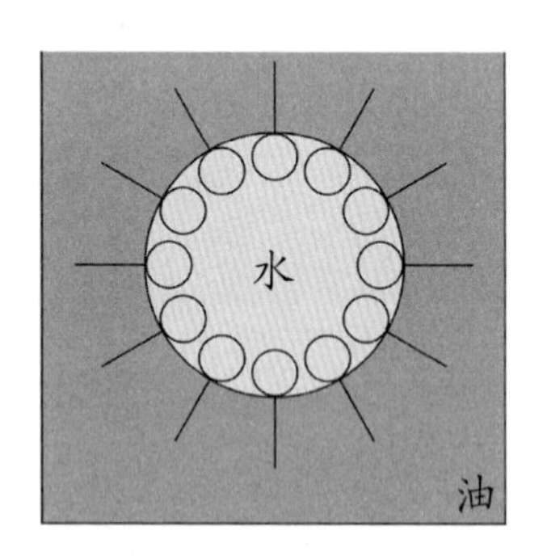

圖 3-10　兩種乳狀液形成界面膜示意圖

3.分散相液電荷

乳狀液的分散相是以微小液珠形式存在，界面上帶有電荷。當使用離子型乳化劑時，極性端處於水相，非極性端伸向油相，而使分散相界面上帶有電荷。由於帶有同種電荷，相互靠近時產生排斥作用，不能聚結，則提高乳狀液的穩定性。

4.分散介質的黏度

分散介質黏度大，可使分散的液珠運動受阻，減緩液珠之間碰撞，不易發生聚結，使乳狀液穩定。一般加入高分子聚合物可使分散介質黏度增大，還對滴珠表面形成堅硬界面膜，可提高乳狀液穩地性。

(二)乳狀液的不穩定形式

1. 分層：乳狀液中由於上下部分出現分散相的濃度差現象，稱爲乳狀液的分層（stratification）。例如，牛奶放置一段時間後，發現上層含脂肪量高而下層含脂肪量低，原因是分散相乳脂的相對密度比水小所引起，這種現象稱爲上向分層。

2. 變形：是乳狀液不穩定的另一種形式，乳狀液可能突然由油／水型變成水／油型乳狀液或是由水／油型變成油／水型乳狀液，這種現象稱爲變形（distortion）。

可能造成變型的三個步驟如下：

(1) 在油／水型乳狀液中，分散相呈微小液珠形式，表面因有陰離子乳化劑而使表面帶有負電荷，如在乳狀液中加入高價帶正電荷離子如 Ca^{2+}、Mg^{2+}、B^{2+} 等，表面電荷被中和，使液珠易發生聚集。

(2) 聚集在一起的液珠，可將水相（外相）在局部被包圍起來，形成不規則的水珠。

(3) 液珠如發生破裂，則油相變成連續相，水相變成了分散相，這時原來的油／水型乳狀液變成了水／油型乳狀液，如圖 3-11 所示。

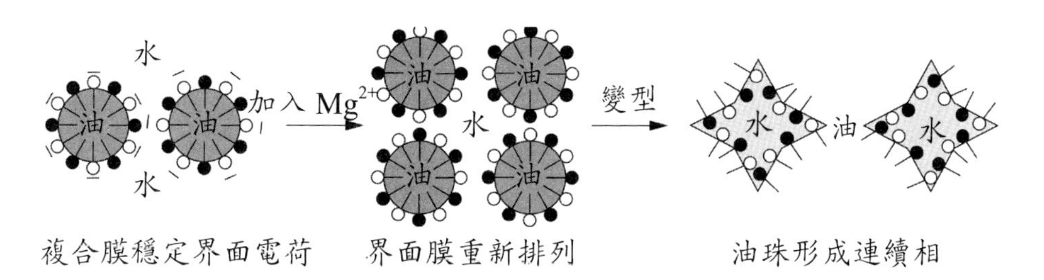

圖 3-11　乳狀液變型過程示意圖

3. 破乳：是指乳狀液完全破壞，造成油 - 水兩相分離，其中分層、變形和破乳（demulsification）可能同時發生。乳狀液的破乳可以分爲絮凝和聚結兩個過程。

- 在絮凝過程中：分散相的液珠可聚集在一起形成團，但各個液珠仍單獨存在，沒發生合併。如有可能性還可分散開，所以此過程是可逆的。
- 聚結過程：前一步聚集成團的液珠合併成一個大的液滴，不可能在分散開，由於液珠的合併可導致液珠數量急劇減少，大的液滴數量增加，最後使乳狀液完全破壞。

四、乳化劑的選擇

(一)HLB值的定義

界面活性劑分子結構中具有親水性基及親油性基，可利用親水性的極性基和親油性的非極性基的強度之間的平衡，進行化妝品中的乳化作用。通常，親水性和親油性的平衡值是以 HLB（hydrophilic lipophilic balance）值來表示。HLB 值是由分子的化學結構、極性強弱或分子中的水合作用所決定。乳化劑的 HLB 值表示該乳化劑同時對水和油的相對吸引作用強弱。HLB 值高表示它的親水性強，HLB 值低表示親油性高。根據 HLB 值的作用可以判斷該乳化劑適合的作用，如表 3-4 所示。圖 3-12 顯示了不同的 HLB 值對表面活性劑的特性、用途的影響。

表 3-4　HLB 值的範圍及其應用

HLB 值範圍	應用	HLB 值範圍	應用
1.5~3.0	消泡劑	8~18	油／水型乳化劑
3~6	水／油型乳化劑	13~15	洗滌劑
7~9	潤濕劑	15~18	增溶劑

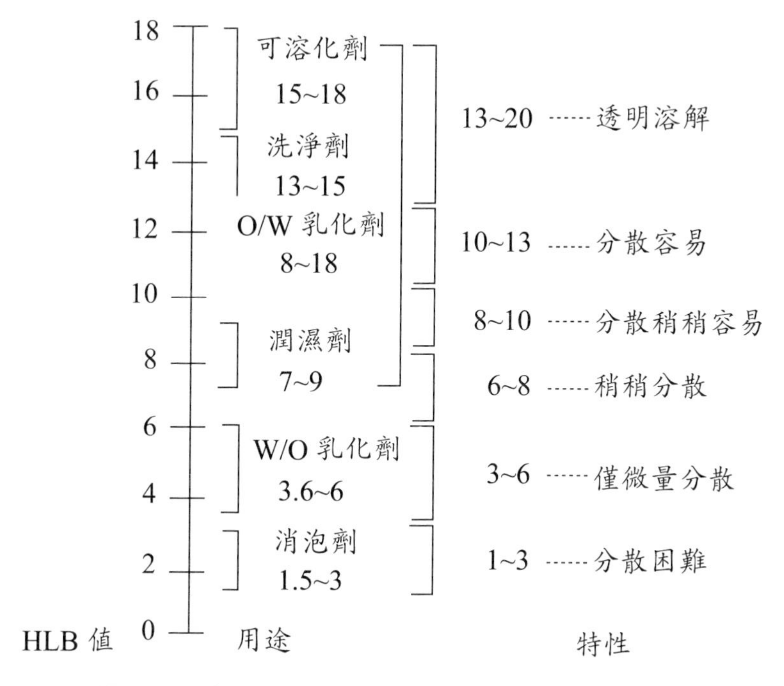

圖 3-12　表面活性劑的 HLB 值對其特性、用途的影響

選擇化妝品乳化劑時，一般可從親水親油平衡角度考慮，如下：W/O 型乳化劑常用油溶性大、HLB 值爲 4~7 的乳化劑；O/W 型乳化劑常用水溶性大、HLB 值爲 9~16 的乳化劑；油溶性與水溶性乳化劑混合物所產生的乳狀液之品質及穩定性，優於單一乳化劑所產生的乳狀液；油相極性越大，乳化劑應是更親水的；被乳化的油類越是非極性的，乳化劑應是更親油的。

(二) HLB 值的計算

1.按照分子官能基團的結構來計算

將乳化劑分了結構分解成一些官能基，根據每一官能基團對 HLB 的貢獻大小（可分正、負）來計算該乳化劑的 HLB 值。此方法適用陽離子、陰離子及兩性離子型的乳化劑。計算公式如下：

$$HLB = \Sigma(\text{親水性基團數值}) - \Sigma(\text{親油性基團數值}) + 7$$

式中，各種官能基團的基團數值參見表 3-5 所示。表中所列的基團數值是正值表示基團是親水性的，爲負值則表示該基團是親油性，計算時要將其絕對值帶入公式中。

表 3-5　各種官能基團的基團數值

親水基團	基團數值	親油基團	基團數值
$-SO_4Na$	38.7	-O- 醚	1.3
-COOK	21.1	-OH 羥基（失水山梨環）	0.5
-COONa	19.1	$-(CH_2CH_2O)-$（衍生基團）	0.33
$-N<$（二級胺）	9.4	$-CH_3$	−0.475
-COO- 酯（失水山梨醇環）	6.8	$-CH_2-$	−0.475
-COO- 酯（游離）	2.4	$>CH-$	−0.475
-COOH	2.1	$-(CH_2CH_2CH_2O)-$（衍生基團）	−0.15
-OH 羥基（游離）	1.9		

例題 1：油酸鈉的分子結構式為：$CH_3(CH_2)_7CH = CH(CH_2)_7COONa$，油酸鈉的 HLB 為：

解答

經查表可知 -COONa 基團數值爲 19.1，$-CH_3$、$-CH_2-$、= CH- 的基團數值均爲 -0.475，-COONa 數量 1 個、CH_3 數量 1 個、$-CH_2-$ 數量 14 個、

= CH- 數量 2 個。則可計算：

$$HLB = 19.1 - (1 + 14 + 2) \times 0.475 + 7 = 18$$

2.按照親水 - 親油基團的質量分數計算

(1) 多元醇的脂肪酸酯可用下列經驗計算公式計算：

$$HLB = 20 \times (1 - S/A)$$

式中，S 為酯皂化值，A 為脂肪酸的酸值（一般式測定出來的）。

例如，單硬脂肪甘油酯 S 為 161，A 為 198，則：

$$HLB = 20(1 - 161/198) = 3.8$$

(2) 難以測得皂化值的脂肪酸酯可用下列公式計算：

$$HLB = (E + P)/5$$

式中，E 為氧化乙烯的質量分數（%），P 為多元醇的質量分數（%）。

例如，某種聚氧乙烯失水山梨醇羊毛酸酯，其氧化乙烯含量為 65.1%，多元醇含量為 6.7%，則其 HLB 值為：

$$HLB = (65.1 + 6.7)/5 = 14.4$$

(3) 聚氧乙烯與脂肪醇縮合物可用下列計算公式：

$$HLB = E/5$$

式中，E 為分子中親水基氧化乙烯質量占分子總質量的比值。

例如，聚氧乙烯 (10) 十六醇醚，分子式 $C_{16}H_{33}O(CH_2CH_2O)_{10}H$，氧化乙烯 CH_2CH_2O 相對分子量質量為 44，十六醇 $C_{16}H_{33}O$ 相對分子質量為 242。

$$E = 44 \times 10 /(44 \times 10 + 242) = 64.5$$

$$HLB = 64.5/5 = 12.9$$

3.HLB 值的應用

化妝品配方中油相和乳化劑常常不是單一組成，而是兩種以上的組成，可利用 HLB 值加和性來計算其混合組成的 HLB 值，計算公式為：

$$HLB = (W_A \times HLB_A + W_B \times HLB_B) / (W_A + W_B)$$

式中，W_A、W_B 分別為混合乳化劑中乳化劑 A 和 B 的用量。HLB_A、HLB_B 分別為乳化劑 A 和 B 的 HLB 值。

例題 2：某配方中含 5 份的單硬脂酸甘油酯（HLB ＝ 3.8）和 1 份的失水山梨醇單硬脂酸酯（HLB ＝ 4.7），求混合乳化劑的 HLB 值：

解答

$$HLB = (5 \times 3.8 + 1 \times 4.7) / (5 + 1) = 23.7/6 = 3.95$$

由表 3-4 可知，此 HLB 的乳化劑適合用於水 / 油型乳化劑。

一些常用乳化劑的 HLB 值如表 3-6 所示。

表 3-6　常用乳化劑的 HLB 值

化學名稱	商品名	HLB 值
失水山梨醇三油酸酯（sorbitan trioleate）	Span 85	1.8
失水山梨醇三硬脂酸酯（sorbitan tristearate）	Span 65	2.1
聚氧乙烯山梨醇蜂蜡衍生物（polyoxyethylene sorbitol derivatives）	Atlas G-1704	3.0
失水山梨醇單油酸酯（sorbitan monooleate）	Span 80	4.3
失水山梨醇單硬脂酸酯（sorbitan monostearate）	Span 60	4.7
單硬脂酸甘油酯（monostearate glyceride）	Aldo 28	3.8~5.5
失水山梨醇單棕櫚酸酯（sorbitan monopalmitate）	Span 40	6.7
失水山梨醇單月桂酸酯（sorbitan monolaurate）	Span 20	8.6
聚氧乙烯失水山梨醇單硬脂酸酯（polyoxyethylene sorbitan monostearate）	Tween 61	9.6
聚氧乙烯羊毛脂衍生物（polyoxyethylene lanolin derivatives）	Atlas G-1790	11.0
聚氧乙烯月桂醇醚（polyoxyethylene lauryl ether）	Atlas G-2133	13.1
聚氧乙烯失水山梨醇單硬脂酸酯（polyoxyethylene sorbitan monostearate）	Tween 60	14.9
羊毛醇酯衍生物（lanolin alcohol derivatives）	Atlas G-1441	14.0
聚氧乙烯失水山梨醇單硬脂酸酯（polyoxyethylene sorbitan monooleate）	Tween 80	15.0
聚氧乙烯單硬脂酸酯（polyoxyethylene monostearate）	Myri 49	15.0
聚氧乙烯十八醇醚（polyoxyethylene stearyl ether）	Atlas G-3720	15.3
聚氧乙烯油醇醚（polyoxyethylene oleyl ether）	Atlas G-3920	15.4
聚氧乙烯失水山梨醇單棕櫚酸酯（polyoxyethylene sorbitan monopalmitate）	Tween 40	15.6

化學名稱	商品名	HLB 值
聚氧乙烯氧丙烯硬脂酸酯（polyoxyethylene oxypropylene stearate）	Atlas G-2162	15.7
聚氧乙烯單硬脂酸酯（polyoxyethylene monostearate）	Myri 51	16.0
聚氧乙烯單月桂酸酯（polyoxyethylene monolaurate）	Atlas G-2129	16.3
聚氧乙烯醚（polyoxyethylene ether）	Atlas G-3930	16.6
聚氧乙烯失水山梨醇單月桂酸酯（polyoxyethylene sorbitan monolaurate）	Tween 20	16.7
聚氧乙烯月桂醚（polyoxyethylene lauryl ether）	Brij 35	16.9
*油酸鈉（油酸的 HLB = 1）（sodium oleate）		18.0
聚氧乙烯單硬脂酸酯（polyoxyethylene monostearate）	Atlas G-2159	18.8
*油酸鉀（potassium oleate）		20.0
*月桂醇硫酸鈉（sodium lauryl sulfate）	K_{12}	40.0

*爲陽離子表面活性劑，其餘全部爲非離子型表面活性劑；Span 爲失水山梨醇脂肪酯類型乳化劑；Tween 是聚氧乙烯失水山梨醇脂肪酸酯類型乳化劑；Atlas 是聚氧乙烯脂肪醇醚類型乳化劑。

五、多相乳狀液

在分散相的內部存在分散粒子，這種狀態的體系稱爲多相乳狀液（multiphase emulsion），也稱爲複合乳狀液。它是一種油／水型和水／油型乳狀液共存的複合體系，是油滴裡含有一個或多個小水滴，這種含小水滴的油滴分散在水相中形成的乳狀液稱爲水／油／水（W/O/W）型乳狀液；含有小油滴的水滴分散在油相中形成的乳液，則稱爲油／水／油（O/W/O）型乳狀液。

(一)多相乳狀液的特性和結構

化妝品的乳狀液多為油／水型和水／油型，前者雖然具有較好的塗敷特性，但其潤膚和洗淨效果不如後者。後者具有較好的潤滑和洗淨作用，但其含油量較高，使用後油膩感強烈。油／水／油（O/W/O）型乳狀液化妝品出現後，兼具兩種乳狀液的優點，更重要的是多相乳狀液可用作活性成分的載體，因為是被包裹在內相的有效成分要透過兩個相界面才能釋放出來，可以延遲和控制有效成分的釋放。多相乳狀液的結構可分為兩種情況，一種是分散粒子內包含幾個大小相差不多的小粒子。另一種是分散粒子內含有數個大小不等的小粒子，如圖 3-13 所示。

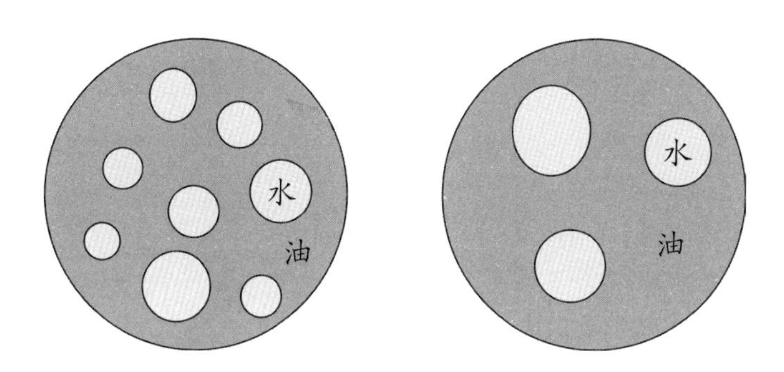

圖 3-13　多相乳狀液的結構示意圖

(二)多相乳狀液形成方法

多相乳狀液形成方法可分為兩種：一步乳化法和兩步乳化法。

- 一步乳化法：是在乳化劑存在下向油相中加入少量水相，先形成水／油型乳狀液，然後再加入水相使之轉相而形成水／油／水型乳狀液。
- 兩步乳化法：是先用親油性乳化劑形成水／油乳狀液，然後將水／油乳狀液加至含有親水性乳化劑的水相中，即可形成水／油／水型乳狀液。

習　題

1. 請解釋表面與界面的差異？何謂表面張力？
2. 何謂表面活性劑的分類？並請舉例說明表面活性的應用。
3. 何謂膠體臨界濃度？與表面活性的關係？請說明影響膠體臨界濃度的因素。
4. 請解釋乳化作用的原理及機制。
5. 請說明水／油型及油水型乳狀液的特性與差異。你（妳）認爲如何達到兼具水／油型及油水型乳狀液的特性？
6. 請描述乳狀液產生變型的原因及發生流程。

第四章　化妝品原料與技術之開發趨勢

隨著科技的演進，目前市面上已有千種的化妝品原料被開發出來，其中包括化學合成及生物成分。許多構成化妝品的基本成分具有高度相似性，但配方成分的變化最終仍取決於終端市場及顧客的喜好。現今的消費者相較於過去更具備科學概念，也對化妝品具備功能性的需求日漸增加，推進了市場上對活性成分的需求。就廠商面而言，消費需求的改變亦帶動了化妝品原料的發展，原料製造商透過創新技術開發新式活性成分，以滿足顧客瞬息萬變的需求；近年來化妝品於活性成分訴求上，主要結合基因工程、生物技術等研發技術，朝具備抗老化、美白及類醫學美容（medcare-like）效用之原料成分進行研發，在原料的訴求上也呈現天然、環境友善的概念。新的化妝品製程新技術，主要朝向生物技術（biotechnology）、奈米技術（nanometer technology）、傳遞系統技術（delivery systems technology）及天然植物萃取技術（natural plant extract technology）。

第一節　生物科技

以生物高科技爲特徵的生物原料已成爲化妝品產業中的重要技術，並以此開發出如胜肽、天然蛋白質（如膠原蛋白）、發酵生物聚合物（如玻尿酸）、生物工程蛋白質（bioengineered protein，例如 EGF、各類細胞生長因子）等。

一、生物科技的定義

生物技術（biotechnology）是利用生物程序、生物細胞或其代謝物質來製造產品，改進傳統生產程序及提升人類生活素質的科學技術，不但是一種跨學科的整合性科學，更是研究生命科學、醫學、農學的基本工具。因此，生物技術的應用潛力深遠，應用範圍廣及醫學、農業、海洋、能源、環保、化工、礦冶等領域。可說是繼石油化學、航空、核能及資訊科技後的另一波技術革命。

如何對生物技術下定義，一直是一個爭議的問題：

- 1982 年，國際合作與發展組織對生物技術的定義為：生物技術是應用自然科學及工程學的原理，依靠微生物、動物、植物體作爲反應器將生物進行修飾，以提供產品爲人類社會服務的技術。
- 美國政府技術顧問委員會（OAT）對生物技術的定義是：應用生物或來自生物體的改造或改進一種商品的技術，包括改良有重要經濟價值的植物與動物和利用微生物改良環境的技術。

該定義強調了生物技術的商品屬性，以下事例可充分反映生物技術的商業化特點。

生物技術在西元 1917 年由 Karl Ereky 加以定名，廣義地從字面上來說，只要一個技術的操作涉及生物層面，在過程中將生物視爲研究對象、材料、工具或是產品，都可能被稱爲生物技術。不論是植物或動物、微小或巨大、單細胞或多細胞，從病毒、細菌、藻類到人類甚至大象、鯨魚及史前生物等都有機會成爲被研究的目標。

一般認爲，生物技術通常包括基因工程、細胞工程、發酵工程和蛋白質（酶）工程等四個方面。也可以將生物技術分成四個世代，第一世代：傳統釀造產業；第二世代：基因重組技術、細胞融合技術、生物反應器、動植物細胞的大量培養；第三世代：蛋白質工程、生物膜應用技術；第四世代：人類先端科學研究計畫。應用在化妝品的領域，目前多集中在第二、第三世代的技術。

二、生物技術開發或生產之化妝品

保濕、去角質、美白、除皺及抗老化是目前市售化妝保養品的主打五大訴求。在此針對以生物技術發開或生產之化妝保養功效成分進行介紹。

(一)美白類功效成分

人的膚色隨種族、季節和性別的差異而變化，即使同一個人，全身各部膚色亦不完全一樣。皮膚的厚度、血蛋白及少量的類胡蘿蔔色素均會影響人體膚色。而決定皮膚色澤的主要因素是黑色素細胞產生的黑色素的分布狀態及量。以預防色素沉積爲目的的美白化妝品的基本作用原理，影響美白的功效成分有熊果苷、麴酸、壬二酸、抗壞血酸、泛酸衍生物等等。

1.熊果苷（arbutin）

熊果苷即氫醌-β-D-吡喃葡糖苷或4-羥苯基-β-D-吡喃葡糖苷（hydroquinone-β-D-glucopyrandside）。在體外的非細胞系中，能阻止黑色素生成的關鍵酶酪胺酸酶的活性（Akiu et al., 1988）。在B16黑色素瘤培養細胞的實驗中，熊果苷在不影響細胞增殖的濃度下，抑制黑色素生成和降低酪胺酸酶活性的作用，並配合泛烯乙基醚，具有防護肌膚日曬傷，能促進日曬受損肌膚的新陳代謝有助於黑色素排出體外，使用甘草酸能抑制日曬後的灼熱；使用維生素C衍生物能保持肌膚活性；使用生物透質酸能保護肌膚滋潤、不乾燥，防止皺紋。

2.麴酸（kojic acid）

麴酸即爲 2- 羥甲基 -6- 羥基 -1, 4- 吡喃酮（hydroxy-methyl-5-hydroxyl-δ-pyrone），相對分子質量 142 道耳吞，水溶性物質。與氯化銅呈紅色反應，與銅生成耐曬綠沉澱。麴酸產生於麴黴屬和青黴屬等絲狀菌發酵液中，也可用化學合成法生產。與維生素衍生物或壬二酸，或環庚三烯酚酮酸等並用，是黑色素生成的抑制劑，在化妝品中的用量爲 0.01%~10%。麴酸對黑色素生成的抑制作用有三點是明確的：第一，使酪氨酸氧化成爲多巴和多巴醌時所需的酪胺酸酶氧化催化劑失去活性；第二，對由多巴色素生成 5, 6- 二羥基 - 吲哚羧酸的抑制作用。該兩個反應都必須有二價金屬銅離子的存在才能開始。第三，麴酸對銅離子的螯合作用，從而抑制了黑色素的生成。含有麴酸的膏霜對於肝斑、褐斑具有療效。

3.壬二酸（azelaic acid）

有較強的美白效果，對乳化體系的不良影響和溶解性等問題，限制了在化妝品中的應用。但用尿素與壬二酸形成錯合物後，水溶性顯著增大，即使伍配入水質乳化體系也不會促使黏度下降，pH 降低時，也不存在析出壬二酸的問題。壬二酸尿素錯合物是白色粉末，水中難溶，醇中易溶。其用量隨化妝品的形態而不同，一般在 0.05%~15% 範圍內較合適。

4.抗壞血酸（ascorbic acid）

最具有代表性的黑色素生成抑制劑，作用過程有兩個：一是抑制酪胺酸酶作用，使多巴醌（dopaguinone）還原，減少酪胺酸轉化成黑色素。另一作用是使深色的氧化型黑色素還原成淡色的還原型黑色素，能美白皮膚、治療、改善黑皮症、肝斑等。但是它對光、熱、水極不穩定，爲使其能在化妝品配方中穩定，利用生物技術製備成高級脂肪酸和磷酸的酯類體，如抗壞血酸磷酸酯鎂鹽。它經皮膚吸收後，在皮膚內由於加水分解而使抗壞血酸游離或者添加抗氧化劑或還原劑，L- 抗壞血酸。由於有較強的還原作用，而具有細胞呼吸作用、酶賦活作用、膠原形成作用和黑色素還原作用。

5.泛酸衍生物（pantothenic acid derivatives）

在化妝品中添加少量雙泛醯硫乙胺及其醯化衍生物，能抑制酪胺酸酶的活性，黑色素脫除作用顯著，有很好的美白作用，陽雙泛醯硫乙胺是生物體內泛酸反應的產物，與泛酸硫氫乙胺共存於生物體內。還原的泛醯硫氫乙胺是乙醯輔酶，乙醯載體蛋白的構成成分，在碳化合物代謝，脂肪酸分解與合成等方面有廣泛的生理作用。最近發現雙泛醯硫乙胺對脂肪代謝的影響，預防或修復動脈硬化有明顯的作用。在化妝品中的用量爲 0.01%~1%。

(二)抗老化類功效成分

人體是由眾多的器官組成的一複雜體，老化問題到底是發生在細胞組織，還是在器官層次呢？根據研究表明，老化開始於細胞核內，特別是去氧核糖核酸，然而發生在細胞組織層次的變化迅速地變成器官層次的變化，這些變化包括生命力衰退、體重與體積容量削減、彈性與能動力的減退、總體與基本代謝的降低、免疫功能衰退、皮膚上的變化，如皺紋、黑斑、喪失彈性。顯然老化現象是時間消逝的結果，是不可避免的。抗氧化作用是延緩這個過程的關鍵之一。用於抗氧化的功效成分有超氧化歧化酶、維生素 C、E 及 β- 胡蘿蔔素等。

1.超氧化歧化酶

目前有三種酶對自由基的氧化機制有控制作用。分別爲超氧化歧化酶、過氧化氫酶及促進氧化氫還原的酶。

(1) **超氧化歧化酶**（superoxide dismatase, SOD）：它能中和超氧化

物、氫過氧化物，並將它們轉化成過氧化氫和氧。超氧化歧化酶對所有生存於氧中的有機物都是重要的。

(2) **過氧化氫酶**（catalase）：它促使過氧化氫還原，將它變成水和氧。過氧化氫酶存在於動物細胞內稱之過氧物酶體，在還原過氧化氫的事例中它加速反應進程。

(3) **谷胱甘肽過氧化酶**（glutathione peroxides, GTP）：一種由谷胺酸、半胱胺酸和甘胺酸組成的三胜肽，能促進氧化氫還原的酶。

在這三種酶以外，還知道另有一些他合物亦能中和具氧化能力的游離基。最重要的有多種飽和脂肪酸，尿酸，半胱胺酸，谷胱甘肽，維生素A、C和E及其衍生物。

2.維生素 C 及維生素 E（Vitamin C and E）

維生素 C 是水溶性的，而維生素 E 是脂溶性的抗氧化劑，主要捕捉存在於水相中的活性氧和自由基而使之穩定化。維生素 C 的生理作用是促進膠原蛋白的生化合成和鐵的吸收等，但令人注目的是對活性氧化和自由基的傷害具有作爲抗氧化物的作用。特別是在血漿中被考慮作成第一防線。即是，血漿或全血中發生水溶性的自由基時，即使同時有多種抗氧化物存在下，而首先消耗的則是維生素 C，其氧化還原電位低，具有作爲出色還原劑的作用。維生素 E 在光氧化中也捕捉重要的單態氧而使之穩定化。可是，從反應速度常數比較，對單態氧，維生素 E 的活性要比 *β*- 胡蘿蔔素等的類胡蘿蔔素爲小。維生素 E 還有很強的防曬保護劑。對光老化產生作用的日光光段的波長爲 290~820nm。

3.*β*- 胡蘿蔔素（*β*-carotene）

β- 胡蘿蔔素的抗氧化作用爲對單態氧和自由基的消去。1968 年 Foote 等開始明確 *β*- 胡蘿蔔素可有效地消去活性氧種之一的單態氧（$^1O_2$），

單態氧不是自由基，而是反應性極高的活性氧。特別是與不飽和脂肪酸（LH）的雙鍵容易發生親電，如果反應，生成脂質過氧氫物（LOOH）、如果生成的 LOOH 通過由游離鐵離子和血鐵離子等的電子還原反應，則會引起自由基的連鎖過氧化反應。由於 β- 胡蘿蔔素的雙鍵迅速與 $^1O_2$ 反應，從而將其消去，這就抑制了脂質過氧化反應的進行。

(三)抗皺修復功效成分

皺紋是由於眞皮乳頭和支鏈狀的彈性纖維消失，表皮眞皮的結合變弱，表皮鬆弛而產生皺紋。於是人們研究各種皮膚組織中的活性成分，以獲得顯著改善或修復皮膚組織功能，恢復皮膚本身性能的抗老化的護膚品。抗皺修復的功效成分著重於 α- 羥基酸的利用。

α- 羥基酸（alpha hydroxy acid）：α- 羥基酸（簡稱 AHA），俗稱果酸，和 α- 酮酸存在於天然果實、蔗糖與奶酪中。目前萃取出來的並申請專利的有 21 種果酸。活性最佳的是檸檬酸、丙酮酸乙酯、羥乙酸、葡萄醛酸、2- 羥基丁酸、丙酮酸、酒石酸、丙醇二酸、乙醇酸、乳酸、抗壞血酸等。α- 羥基酸和 α- 羥基酮能有效地穿入皮膚毛孔，對成纖維細胞具有促進作用，能加快表皮死細胞脫落，減少皮膚角質化，刺激皮膚蛋白質和彈性纖維的再生，使表皮細胞更新。這一作用表現爲消除皮膚皺紋、消退皮膚色素及老年斑，使皮膚顯得新嫩、光滑、柔軟而富有彈性。它還能改善皮膚屏障功能。

(四)保濕功效成分

皮膚表皮之水分含量是皮膚健康的指標之一。含水量多的皮膚，外觀上呈現光亮、白皙；相對的，水分含量不足之皮膚，在外觀上便較易呈現暗沈甚至出現細小皺紋之現象。要使皮膚保持水分，通常有二種主要方式，首先是增加角質層對水分子之親合力，如增加皮膚天然保濕因子

（NMF）等，使水分不易散失。其次是維持皮脂膜之完整性，使水分保持在角質層中。常見的保濕功效成分有膠原蛋白、玻尿酸、幾丁聚糖等等。

1.膠原蛋白（collagen）

膠原蛋白主要由三種胺基酸（甘胺酸 glycine 、脯胺酸 proline 、氫基脯胺酸 hydroxyproline）所構成之大分子聚合物。在人體內有各種不同形態之膠原蛋白，而其中以第一型（type-I）含量最高。膠原蛋白可由動物皮膚、骨骼、軟骨、韌帶、血管等各種組織中抽取得到，再藉由生化科技處理修飾後，就可得到各種不同規格與用途的膠原蛋白。例如，從魚皮中所萃取的 collagen tripeptide F（CTP-F），平均分子量約爲 280 道耳呑，而經由實驗證實，CTP-F 可順利滲透至角質層及眞皮層，且經由纖維母細胞培養試驗，發現 CTP-F 可促進膠原蛋白產生、促進玻尿酸生成。在使用者之皮膚試驗發現，使用 CTP-F 之乳液四週後，受測者皮膚之彈性有改善之現象，且角質層水分明顯優於對照組（Kikuta et al., 2003）。

2.玻尿酸（hyaluronic acid）

玻尿酸即透明質酸，是一種具有高分子量之生物多醣體，普遍存在動物組織及組織液中，因常與組織中其他的細胞外間質結合而形成一具有支撐及保護性的立體結構存在於細胞周圍，因此被歸類爲結締組織多醣體。其結構爲由乙醯葡萄糖胺（*N*-acetylglucosamine）與葡萄糖酸（glucuronicacid）以 β-1,4 鍵結成爲一單元體，再以 β-1,3 鍵結成高分子之聚合物。現今已可利用鏈球菌（*Streptococcus* spp.）醱酵生產之（Kim et al., 1996）。玻尿酸存在眞皮層，爲人體皮膚主要的保濕因子，理論保水值高達 500 mL/g 以上，在結締組織中實際保水值約爲 80 mL/g。適當的補充能幫助肌膚從體內及皮膚表皮吸得大量水分，且能增強皮膚長時間的保水能力（Matarasso, 2004）。

3.幾丁聚糖（chitosan）

幾丁質（chitin）是一種構造類似纖維素（cellulose）的直鏈狀聚合物，是由乙醯葡萄糖胺（*N*-acetyl-glucosamine）的單元體以 β-1, 4 鍵結所形成的高分子醣類，在自然界分布廣泛。幾丁聚糖是幾丁質經去乙醯化的產物總稱，去乙醯化程度介於 65~99% 不等，因此幾丁聚糖是由乙醯葡萄糖胺與葡萄糖胺交錯構成的高分子，其屬於陽離子性高分子，具有良好的保水性。幾丁聚糖與油脂間可形成電荷間的複合作用，可使皮膚中水分與油脂均衡，達到護膚、潤膚的效果。

第二節　奈米科技

奈米技術使指 0.1-100nm 範圍內的技術，如果把化妝品的原料粉碎到奈米級，它能增加皮膚的吸收率和皮膚對原料的利用率。目前應用奈米技術最爲廣泛的原料產品，如防曬劑二氧化鈦（TiO_2）粉碎到透明狀奈米超細二氧化鈦，即能散射並能吸收紫外線，可有效提高防曬效果。

一、什麼是奈米科技

奈米的觀念，奈米（nanometer）是長度單位，原稱「毫微米」，用 nm 表示。$1nm = 10^{-9}m$，即 1nm 等於十萬分之一米。原子是組成物質的最小單位，自然界中氫原子的直徑最小，爲 0.08 nm，非金屬原子直徑一般爲 0.1~0.2 nm，而金屬原子直徑一般爲 0.3~0.4 nm。因此，1 nm 大體上相當於數個金屬原子直徑之和。由幾個至數百個原子組成或粒徑小於 1 nm 的原子集合體稱爲「原子簇」或「團簇」。C_{60} 是由 60 個碳組成的足球結構的中空球形分子；由三十二面體構成，其中 20 個六邊形、12 個五邊形。C_{60} 的直徑爲 0.7 nm。通常所說的奈米是指尺度在 1~100 nm 之間。可見，奈米微粒度大於原子簇，但用肉眼和一般的光學顯微鏡仍然是看不見的，必須用電子、顯微鏡放大幾萬倍甚至十幾萬倍才能看得見單個奈米粒的大小和形貌。血液中的紅血球大小爲 200~300 nm ，一般細菌如大腸桿菌的長度爲 200~600 nm ，引起人體疾病的病毒一般爲幾十奈米，奈米微粒比紅血球和細菌還要小，而比病毒大小相當或略小些。

二、奈米微粒的特性

1.量子尺寸效應（quantum size effect）

當粒子尺寸下降到某一最低值時，費米能階附近的電子能級由准連續變爲離散能級的現象。例如，奈米微粒的磁化率、比熱容與所包含電子數的奇偶性有關，光譜線的頻移、催化性質、介電常數變化等也與所包含電子數的奇偶性有關。例如，奈米 Ag 微粒在溫度爲 1k 時出現量子尺寸效應（即由導體變成絕緣體）的臨界粒徑爲 20 nm。

2.小尺寸效應（small size effect）

當微粒尺寸與光波的波長、傳導電子的德布羅意波長以及超導態的相干長度或穿透深度等物理特徵尺寸相當或更小時，晶體週期性的邊界條件將被破壞，導致聲、光、電、磁、熱、力學等特性均會呈現新的小尺寸效應。例如，光吸收顯著增加，並產生吸收峰的等離子共振頻移；磁有序態轉變磁無序態；超導相能變爲正常相等。

3.表面和界面效應（surface and interface effect）

奈米微粒由於尺寸小，表面積大，表面能高，位於表面的原子占相當大的比例。10 nm 的奈米微粒，表面原子數占總原子數的 20% ，1 nm 的奈米微粒表面原子數占總原子數的 99%。這些表面原子處於嚴重的缺位狀態，因其活性極高，極不穩定，很容易與其他原子結合，因而產生一些新的效應。

4.宏觀量子隧道效應（macroscopic quantum tunneling）

微觀粒子具有貫穿的能力，稱爲隧道效應。近年來，人們發現一些宏觀量子如微顆粒的磁化強度、量子相干器件中的磁通量等也具有隧道效應，稱之宏觀量子隧道效應。宏觀量子隧道效應的研究對基礎研究及實用都有著重要意義。它限定了磁帶、磁盤進行信息存儲的時間極限。量子尺寸效應、隧道效應將會是未來微電子器件的基礎，或者可以說它確立了現有微電子器件進一步微型化極限。因此，當微電子器件進一步細微化時，必須要考慮上述的量子效應。科學研究表明，當微粒尺寸小於 100 nm 時，由於量子尺寸效應，小尺寸效應，表面和界面效應及宏觀量子隧道效應，物質的很多性能將發生質變，因而呈現出既不同於宏觀物體，又不同於單個獨立原子的奇異現象；熔點降低，蒸汽壓升高，活性增大，聲、電、磁、熱、力學等物理性能出現異常。

總之，奈米材料由於具有量子尺寸效應、小尺寸效應、表面和界面效應、宏觀量子隧道效應，因而呈現如下的客觀物理、化學特性：1. 低熔點、高比熱容、高熱膨脹系數。2. 高反應活性、高擴散率。3. 高強度、高韌性、高塑性。4. 奇特磁性。5. 極強的吸波性。

三、奈米科技在化妝品的應用

奈米科技在化妝品的應用上，多爲改進活性物質傳輸技術以及化妝品防曬功效方面獲得不錯的成果。在此針對化妝品防曬功效（奈米防曬劑）及改進活性物質傳輸技術（奈米維生素 E 的傳送、奈米級中藥及奈米囊球之應用）等例子進行介紹。

1.奈米防曬劑（nano sunscreen）

陽光對人體有傷害的紫外線波段主要在 300~400 nm ，奈米二氧化鈦

（TiO_2）、奈米氧化鋅（ZnO）等都有在這個波段吸收紫外光的特性。

(1) 奈米 ZnO（nanozinc oxide）：是一種良好的紫外線防止劑，呈粉末狀，無毒無味、對皮膚無刺激性、不易分解、不變質、熱穩定性佳，本身爲白色，可以簡單地著色。更重要的是，具有很強的吸收紫外線功能，對 UVA（長波 320~400 nm）和 UVB（中波 280~320 nm）均有防止作用，此外還有滲透、修復功能。因此用作美容美髮護理劑中的活性因子，不僅能大幅提高護理效果，還可避免因紫外線輻射造成對皮膚的傷害。

(2) 奈米 TiO_2（nanotitania）：具有很強的散射和吸收紫外線的能力，尤其對人體有害的中長波紫外線 UVA 、UVB 的吸收能力很強，效果比有機紫外線吸收劑強得多，並且可透過可見光，無毒無味、無刺激性，廣泛用於化妝品。奈米 TiO_2 紫外線屏蔽能力與粒徑大小有關，粒徑越小，紫外線穿透率越小，抗紫外能力越強。對於化妝品中的二氧化鈦而言，粒徑越小，可見光透過率越大，可使皮膚白度自然。平均粒徑爲 10 nm 的二氧化鈦分散在水中，幾乎是無色透明的。但添加的顆粒粒徑不是越小越好，否則會將毛孔堵死。但粒徑太大，散射 UVB 紫外線的效果很差。粒子濃度對光散射有較大的影響，伴隨粒子濃度增大，粒子的光散射效率下降。適當提高二氧化鈦的用量，可使化妝品的防曬係數增大，最理想的用量爲 5%~20% 。

奈米級的防曬物質（例如，二氧化鈦）對人體無毒、無刺激性、紫外線屏蔽能力強；對皮膚有附著性，耐汗耐水；無味，本體爲白色穩定性好，高溫下不分解、不揮發。分別經有機、無機包膜形成親水性、疏水性兩大系列產品。若將本品按一定比例添加到化妝品中，不僅可全面抵禦紫外線對人體的傷害，由於粒徑超細均勻，分散穩定優良，添加後手感潤滑細膩，主要適用於各類防曬霜、防曬水、護膚露、洗面乳、乳液、粉底霜、粉餅、爽身粉、唇膏等。在對日本銷售的 37 種防曬化妝品的分析中發現，

大多數含有奈米 TiO_2。英國 Tioxide 公司將超微細的 TiO_2 粉末製成漿狀產品以供化妝品廠商使用，美國也開發出 6 種商品化的無機防曬劑。

2.奈米維生素 E（nanovitamin E）

維生素 E 是人類皮膚細胞需要的營養物質，同時具有抗氧化、抗衰老作用，但常態的維生素 E 很難透過表皮被細胞吸收。當維生素 E 奈米化後，很容易被皮膚細胞吸收。據北京大學人民醫院的臨床試用對比實驗報告，在去斑功能上，奈米維生素 E 化妝品比一般含氫醣類化合物的去斑霜效果快，而且安全、無毒副作用。

3.奈米中藥（nano nature drug）

運用奈米技術，還能對傳統的名貴中草藥進行超細開發。同樣一劑藥，經過奈米技術處理後，將顯著提高藥物療效。用親脂型二元奈米混成界面包覆的中藥成分，將使人類健康的頭號威脅－心腦血管疾病得到更有效的治療。在添加在化妝品的中草藥萃取物也可經過奈米技術處理後，提高中草藥成分在化妝品用途的功效。

4.奈米囊球（nanoencapsulation）之應用

多重乳化在藥劑學已應用多年，主要是提供當作藥物的傳輸系統，以便將藥物送達人體須治療特定的部位、降低藥物副作用、提供藥物緩釋作用或是保護藥物活性以及遮蔽藥物不良味道等。多重乳化其製作方法通常是將水包油或油包水的初級乳劑（O/W 或 W/O 之初乳化）進一步分散乳化在油相而形成油包水包油（O/W/O）或分散在水相而形成水包油包水（W/O/W）一種特殊且複雜的乳化系統。近年來在化妝品方面，可以利用多重乳化系統製作爲微囊球或奈米囊球是一種不錯的方法，製作方法有相分離法、化學聚合法與物理機械法等。所製作的微囊球或奈米囊球，可以提高化妝品功效成分的物質輸送效率。

第三節　傳遞系統技術

化妝品想要眞正發揮功效，最重要的是美容化妝品中的功效成分和生物活性物質或天然藥物是否能透過皮膚角質層屏障達到相應的作用部位，並在這些部位維持一定的效應時間。

研究人員積極尋找加強化妝品之活性成分經皮吸收的方法，有研發人員透過改變產品的配方和工藝流程方面來提高產品的透皮效果，在產品中加入透皮促進劑；但由於有效成分的不穩定性，在具體配製產品過程中又容易使這些成分失去活性，爲了促進化妝品的功效，化妝品經皮吸收載體應運而生。化妝品常用之傳遞系統如表 4-1 所示。

表 4-1　化妝品常用之傳遞系統

傳遞系統名稱	功能
微脂粒（liposomes）	基本的傳遞系統：中空球體，內置活性成分如維生素及 AHAs
氧黃金體（oxysomes）	維生素 E 在微脂粒中，維生素 C 圍繞在膜四周，可使成分的生物利用度（bioavailability）最大化
次爲奈米乳化系統（sub-micron emulsion system）	滲透入淺角質層（stranum corneum），因爲乳化劑量較少，故減少過敏
奈米粒子（naoparticles）	控制奈米粒子的大小與粒度分布，可達到控制活性成分釋放速率提高功效，和成分有效利用率
微膠囊（microcapsule/nanocapsule）	滲透皮膚的表皮層及釋放不穩定成分而不會妨礙皮膚平衡
奈米質體（nanosomes）	傳遞親脂性成分如純維生素 E

傳遞系統名稱	功能
乙二醇輸送載體（glycovecteur）	在甘油中保護維生素C，防止維生素C在水中氧化，且確保滲入皮膚
微粒（microspheres）	微粒外面有一脂質層，使其容易滲透皮膚脂質層
微囊海綿（microsponge）	如海綿般作用，作用時間內慢慢釋放活性物質，不會使皮膚過敏
聚酯纖維（polyester）	將活性物質如AHAs帶至皮膚表面外部，並形成一儲液囊而慢慢釋放活性物質
長效緩釋囊球（thalasphere）	天然膠原蛋白的微小球體，12小時期間內慢慢傳遞維生素A

在此簡介一些新型載體，如微膠囊及微脂粒。

1.微膠囊（microcapsule）

是指成膜物質將固體、液體或氣體物質包裹而成微小囊狀物，簡單的微膠囊一般呈球形，其（外）直徑通常在5~20 μm之間。微膠囊主要由囊心（核）和囊膜組成，囊膜的厚度一般在0.2 μm至幾微米之間，囊膜材料多爲高分子材料（天然的與合成的），膜材料的選擇對囊的製備和應用具有重要作用。微膠囊的特性與功能：

- 微膠囊有巨大的比表面：即在一定容積內，微膠囊有著相當大的總表面，對於囊心材料的釋放具有重要意義。
- 微膠囊具有改變物質的型態特徵：如將液態或氣態物質微膠囊化後，得到微細如粉的粒狀物質，在外形及使用上具有固體物質特性，而其內部仍保持原態。同時，微膠囊可轉變物質的色澤、氣味、質量、體積等。
- 微膠囊可降低物質（囊心）的揮發性。
- 微膠囊具有隔離和保持活性成分的特性：微膠囊使其囊心物質與

囊外物質隔離，從而可阻止囊心物質（多爲活性物質）與其他組成分發生化學反應，也使囊心物質免受環境中的溫度、氧氣、紫外線等作用，而保持其活性。

- 微膠囊改轉變物質的光敏性及熱敏性：也可降低某些物質的毒性。
- 微膠囊的釋放與滲透的可控制特性：通過對囊膜材料的選取和製備工藝等控制，可使囊心材料具有不同的釋放和滲透速率。

2.微脂粒（liposomes）

是由類脂的雙層兩親油親水分子所組成的空間球載體，雙分子的極性基團（親水頭部）定向至載體內部和外層表面，雙分子的親油尾部取向雙層的中間排列。微脂粒的這樣結構能使得在球內部負載親水成分，在雙層膜中間可以負載親油和親兩性成分。

磷脂在水溶液中就可以形成這種脂質雙分子層的封閉囊泡（微脂粒）。微脂粒具有以下特性：

- 滲透性：由於微脂粒與生物細胞膜的結構相似，構成微脂粒的主要成分磷脂類等類脂也是生物細胞膜的主要成分，因此微脂粒很容易穿透皮膚角質進入表皮和眞皮，能有效地促進成分的滲透。
- 緩釋性：微脂粒攜帶有效成分進入皮膚後，在皮膚細胞內處和外處，由於微脂粒膜所具有的包封結構，使其有效成分緩慢地釋放出來，延長有效成分的作用時間。
- 穩定性（保護性）：許多活性成分如酶、生長因子、維生素和藥物等很不穩定，易受到外界及體內等的破壞，將它們經微脂粒包覆後，隔離破壞因素，提高了它們的活性和穩定性。
- 導入性：微脂粒進入人體內具有一定的靶向性。

含有微脂粒的化妝品中，微脂粒作爲一種載體，它具有可同時攜帶水溶性和脂溶性的活性成分與營養物質的特性，而它與一般載體更爲不同的是，微脂粒的雙層分子結構和膜材料（磷脂等）本身就有著特殊作用，使得微脂粒化妝品更具有功能性。微脂粒本身具有調節皮膚中水分損失的作用，即爲具有良好的保濕性，微脂粒可增加皮膚細胞的代謝作用；透過微脂粒包覆的有效成分（油溶性和水溶性的各種活性成分和營養物質，例如透明質酸、PCANa 、EGF 、SOD 、維生素 C 、維生素 E 等），經穿過皮膚而滲透至皮膚深處，在細胞內外直接、持久地發揮各種作用，實現對皮膚的潤濕、抗皺、抗老化、去斑、防粉刺、防曬及多種對皮膚的保健美容作用。

第四節　天然植物萃取技術

隨著科技的發展，天然植物有效成分萃取技術越發先進，如目前已有廠商採用大容量超臨界二氧化碳流體萃取天然植物中的有效成分。採用奈米技術也能萃取天然植物中的有效成分。透過應用天然植物萃取純化技術的原料配製化妝品能獲得良好的效果，是防止不良反應的最理想的途徑，目前在天然植物原料化妝品的開發上已經有許多產品上市。無論是植物萃取物應用在化妝品的種類眾多，在化妝品中的應用如表 4-2 所示。

表 4-2　天然植物、中草藥的功效

天然植物及中草藥名稱	功效
人參、靈芝、當歸、蘆薈、沙棘、絞股藍、杏仁、茯苓、紫羅蘭、迷迭香、扁桃、桃花、黃芪、益母草、甘草、蛇麻草、連翹、三七、乳香、珍珠、鹿角膠、蜂王漿	保濕、抗皺、延緩皮膚老化

天然植物及中草藥名稱	功效
當歸、丹參、車前子、甘草、黃芩、人參、桑白皮、防風、桂皮、白及、白朮、白茯苓、白鮮皮、苦參、丁香、川芎、決明子、柴胡、木瓜、靈芝、菟絲子、薏苡仁、蔓荊子、山金車花、地榆	美白、去斑
蘆薈、蘆丁、胡蘿蔔、甘草、黃芩、大豆、紅花、接骨木、金絲桃、沙棘、銀杏、鼠李、木槿草、艾桐、葫芘、龍鬚菜、燕麥、胡桃、烏岑、花椒、薄海菜、小米草	防曬
人參、苦參、何首烏、當歸、側柏葉、葡萄籽油、啤酒花、辣椒酊、積雪草、墨旱蓮、熟地、生地、黃芩、銀杏、川芎、蔓荊子、赤藥、女貞子、牛蒡子、山椒、澤瀉、楮實子、蘆薈	育髮
金縷梅、長春藤、月見草、絞股藍、山金車、銀杏、海葵、綠茶、甘草、辣椒、七葉樹、樺樹、繡線菊、問荊、木賊、胡桃、牛蒡、蘆薈、黃柏、積雪草、椴樹、紅藻、玳玳樹、鶴風	健美

近年中草藥植物活性成分的萃取與應用亦已成爲市場上的焦點；由於中草藥傳統的水煎、乙醇萃取技術，存在著顏色與氣味問題，藉由現在萃取分離技術，如超臨界萃取技術、動態逆流萃取技術、磁化分離技術、離子交換樹脂技術、大孔吸附樹脂技術、分子蒸餾技術等，已可確實改善中草藥顏色與氣味問題，甚至某些中草藥萃取物可以做到透明無色的狀態，結合活性篩選模型，去蕪存菁，中草藥的美學問題正逐步得到解決。在此介紹超臨界流體萃取技術的原理、特性及應用實例。

一、超臨界流體定義

一般物質可以分爲固相、液相和氣相三態，當系統溫度及壓力達到某一特定點時，氣 - 液兩相密度趨於相同，兩相合併成爲一均勻相。此一特點稱爲該物質的臨界點（critical point）。所對應的溫度、壓力和密度則分別定義為該物質的臨界溫度、臨界壓力和臨界密度。高於臨界溫度及臨界壓力的均勻相則為超臨界流體（supercritical fluid）（圖 4-1）。常見的臨界流體包括二氧化碳、氨、乙烯、丙烯、水等。超臨界流體之密度近於液體，因此具有類似液體之溶解能力；而其黏度、擴散性又近於氣體，所以質量傳遞較液體快。超臨界流體之密度對溫度和壓力變化十分敏感，且溶解能力在一定壓力範圍內成一定比例，所以可利用控制溫度和壓力方式改變物質的溶解度。

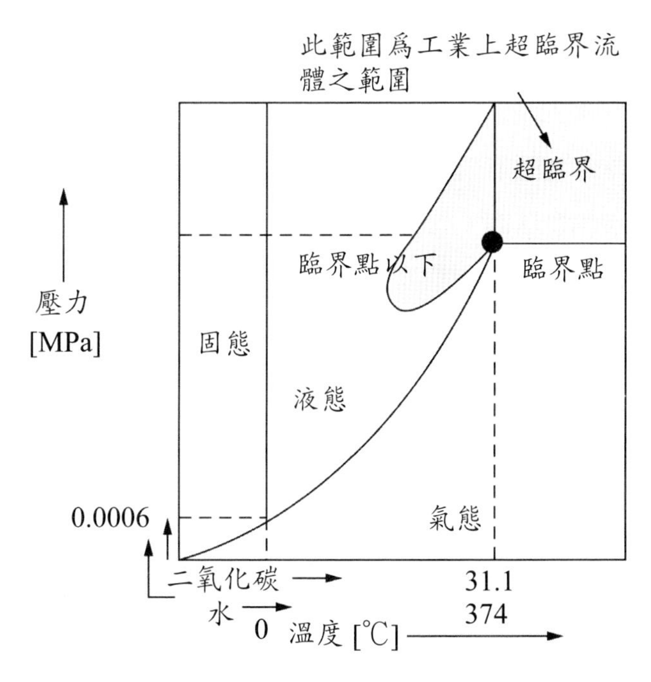

圖 4-1　二氧化碳之壓力 - 溫度三相圖

目前以二氧化碳為超臨界流體的研究較多，因為無毒、不燃燒、對大部分物質不反應、廉價等優點。二氧化碳之超臨界狀態下為 74 atm，31℃。此時，二氧化碳對不同溶質的溶解能力差別很大，此與溶質極性、沸點和分子量有關：

- 親脂性、低沸點成分可在低壓萃取（104 Pa）。
- 化合物的極性官能基越多，就越難萃取。
- 化合物分子量越高，越難萃取。

二、超臨界流體萃取的基本原理

超臨界流體萃取具備蒸餾與有機溶液萃取的雙重效果，無殘留萃取溶劑的困擾。在超臨界區中之擴散係數高、黏度低、表面張力低、密度亦會改變，可藉由此改變促進欲分離物質之溶解，藉以達到分離效果。二氧化碳臨界流體具有很大的溶解力與物質的高滲透力，在常溫下將物質萃取且不會與萃取物質產生化學反應。物質被萃取後仍確保完全的活性，同時萃取完畢只要於常溫常壓下二氧化碳就能完全揮發，沒有溶劑殘留問題。對溫度敏感的天然物質萃取，如中藥與保健食品萃取與藥品純化。

三、超臨界流體萃取的特點

使用 CO_2 超臨界流體萃取的特點包括：

1.萃取和分離同時進行

當飽含溶解物的 CO_2 超臨界流體流經分離器時，由於壓力下降使得 CO_2 與萃取物迅速成爲兩相（氣液分離）而分開，故回收溶劑方便。同時不僅萃取效率高，且能源消耗較少。

2.壓力和溫度可以成為調節萃取的參數

臨界點附近，溫度與壓力的微小變化，都會引起 CO_2 密度顯著變化，從而引起待萃取物的溶解度發生變化，故可利用控制溫度或壓力的方法達到萃取目的。例如，將壓力固定，改變溫度可將物質分離；反之溫度固定，降低壓力可使萃取物分離。

3.萃取溫度低

CO_2 的臨界溫度為 31℃，臨界壓力為 7.18 MPa ，可以有效地防止熱敏感性成分的氧化和破壞，完整保留生物活性，且能把高沸點、低揮發性、易熱分解的物質在其沸點溫度下萃取出來。

4.無溶劑殘留

超臨界 CO_2 流體常態下是無毒氣體，與萃取物成分分離後，完全沒有溶劑的殘留，避免傳統萃取條件下溶劑毒性殘留問題。同時防止萃取過程對人體的毒害和對環境的污染。

5.超臨界流體的極性可以改變

在一定溫度下，主要改變壓力或加入適當修飾劑即可萃取不同極性的物質，可選擇範圍廣。

6.超臨界萃取為無氧化萃取

不與空氣接觸，不會引起氧化酸敗。

四、超臨界流體萃取應用實例

目前已經可利用超臨界萃取原料的功效原料物質，如茶葉中的茶多酚、銀杏中的銀杏黃酮、從魚的內臟、骨頭等萃取 DHA 和 EPA 、從蛋黃中萃取卵磷脂等。亦可從油籽中萃取油脂，如從葵花籽、紅花籽、花生、小麥胚芽、可可豆等原料中萃取油脂，這種方法比傳統壓榨法的回收率高，且不存在溶劑分離問題。用超臨界萃取法萃取香料，例如從桂花、茉莉花、玫瑰花中萃取花香精；從胡椒、肉桂、薄荷中萃取辛香成分；從芹菜籽、生薑、芫荽籽、茴香、八角、孜然中萃取精油。不僅可以有效萃取芳香成分，還可提高產品純度及保持其天然香味。

習 題

1. 請舉一例說明生物科技在化妝品的應用。
2. 請舉一例說明奈米科技在化妝品的應用。
3. 請說明傳遞系統對化妝品的重要性爲何？並舉一例應用在化妝品上的實例。
4. 請簡述超臨界流體萃取的原理及應用在化妝品上的實例。

第五章　化妝品的安全衛生分析

衛生福利部於 1972 年 12 月 28 日公布化妝品衛生管理條例，並且，依據該條例第 34 條之規定，制訂化妝品管理條例施行細則，於 1973 年 12 月 18 日公布施行。該條例除了對進行化妝品定義外，其次就是有關化妝品的安全性。化妝品的安全性是指皮膚的安全，還有容易接觸到的口唇及眼睛等黏膜部位。由於化妝品直接用於人體的眼睛、口腔黏膜及皮膚，事關人體的健康與衛生，因此化妝品在上市前的品質與安全檢測尤其重要，化妝品的安全性評估是發展產品的第一要務。化妝品的安全性認證，主要把關的對象是原料，然後才是產品。本章節針對化妝品的安全性、衛生標準及理化性質等分析進行介紹。

第一節　安全性分析

安全性檢測是化妝品製作的必備工序，新的原料在使用前必須先進行動物安全性試驗。安全檢測的目的是爲了防止使用化妝品引起人體皮膚及其附屬器官的病變。安全性檢測項目有：毒性檢測、刺激性檢測、過敏性檢測及致病理突變檢測等等。

一、毒性檢測

毒性檢測分急性毒性試驗、亞急性毒性試驗、慢性毒性實驗及光毒性實驗等等。毒性測試可運用微生物、培養細胞、動物實驗以及以人體作爲研究對象。化妝品毒性試驗通常選擇皮膚黏膜局部作用的方法，以判斷化妝品的質量是否達標。

(一)急性毒性試驗

急性毒性（acute toxicity），常被稱作半致死量（median lethal dose），又常被簡寫為「LD_{50}」，是 FDA 規定化妝品及化妝品組分的毒理指標之一。LD_{50} 指當受試動物經一次攝取（或經口服或經皮膚滲透或經其他攝取途徑）化妝品或化妝品組分等試驗物質後，因毒理反應而出現受試動物死亡的數目在 50% 時的試物之量。用試物重量（mg）和受試動物體重（kg）之比，即 mg/kg 表示。同時還須註明試物液攝取的途徑，受試動物的種類、產源、性別、體重等。

LD_{50} 之所以被世界各國公認為用來表示化妝品及其組分的急性毒性之大與小，而不用絕對致死量或最小致死量來表示，原因可由圖 5-1 的急性毒性測定曲線加以說明。由圖 5-1 可以看出該曲線兩端平緩，中間部分呈陡峭的「S」形，則可理解為位於 LD_{50} 範圍時的死亡率變化是曲線的最敏感部位，因此用 LD_{50} 來表示化妝品及其組分的急性毒性，誤差小，準確性和可靠性大。

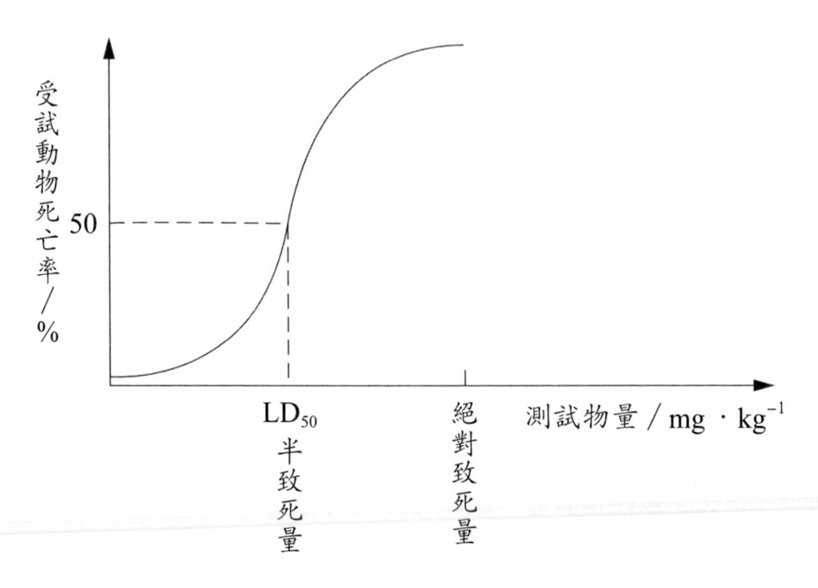

圖 5-1 不同測試物量的受試動物死亡率曲線

LD_{50} 之所以受到世界各國化妝品界的高度重視，美國 FDA 還將其列入評價化妝品組分的依據，其原因如下：

1. 膚用化妝品雖不屬於口服物之列，但由於抹用後，經皮膚滲透進人體內而致中毒。
2. 唇部化妝品，因隨食物而帶入體內，被組織吸收進入血液循環而致中毒。
3. 眼部化妝品，因流淚或流汗，經臉部皮膚滲入體內而產生毒理反應。
4. 嬰幼兒誤食化妝品，導致中毒死亡事件，曾在國外發生過。

化妝品涉及面廣，男女老少皆用；應用頻率高，白天、晚上，護膚、美容均不可少；尤其當今化妝品種類繁多，化妝品新原料亦層出不窮、升級換代。因此，這就更需要 LD_{50} 的評價數據，以利配製前的正確選用，確保使用者的安全。

急性毒性試驗（或經口服、或經皮膚滲透），一般可分爲急性口服毒性試驗和急性皮膚毒性試驗。

1.急性口服毒性試驗

所謂急性口服毒性試驗，是指口服被試驗物質時飼予動物所引起的不良反應。受試動物常用成年小鼠或大鼠。小鼠體重 18~22g；大鼠體重 180~200g。試驗前，一般禁食 16 小時左右，不限制飲水。被試物質溶液常用水或植物油作溶劑。

正式試驗時，將動物稱重，並隨機分組，然後用特製的灌胃針頭將試驗物質一次給予動物，若估計試驗物質毒性很低，一次給藥容量太大，則可在24小時內分成2~3次進行，但並作一日劑量計算。給藥後，應密切注意觀察並記錄受試動物一般狀態、中毒表現和死亡情況。毒性評價見表5-1「化學物質的急性毒性評價」。

2.急性皮膚毒性試驗

係指試驗物質塗敷皮膚一次劑量後所產生的不良反應。選用兩種不同性別的成年大鼠、豚鼠或家兔均可。受試動物背部脊柱兩側的毛髮應剪掉或剃掉，但不可擦傷皮膚，因損傷皮膚能改變皮膚的滲透性。試驗物質塗抹處，不應少於動物體表面積的10%。

給藥後，注意觀察動物的全身中毒表現和死亡情況，包括動物皮膚、毛髮、眼睛和黏膜的變化，呼吸、循環、中樞神經系統、四肢活動和行為方式等的變化，特別要注意觀察震顫、驚蹶、流涎、腹瀉、嗜睡、昏迷等等現象。毒性評價見表5-1「化學物質的急性毒性評價」，以確定試驗物質能否經皮膚滲透和短期作用所產生的毒性反應，並為確定亞慢性試驗提供實驗依據。

表5-1 化學物質的急性毒性評價　　單位：mg/kg

級別	大鼠經口 LD_{50}	兔塗敷皮膚 LD_{50}
極毒	＜1	＜ 5
劇毒	≧ 1~50	≧ 5~44
中等毒	≧ 50~500	≧ 44~350
低毒	≧ 500~5000	≧ 350~2180
實際無毒	≧ 5000	≧ 2180

(二)亞急性、慢性毒性試驗

所謂亞急性、慢性毒性試驗就是測試化妝品毒性對人體長期使用的累積毒理反應，並可瞭解測試產品的毒性有無蓄積作用。該試驗通常以低濃度作爲測試手段，並經過 90 天以上的試驗期，以測試該產品對人體長期的毒副作用。

(三)光毒性試驗

光毒性試驗是測試化妝品塗敷於皮膚表面的毒理反應，主要是測試皮膚受化妝品影響而出現的炎症或光敏症。常見的帶有光敏症的化妝品多爲染料類物質，如蒽醌、曙紅等。

二、刺激性測試

化妝品的刺激性一般表現在皮膚表面及人體眼睛部位，爲保證化妝品使用的舒適與安全，化妝品的刺激性測試是非常重要的檢測項目。

(一)皮膚刺激性測試

皮膚刺激性測試是對皮膚受到試驗產品作用後產生的一系列皮膚病理現象的試驗。皮膚測試方法可採用急性或亞急性等各種方法，對具有明顯刺激性的化妝品應禁止使用。

皮膚刺激是指皮膚接觸試驗物質後產生的可逆性炎性症狀。試驗物質通常爲液態，採用原液或預計人的應用濃度；固態則採用水或合適賦型劑（如花生油、凡士林、羊毛脂等）按 1：1 濃度調製。取試驗物質 0.1 ml (g) 滴在 2.5×2.5 公分大小的四層紗布上敷貼在一側皮膚上，或直接將試驗物質塗在淺膚上用一層油紙覆蓋，再用無刺激性膠布和繃帶加以固定。另一側塗抹賦型劑作爲對照。敷用時間爲 24 小時，可一次敷用 24 小時，或多次敷用合計 24 小時。試驗結束後，用溫水或無刺激性溶劑除去殘留試驗物。

於除去試驗物後的 1 小時、24 小時和 48 小時觀察塗抹部位皮膚反應，按表 5-2 皮膚刺激反應評分進行評分，按表 5-3 皮膚刺激強度評價來進行評價。

表 5-2 皮膚刺激反應評分

症狀		積分
紅斑形成		
	無紅斑	0
	勉強可見	1
	明顯紅斑	2
	中等～嚴重紅斑	3
	紫紅色紅斑	4
水腫形成		
	無水腫	0
	勉強可見	1
	皮膚隆起輪廓清楚	2
	水腫隆起約 1 mm	3
	水腫隆起超過 1 mm，範圍擴大	4
總分		0~8

表 5-3 皮膚刺激強度評價

強度	評價
無刺激性	0~0.4
輕刺激性	0.5~1.9
中等刺激性	2.0~5.9
強刺激性	6.0~8.0

皮膚刺激試驗，可採用急性皮膚刺激試驗（一次皮膚塗抹試驗），亦可採用多次皮膚刺激試驗（連續塗抹 14 天）。通常在許多情況下，家兔和豚鼠對刺激物質較人敏感，從動物試驗結果外推到人，可提供較重要的依據。

(二)眼部刺激性測試

眼睛是人體對刺激最敏感的部位，眼部的刺激性測試同樣可採用急性測試或亞急性測試等不同方法。一般而言，眼部的刺激性試驗應不致引起眼睛各組織的炎症。眼部刺激試驗是指眼表面接觸試驗物質後產生的可逆炎性症狀變化。

首先受試動物爲家兔，每組試驗動物至少 4 隻。試驗物質使用濃度一般用原液或用適當無刺激性賦型劑配製的 50% 軟膏或其他劑型。若已證明有皮膚刺激性的物質，則不必進行本項試驗。

試驗方法：

將已配製好的試驗物質溶液（0.1 ml 或 100 mg）滴入（塗入）受試動物一側結膜囊內，另一側眼作爲對照。滴液後，使眼被動閉合 5~10 秒，記錄滴藥後 6 小時、24 小時、48 小時和 72 小時眼的局部反應，第 4、7 天觀察恢復情況。觀察時應用螢光素鈉（fluorescein sodium）檢查角膜損害程度，最好用裂隙燈檢查角膜透明度、虹膜紋理的改變。

若試驗物質明顯引起眼刺激反應，可再選用 6 隻動物，將試驗物質滴入一側結膜囊內，接觸 4 秒或 30 秒後用生理鹽水沖洗乾淨，再觀察眼的刺激反應。多次眼刺激試驗即按上述操作方法，每日一次，連續 14 天後繼續觀察 7~14 天。上述兩種試驗的分級標準見表 5-4，評價標準見表 5-5。

表 5-4 眼睛損害的分級表準

眼睛損害		積分
角膜：A	混濁（以最緻密部位爲準）	
	無混濁	0
	散在或瀰漫性混濁，虹膜清晰可見	1
	半透明區易分辨，虹膜模糊不清	2
	出現灰白色半透明區，虹膜細節不佳，瞳孔大小勉強可見	3
	角膜不透明，由於混濁，虹膜無法辨識	4
B	角膜受損範圍	
	< 1/4	1
	1/4 ~ 1/2	2
	1/2 ~ 3/4	3
	3/4 ~ 1	4
積分 A×B×5 最高積分爲 80		
虹膜：A	正常	0
	皺褶明顯加深，充血、腫脹、角膜周圍有輕度充血，瞳孔對光仍有反應	1
	出血、肉眼可見破壞、對光無反應（或者只出現其中之一反應）	2
積分 A×5 最高積分爲 50		
結膜：A	充血	
	瞼結膜、球結膜部分血管正常	0
	血管充血呈鮮紅色	1
	血管充血成深紅色，血管不易分辨	2
	瀰漫性充血呈紫紅色	3
B	水腫	
	無	0

眼睛損害		積分
	輕微水腫（包括瞬膜）	1
	明顯水腫、伴有部分眼瞼外翻	2
	水腫至眼瞼近半閉合	3
	水腫至眼瞼超過半閉合	4
C	分泌物	
	無	0
	少量分泌物	1
	分泌物使眼瞼和睫毛潮濕或黏著	2
	分泌物使整個眼區潮濕或黏著	3
總積分 (A + B + C)× 2 最高分為 20		
角膜、虹膜和結膜反應累加最高積分為 100		

表 5-5　眼睛刺激評價標準

急性眼睛刺激積分指數（1、A、0、1）（最高數）	眼睛刺激的平均指數（M、1、0、1）	眼睛刺激個體指數（1、1、0、1）	刺激強度
0 ~ 5	48 小時後為 0		無刺激性
5 ~ 15	48 小時後 < 5		輕度刺激性
15 ~ 30	48 小時後 < 10		刺激性
30 ~ 60	7 小時後 < 20	7 小時後（6/6 動物 < 30）（4/6 動物 < 10）	中度刺激性
60 ~ 80	7 小時後 < 40	7 小時後（6/6 動物 < 60）（4/6 動物 < 30）	中度 ~ 重度刺激性
80 ~ 100			重度刺激性

按上述分級、評價標準評定，如一次或多次接觸試驗物質，不引起角

膜、虹膜和結膜的炎症變化，或雖引起輕度反應，但這種改變是可逆的，則認為該試驗物質可以安全使用。在許多情況下，其他哺乳動物眼的反應較人敏感，將動物試驗結果應用至人體使用時，可提供較有價值的依據。

三、過敏性試驗

過敏反應又稱變態反應，是指某些化學物質通過一定途徑作用於生物體，使生物體產生特異性免疫反應，當生物體再次接觸這一物質時，則出現反應性增高的現象。化妝品對人體的這種過敏性反應屬於一種遲發性變態反應，涉及人體的免疫系統。化妝品的過敏性測試也是安全性試驗的重要指標。過敏反應分化學過敏和光過敏，其試驗可通過動物或人體局部進行，試驗一般有誘導期和激發期兩個階段。在此介紹化學過敏試驗、皮膚的光毒和光變態過敏試驗、人體激發斑貼試驗和試用試驗。

(一)化學過敏

過敏性試驗是以誘發過敏為目的而進行的誘發性投藥，以確認藥的誘發性效果和過敏性。試驗多數是用豚鼠，每組受試動物數為 10~25 隻。試樣配製成 0.1 % 水溶液。為增加皮膚反應的陽性率（增加敏感性），通常採用福氏安全佐劑（FCA），而不影響試驗的結果。

福氏安全佐劑的製備：

輕質石蠟油	50 ml
羊毛脂（或 Tween-80）	25 ml
結核桿菌（滅活）	62 ml
生理鹽水	25 ml

製成 W/O 型乳化劑後，經高壓消毒備用。

(二)皮膚的光毒和光變態過敏試驗

皮膚的光變態反應係指某些化學物質在光參與下所產生的抗原體皮膚反應。不通過生物體免疫機制，而由光能直接加強化學物質所致的原發皮膚反應，則稱爲光毒反應（phototoxicity）。

試驗動物選用白色的豚鼠和家兔，每組動物 8 ~ 10 隻。照射源一般採用治療用的汞石英燈、水冷式石英燈，波長在 280 ~ 320 nm 範圍的中波紫外線或波長在 320 ~ 400 nm 範圍內的長波紫外線。照射劑量按引起最小紫外線照射量（minimum erythema dose, MED）的照射時間和最適距離來控制。一般需做預備試驗確定其 MED 值試驗物質濃度採用原液或按人類實際用濃度。

光變態反應試驗的激發接觸濃度可採用適當的稀釋濃度。採用無光感作用的丙酮或酒精作稀釋劑。本試驗需採用陽性對照，常用陽性光感物爲四氯水揚酯替苯胺。光源照射時間一般大於 30 分鐘，以確保試驗物質在皮膚內存留足夠時間，達到穿透皮膚。

如已證明試驗物質有光毒性，則光變態反應試驗可以不做。有文獻介紹，光毒性試驗是在小鼠、豚鼠的耳部和背部進行。光過敏試驗是在兔背部上按 Draize 法進行，也有在豚鼠背部進行的 Vinson-Vorselli 法或採用 Marber 法。

(三)人體激發斑貼試驗和試用實驗

激發斑貼試驗是藉用皮膚科臨床檢測接觸性皮炎致敏性的方法，進一步模擬人體致敏的全過程，預測試驗物質的潛在致敏原性。試驗全過程應包括誘導期、中間休止期及誘發期。

受試人應無過敏病史，試驗人數不得少於 25 人。一般選擇人體背部或前臂屈側皮膚的敏感斑貼部位。試驗前應與受試者詳細介紹試驗目的和方法，以取得圓滿的合作。

試驗方法：

取 5% 十二烷基硫酸鈉（sodium dodecyl sulfate, SDS）液 0.1 ml 滴在 2 公分 ×2 公分大小的四層紗布上，然後敷貼在受試者上背部或前臂屈側皮膚上，再用玻璃紙覆蓋，用無刺激膠布固定。24 小時後，將敷貼物去掉，皮膚應出現中度紅斑反應。如無反應，調節 SDS 濃度再重複一次。

按上述方法將 0.2 mg 試驗物質敷貼在同一部位，固定 48 小時後，去掉斑貼物，休息一日，重複上述步驟共四次。如試驗中皮膚出現明顯反應，誘導停止。

進行最後一次誘導試驗，須選擇未做過斑貼的上背部或前臂屈側皮膚兩塊，間距 3 公分，一塊作對照，一塊敷貼含上述試驗物質 0.2 ml（g）的 1 公分 ×1 公分紗布，封閉固定 48 小時後，去除斑貼物，立即觀察皮膚反應。24 小時、48 小時和 72 小時後，再觀察皮膚反應的發展或消失情況。按表 5-6 皮膚反應評級標準和表 5-7 致敏原強弱標準進行皮膚反應評定。

表 5-6 皮膚反應評級標準

皮膚反應	分級
無反應	0
紅斑和輕度水腫，偶見丘疹	1
浸潤紅斑、丘疹隆起，偶而可見水皰	2
明顯浸潤紅斑、大小水皰融合	3

表 5-7　致敏原強弱標準

致敏比例	分級	分類
(0 ~ 2) / 25	1	弱致敏原
(3 ~ 7) / 25	2	輕度致敏原
(8 ~ 13) / 25	3	中度致敏原
(14 ~ 20) / 25	4	強致敏原
(21 ~ 25) / 25	5	極強致敏原

如人體斑貼試驗表明試驗物質為輕度致敏原，可作出禁止生產和銷售的評價。對產品的試驗檢測，要受試者採用日常使用方法或前臂屈側 5 公分 ×5 公分皮膚上進行試驗物質試用試驗，結合化妝品的試用情況以及動物試驗結果，作出是否安全的評價。

四、病理突變檢測

病理突變是指因長期使用毒理化妝品，致使孕婦胎兒畸形、人體器官結構受損、基因及染色體畸變等嚴重毒副現象。

致使突變的實驗方法通常有鼠傷寒沙門氏菌回復突變試驗，這是一種基因突變體外型試驗，此方法可預測化妝品是否存在致突變因素，是一種較好的預警試驗方法。

(一)致畸試驗

致畸試驗是鑑定化學物質是否具有致畸性的一種方法。通過致畸試驗，一方面鑑定化學物質有無致畸性，另一方面確定其胚胎毒作用，為化學物質在化妝品中的安全使用提供依據。

定義：胚胎發育過程中，接觸了某種有害物質影響器官的分化和發育，導致形態和機能的缺陷，出現胎兒畸形，這種現象稱為致畸胎作用

（teratogenicity）。引起胎兒畸形的物質稱為致畸原。

(二)致癌試驗

致癌試驗係指動物長期接觸化學物質後，所引起的腫瘤危害。在通過一定途徑長期給予受試動物不同劑量的試驗物質的過程中，觀察其大部分生命週期間腫瘤疾患產生情況。以上致畸試驗及致癌試驗兩種試驗均屬藥理毒性試驗，試驗週期比較長。

五、其他

近年來，因化妝品中的焦油色素、防腐劑、亞硝基胺等會使細胞突然變異致癌，引起了人們的重視。因化妝品的使用，涉及甚廣，故必須作一定的藥理試驗，特別是在應用新開發的原料時，更應謹慎為是。必要的試驗如皮膚吸收性、代謝、累積、排泄等得同時進行。

隨著科學技術的發展，將由 LV（limit value 即極限值）試驗法代替傳統的 LD_{50} 試驗法，這樣可節省如 90% 的受試動物。英國已於 1997 年起，對用動物試驗安全性通過的產品停發生產許可證，安全性試驗係採用在人體後背脊上做斑貼試驗取代動物試驗。

第二節　衛生標準分析

衛生標準分析通常指對有害物質的檢測及對微生物的檢測。化妝品中有害物質的檢測通常是指對汞、砷、鉛及有機甲醇的檢測，而微生物則是對菌群種類及其數量的檢測。

一、有害物質的檢測

在化妝品衛生標準中，對化妝品中有害物質作了嚴格的限量規定。

有害物質汞、鉛、砷及其化合物係不得添加於化妝品中。化妝品於製造過程中，如因所需使用原料或其他因素，且技術上無法排除，致含自然殘留微量之重金屬鉛、砷時，則其最終製品中所含不純物重金屬鉛、砷之殘留量，鉛不得超過 10 ppm，砷不得超過 3 ppm。

1.汞元素測試

汞是有害金屬元素，汞及其化合物都能穿透皮膚，進入體內，對人體造成傷害。汞的測試分析包括碘化亞銅比色法、火焰原子吸收法及中子活化法等三種。

2. 砷元素測試

砷元素雖爲人體必需的元素，但由於不同形態的砷毒性差別很大，因此使用時應嚴格區分。一般而言，單質砷元素無毒性，但其化合物都有毒，尤其是三價砷的毒性最大。砷的樣品預前的處理方法有濕式消解法和乾灰化法，其測定方法有二乙二硫氨基甲酸銀（silver diethyldithiocarbamate）分光光度法。

3.鉛元素測試

鉛對所有生物體都有毒性，鉛中毒能引起神經、血液、代謝和分泌等系統的病變，嚴重時還會損壞肝、腎等器官。由於鉛和鉛化合物可以增白或調配色彩，常有添加過量鉛元素的違規化妝品混入銷售市場，因此對化妝品中鉛含量的測試很有必要。鉛的樣品預前的處理方法有濕式消解法、乾濕消解法和浸提法，其測定方法有火焰原子吸收分光光度法、二苯硫腙（dithizone）（$C_{13}H_{12}N_4S$）萃取分光光度法。

4.有機甲醇

甲醇是無色、易揮發的有機溶劑，有毒。甲醇對人體眼睛的危害較大，國家標準限量爲每 100 ml 化妝品中甲醇不得超 0.2 ml。甲醇的測定方法有氣相色譜法和比色法。其中氣相色譜法簡便、快速、準確，已定爲國家標準。

二、微生物檢測

微生物是化妝品在生產，貯存和使用過程中受污染所致。這些微生物不僅影響化妝品的外觀物理指標，更會有損產品的內在質量，使人體健康受到危害。

微生物的檢測應對樣品進行預前處理，目的是消除防腐劑的作用。對於不同種類的化妝品應採取不同的處理方法。

1.細菌總數測定

細菌總數是指 1 g 或 1 mg 化妝品中所含的活的細菌數量。通過對化妝品細菌總數的測量，可以判斷化妝品受細菌污染的程度，這是一個重要的衛生檢測指標。由於不同菌種的生理特徵、培養條件及需氧性質各有差異，因此其測試方法會各有不同。

2.測試內容

化妝品中細菌總數是一項重要的測試內容，其中包括諸如大腸菌群、綠膿桿菌、黴菌及金黃葡萄球菌等項目的測試。根據衛生福利部 94 年公告「化妝品中微生物容許量基準」，嬰兒、眼部周圍及使用於接觸黏膜部位之化妝品的生菌數爲 100 CFU/g 或 ml 以下；其他類化妝品的生菌數爲 1000 CFU/g 或 ml 以下，均不可檢驗出大腸桿菌（*Escherichia coli*）、綠膿桿菌（*Pseudomonas aeruginosa*）或金黃葡萄球菌（*Staphylococcus aureus*）等。

第三節　理化性質分析

化妝品的理化性質是在生產製作時的物理、化學的性質，通常包含化妝品的色彩、乳化體的性質及產品的 pH 值等。

一、化妝品的色彩檢測

化妝品的色彩一般來說，著色可賦予原料顏色，使得產品有特定的色彩效果，給人良好感覺。但是化妝品的著色需要考慮恰當色調的選定、褪色與變色的因素、色素的檢測等。色調的選定首先應考慮市場的需求，在製作中要通過視感測色、視感比色或儀器測試。

1.視感測色

視感測色就是對物體的顏色直接進行目測判斷，這種方式直觀、簡便，通常容易爲消費者所接受。但是由於個人的主觀判斷基準存在差異，因此測色結果容易出現偏差。

2.視感比色

視感比色就是運用兩種以上的顏色進行比較，是在實際工作中經常使用的方法，但在比色時要注意比色條件的一致性。比色條件有：(1) 照明強度；(2) 照明方向和觀察方向；(3) 試樣和遮光框的大小；(4) 試樣的排列方式；(5) 目測者的能力；(6) 判斷基準。

3.儀器測試

儀器測試是專業測試的常用手段，測試方法和測試儀器通常有：

(1) 分光測色法：利用分光光度計、色彩計算機等測試。

(2) 刺激值直讀法：利用光電比色計測試。其中分光測試法中的分光光度計使用較爲廣泛。

二、乳化體性質

乳化體是透過不同組分的油相與水相在乳化劑的作用下，經強烈攪拌而形成的混合物質。當油相以細小的微粒分散在水中時，形成的是 O/W 型乳化體；而當水相以細小的微粒分散在油中時，形成的是 W/O 型乳化體。

通常使用的化妝品，由於乳化體類型的不同，將直接導致化妝品的光澤、流變性、光滑度、展開性等性質的差異。因此，對乳化體性質的測試，是化妝品製作工藝的重要環節。

1.乳化體的類型測試

在製備的乳化體中，如何確定最終的產品是屬於油／水型，還是水／油型，可透過乳化體的性質，並採用相應的測試方法得以確定。通常採用的方法有：染料法、衝淡法、螢光法、導電法、潤濕濾紙法等等。

2.黏度測定

乳化體的黏度是決定其穩定性的重要因素，從使用來講，黏度也是一種產品的規格指標。影響乳化體黏度的因素有很多，有外相黏度、內相的體積濃度，界面膜與乳化劑等。黏度的測試方法有比重計法、比重瓶法等。

3.顆粒分布的測定

顆粒大小的分布與時間的關係通常是乳化體穩定性的一個重要數據，一般可透過顯微鏡法、沉降法、光散射法、透射法和計數法來測定。

三、產品的pH

產品的 pH 指各類化妝用品的酸鹼值，產品的 pH 應控制在合理的範圍。皮膚與毛髮用的清潔或護理產品，對其 pH 的控制應有不同的要求。

1.皮膚用化妝品

由於皮膚呈弱酸性，爲使皮膚表面的皮脂膜不受傷害，通常應有效控制化妝品的 pH，常用的皮膚用化妝品的 pH 應控制在微酸性（≤ 7）。

2.頭髮用化妝品

頭髮用化妝品的 pH 跨度相對較大。一般的洗髮、護髮或燙髮產品，pH 可控制在 4.0~9.5；若爲染髮產品，則染劑的 pH 可能在 8.0~11.0，而氧化劑的 pH 可能在 2.0~5.0。pH 的測試方法有：pH 試紙法、標準色管比色法和酸度計法。其中，pH 試紙法是簡單而又普遍使用的方法。

習　題

1. 毒性檢測的試驗方法有哪些？
2. 刺激性試驗的重點部位在哪裡？
3. 化妝品中有害物質的檢測通常針對哪些物質？
4. 微生物檢測主要有哪些菌種範圍？
5. 乳化體類型測試的方法有哪些？
6. 頭髮用化妝品 pH 控制的範圍有哪些要求？常用的 pH 測試方法有哪些？

第三篇 化妝品原料

化妝品是一種由各類原料經過合理配方加工而成的複合物。化妝品的各種性能及質量好壞除了與配製技術及生產設備等有關之外，主要決定於所採用原料的好壞。化妝品原料來源廣泛，品種繁多，若從其來源分類，可分爲人工合成和天然原料兩大類。但 20 世紀 70 年代後，化妝品工業出現了「回歸自然」的潮流，天然原料的開發和應用逐漸增加，並普遍受到消費者的喜愛。

若根據其用途與性能來劃分，化妝品原料可分爲基質原料、輔助原料和機能性原料。基質原料是化妝品的主體，體現了化妝品的特性和功用；輔助原料，又稱添加劑，則是對化妝品的成型、色澤、香型和某些特性產生作用。化妝品原料中常用的基質原料主要是油質原料、粉質原料、膠質原料和溶劑原料。化妝品添加劑主要有表面活性劑、香料與香精、色素、防腐劑和抗氧劑、保濕劑等添加劑。當然，基質原料和輔助原料之間沒有絕對的界限，比如月桂醇硫酸鈉在香皂中是作爲洗滌作用的基質原料，但在膏霜類化妝品中僅作爲乳化劑的輔助原料。機能性原料爲可賦予化妝品特殊功能的一類原料如防曬劑、除臭劑、脫毛劑、染髮劑、燙髮劑等，或是強化化妝品對皮膚生理作用一類的原料如保濕、抗皺、去斑、美白、育髮作用的添加劑。本篇主要介紹基質原料、輔助原料和機能性原料的物質特性、作用及分類。

第六章 基質原料

基質原料是構成化妝品劑型的主體原料，主導化妝品的特性與功用。例如，膏霜類化妝品基質原料完全有別於香皂類化妝品的基質原料。基質原料一般可以區分成油質原料、粉質原料、膠質原料及溶劑原料等四類型。

第一節 油質原料

油質原料是指油脂和蠟類原料，還有脂肪酸、脂肪醇和酯等，包括天然油質原料與合成油質原料，是化妝品的主要原料之一。天然動植物油脂、蠟的主要成分都是由各種脂肪酸以不同的比例構成脂肪酸甘油酯，其結構如下：

$$\begin{array}{l} CH_2{-}O{-}COR_1 \\ | \\ CH{-}O{-}COR_2 \\ | \\ CH_2{-}O{-}COR_3 \end{array}$$

（R_1、R_2、R_3為脂肪族烴基）

這些脂肪酸混合比例不同以及生成脂肪酸甘油酯結構的不同而構成了各種不同性質的天然油脂。它們在常溫下液體稱為油，固體稱為脂。天然油脂中存在的脂肪酸，幾乎全部是含有偶數碳原子的直鏈單羧基脂肪酸，如果碳氫鏈上沒有雙鍵，就稱為飽和脂肪酸，如硬脂酸、棕櫚酸等，一般呈固態；如果碳氫鏈上含雙鍵，就稱為不飽和脂肪酸，如油酸等，一般呈液態。常見的動植物油脂中的脂肪酸名稱及結構式如表 6-1 所示。

表 6-1 油脂中所含的主要脂肪酸

類別	名稱	結構式
飽和脂肪酸	月桂酸（十二碳酸）lauric acid	$CH_3(CH_2)_{10}COOH$
	豆蔻酸（十四碳酸）myistic acid	$CH_3(CH_2)_{12}COOH$
	棕櫚酸（十六碳酸）palmitic acid	$CH_3(CH_2)_{14}COOH$
	硬脂酸（十八碳酸）stearic acid	$CH_3(CH_2)_{16}COOH$
不飽和脂肪酸	棕櫚酸（9-十六烯酸）palmitoleic acid	$CH_3(CH_2)_5CH = CH(CH_2)_7COOH$
	油酸（9-十八烯酸）oleic acid	$CH_3(CH_2)_7CH = CH(CH_2)_7COOH$
	亞油酸（9, 12-十八二烯酸）linoleic acid	$CH_3(CH_2)_4CH = CHCH_2CH = H(CH_2)_7COOH$
	亞麻酸（9, 12, 15-十八三烯酸）linolenic acid	$CH_3(CH_2CH = CH)_3(CH_2)_7COOH$
	蓖麻酸（12-羥基-9-十八烯酸）ricinolenic	$CH_3(CH_2)_5CH(OH)CH_2H = CH(CH_2)_7COOH$

油脂（oil）和蠟類（wax）應用於化妝品中的主要目的和作用如下：

油脂類

(1) 在皮膚表面形成疏水性薄膜，賦予皮膚柔軟、潤滑和光澤，同時防止外部有害物質的侵入和防禦來自自然界各種因素的侵襲。

(2) 透過其油溶性溶劑的作用使皮膚表面清潔。

(3) 寒冷時，抑制皮膚表面水分的蒸發，防止皮膚乾裂。

(4) 作爲特殊成分的溶劑，促進皮膚吸收藥物或有效活性成分。

(5) 作爲富脂劑補充皮膚必要的脂肪，從而產生保護皮膚的作用，而按摩皮膚時具有潤滑作用，減少摩擦。

(6) 賦予毛髮以柔軟和光澤感。

蠟類

(1) 作爲固化劑提高製品的特性和穩定性。

(2) 賦予產品搖變性，改善使用感覺。

(3) 提高液態油的熔點，賦予產品觸變性，改善皮膚，使其柔軟。

(4) 由於分子中具有疏水性較強的長鏈烴，可在皮膚表面形成疏水薄膜。

(5) 賦予產品光澤。

(6) 利於產品成形，便於加工操作。

油脂或蠟類衍生物

(1) 高級脂肪酸：乳化輔助劑、抑制油膩感和增加潤滑。

(2) 脂肪酸：具有乳化作用（與鹼或有機胺反應生成表面活性劑）和溶劑作用。

(3) 酯類：是舒展性改良劑、混合劑、溶劑、增塑劑、定香劑、潤滑劑和通氣性的賦型劑。

(4) 磷脂：具有表面活性劑作用（乳化、分散和濕潤），傳輸藥物的有效成分，促進皮膚對營養成分的吸收。

油質原料包括以下幾類：

(一)植物油脂、蠟

植物油脂、蠟主要來自植物種子和果實，也有部分來自植物的葉、皮、根、花瓣和花蕊等。

1.植物油

(1)橄欖油（olive oil）：是從油橄欖樹的果實經壓榨製取的脂肪油，主要產地是西班牙和義大利等地中海沿岸地區。外觀爲淡黃色或黃綠色透明液體，有特殊的香味和滋味。主要成分爲油酸甘油酯（約占 80%）和棕櫚酸甘油酯（約占 10%）及少量的角鯊烯。它不同於其他植物油，具有較低的碘和當溫度低於 0℃時還能保持液體狀態。由於橄欖油中含亞油酸較少（約 70%），較其他液體油脂不易氧化。

橄欖油用於化妝品中，具有優良的潤膚養膚作用，能夠抑制皮膚表面的水分蒸發，同時具有一定的防曬作用。對於皮膚的滲透性與一般植物油相同，但比羊毛脂、鱈魚油和油醇差，比礦物油好。它對皮膚無害，是很有用的潤膚劑，不易引起急性皮膚刺激和過敏。在化妝品中，橄欖油是製造按摩油、髮油、防曬油、健膚油、潤膚霜、抗皺霜及口紅和 W/O 型香脂的重要原料。

(2)蓖麻油（castor oil）：是蓖麻種子經壓榨製得的脂肪油，主要產地爲巴西、印度和俄羅斯。外觀爲無色或淡黃色透明黏性油狀液體，主要成分爲蓖麻酸酯（其甘油酯中脂肪酸主要成分爲蓖麻油酸，即 12- 羥基 -9- 十八烯酸），故蓖麻油比其他油脂親水性大。蓖麻油對皮膚的滲透性與其他植物油相似，但比羊毛脂、鱈魚肝油和油醇差，比礦物油好。

蓖麻油的比重大，黏度高，凝固點低以及它的黏度和軟硬度受溫度的影響很小，故很適合當作化妝品的原料。例如，當作口紅的主要基質，可以使口紅外觀更鮮豔；也可應用於髮膏、髮蠟條、透明香皂、含酒精髮油、燙髮水和指甲油的增塑劑以及指甲油的去光劑等。蓖麻油的主要問題是含有令人不舒服的特殊氣味，不過蓖麻油經過精煉後，可消除這個不舒服的氣味。

(3) 椰子油（coconut oil）：是從椰子的果肉製得的，具有椰子特殊的芬芳，爲白色或淡黃色豬脂狀的半固體，暴露於空氣中極易被氧化。椰子油的成分主要以月桂酸爲主，其次是肉豆蔻酸和棕櫚酸，還有少量的己酸、辛酸、癸酸、油酸和亞油酸。椰子油具有較好的去污能力及泡沫豐富，是製皂不可缺少的油脂原料。由於其含有己酸、辛酸、癸酸，對皮膚、頭髮略有刺激性，無法直接應用於膏霜類等化妝品中。但椰子油是合成表面活性劑的重要原料，算是化妝品工業中很重要的間接原料。

(4) 花生油（peanut oil）：取自花生仁，主要產地爲非洲、印度和中國。外觀爲淡黃色油狀液體，具有特殊芬芳的氣味。其中，甘油酯中脂肪酸的主要成分爲油酸（57%）和亞油酸（26%），較容易氧化。花生油對皮膚的滲透性與一般植物油相近，對皮膚無害，是十分有用的潤膚劑。在化妝品中，主要代替橄欖油和杏仁油應用於膏霜、乳液、髮油、按摩油和防曬油等。

(5) 棉籽油（cotton seed oil）：棉籽油是由棉花種子經壓榨、溶劑萃取精製得到的半乾性油，爲淡黃色或黃色油狀液體，精製的棉籽油幾乎無味。甘油酯中脂肪酸的主要成分是棕櫚酸（21%）、油酸（33%）和亞油酸（43%）。棉籽油對皮膚無害，有潤膚作用。精製的棉籽油可代替杏仁油和橄欖油應用於化妝品中，作爲製造香脂、髮油、香皂等的原料。但棉籽油含有較多的不飽和酸，容易氧化變質，在化妝品中的應用上有所限制。

(6) 杏仁油（almond oil）：亦稱甜杏仁油，取自甜杏仁的乾果仁，具有特殊的芬芳氣味，爲無色或淡黃色透明油狀液體。杏仁油的主要成分爲油酸酯，其脂肪酸組成中以油酸爲主（約 77%），其次爲亞油酸（約 17%）、棕櫚酸（約 4%）和肉豆蔻酸（約 1%）。杏仁油對於皮膚無害，且具有潤膚作用，物質特性與橄欖油極爲相似，常當作橄欖油的代用品。

在化妝品中，可當作爲按摩油、潤膚油、髮油、潤膚膏霜等產品的油性成分，歐美國家特別喜歡將其添加在乳液製品中。

(7) 杏核油（apricot kernel oil）：亦稱桃仁油，取自杏樹的乾果仁。外觀爲淡黃色油狀液體，類似於杏仁油，脂肪酸組成中以油酸爲主（約60%~79%），其次爲亞油酸（18%~32%）。杏核油對於皮膚無毒性及無刺激性，它的熔點低，寒冷氣候下穩定性好，故製品能保持透明。杏核油是優質的潤膚劑，在使用上沒有油膩感，感覺比較乾及潤滑，可以阻止水分通過表皮及減緩水分的損失，故廣泛地應用在護膚的製品，以賦予皮膚彈性和柔軟度。此外，維生素 E 的含量較高，具有保護細胞膜及延長循環係統中血液紅細胞生存等功能，有助於人體充分利用維生素 A ，及對皮膚保持潔淨、健康和抵抗疾病傳染等作用。

(8) 棕櫚油（palm oil）：油棕果實中含有兩種不同的油脂，從棕櫚仁中得到棕櫚仁油，從棕櫚果肉中得到棕櫚油，兩者的組成有較大的差別。棕櫚油的外觀是紅黃色至暗深紅色油脂狀物塊，有一種令人感覺愉快的氣味（類似紫羅蘭香），脂肪酸組成中以棕櫚酸（約 42%）和油酸（約43%）爲主。棕櫚油易於皀化，故主要應用在製皀的產品。棕櫚油對皮膚無不良作用，精煉後的棕櫚油也可以添加至塗抹油和油膏等製品。

(9) 棕櫚仁油（plam kernel oil）：是從油棕櫚果仁中萃取的，爲白色或黃色的油狀液體，帶有果仁芳香。由於中、南美洲盛產油棕，故棕櫚仁油亦常稱爲巴巴蘇油或美洲棕櫚仁油。棕櫚仁油的脂肪酸組成中，以月桂酸爲主（40%~50%），物質特性類似於椰子油，同屬月桂酸類油脂，在油脂配方中可相互替代，是製皀用的主要原料，可增加肥皀的泡沫及溶解度。棕櫚仁油對皮膚略有刺激，所以在化妝品上的使用較少。

(10) 豆油（soyabean oil）：是大豆的種子製得的，外觀爲淡黃色至棕黃色油狀液體，略帶特有的氣味，脂肪酸的組成中以亞油酸（43%~56%）

和油酸（15%~33%）爲主。豆油除作爲食用外，主要是作爲肥皂製備的原料。由於對皮膚無不良作用，在化妝品中也可作爲橄欖油的代用品，但穩定性較橄欖油差。

(11) 小麥胚芽油（wheat germ oil）：取自小麥胚芽，略有特殊氣味，爲淺黃色透明的油狀液體。脂肪酸組成中以油酸（8%~30%）和亞油酸（44%~65%）爲主。小麥胚芽油對皮膚無不良作用，主要應用於護膚類的化妝品中。它是優質的潤膚劑，可以保護細胞膜，具有延長循環系統中血液紅血球細胞生存的功能，有助於人體充分地利用維生素 A ，對於保護皮膚潔淨、健康和抵禦疾病感染有幫助。

(12) 玉米油（sweet corn oil）：是玉米加工的副產品，爲淡黃色透明油狀液體，略有氣味，脂肪酸組成中以油酸（17%~49%）爲主，其次爲棕櫚酸和硬脂酸。玉米油對皮膚無不良作用，是較好的潤滑劑，可以代替橄欖油使用。

(13) 芝麻油（sesame oil）：取自芝麻的種子，主要產於中國、印度、緬甸、墨西哥和蘇丹。外觀爲無色或淡黃色透明油狀液體，帶有特殊的芝麻香氣味。芝麻油冷卻至 0℃仍不會凝固，脂肪酸組成中以油酸（37%~49%）、亞油酸（35%~47%）和棕櫚酸（7%~9%）爲主。此外，一部分不皀化物（例如，如芝麻明、芝麻酚、芝麻酚林等成分）是其他油脂中沒有的，這些成分（尤其是芝麻酚）影響著芝麻油的抗氧化穩定性的好壞。芝麻油對皮膚無不良作用，可代替橄欖油應用於膏霜類、乳液類及製作按摩油等。

2.植物油脂

(1) 可可脂（cocoa fat）：是從熱帶地區可可樹種子（可可豆）中經壓榨或溶劑萃取製得，主要產於美洲。外觀爲白色或淡黃色固態脂，具有可可的芬芳，脂肪酸的主要成分爲棕櫚酸（24%~27%）、硬脂酸（32%~35%）和油酸（33%~37%）。可可脂對皮膚無不良作用，具有滋潤皮膚的作用。但可能引起粉刺的油脂，在化妝品中可作爲口紅及其他膏霜類製品的油質原料。

(2) 婆羅脂（borno tallow）：婆羅脂是取自東印度及馬來西亞種植的婆羅雙樹的果仁，外觀呈帶綠色的油脂，經過精煉、漂白、除臭、中和後可製得純的白色固態油脂。精製後的乳液穩定性較及抗氧化性較好，可用於護膚製品、防曬製品、按摩油和唇膏等。

3.植物蠟

(1) 巴西棕櫚蠟（carnauba wax）：又稱加洛巴蠟或卡哪巴蠟，它多在南美洲特別是在巴西北部自生或經栽培的，是從高約 10 公尺的巴西卡哪巴棕櫚樹的葉和葉柄中所萃取的硬蠟。精製後的巴西棕櫚蠟爲白色或淡黃色脆硬蠟狀固體，而粗製品則呈現黃色或灰褐色。巴西棕櫚蠟質硬，具有韌性和光澤，有光滑的斷面和愉快氣味。主要成分爲蠟酸蜂花醇酯（$C_{26}H_{53}COOC_{30}H_{61}$）和蠟酸蠟酯（$C_{26}H_{53}COOC_{26}H_{53}$）。除了小冠巴西棕蠟外，巴西棕櫚蠟是最硬、熔點最高的天然蠟，可與所有植物蠟、動物蠟和礦物蠟相匹配，也可以與大量的各種天然和合成的樹脂、脂肪酸、甘油酯和碳氫化合物相匹配。添加到其他蠟類中，可提高蠟質的熔點，增加硬度、韌性和光澤，也可降低黏性、塑性和結晶等特性。對於皮膚無不良作用，主要用於口紅以增加其耐熱性，並賦予光澤。在化妝品中，可用於睫毛膏、脫毛蠟等需要較好成型的製品。

(2) 小燭樹蠟（candelilla wax）：是從生長在墨西哥和美國加利福尼亞、德克薩斯州南部等溫差變化較大，少雨乾燥的高原地帶生長的小燭樹的莖中萃取的一種淡黃色半透明或不透明的固體蠟。精製後的小燭樹蠟有光澤和芳香氣味，略有黏性。主要成分是碳氫化合物、高級脂肪酸和高級烴基醇的蠟酯、高級脂肪酸、高級醇等組成。在化妝品中的應用與巴西棕櫚蠟相同，主要作爲口紅等錠狀化妝品的固化（硬化）劑和光澤劑。

(二)動物油脂、蠟

1.動物油

(1)水貂油（marten oil）：是從水貂（一種珍貴的毛皮動物）背部的皮下脂肪中所獲得的脂肪粗油，經由加工精製後得到的一種動物油，爲一種很理想的化妝品原料。外觀爲無色或淡黃色透明油狀液體，無腥臭及其他異味，無毒，對人體肌膚及眼睛無刺激作用。水貂油脂肪酸的主要成分是棕櫚酸（16%）、棕櫚油酸（18%）、油酸（42%）和亞油酸（18%）。水貂油有多種營養成分，理化特性與人體脂肪極爲相似，與其他作爲化妝品的天然油脂原料相比，最大的特點是含有約 20% 左右的棕櫚油酸（十六碳單烯酸），它對人體皮膚有很好的親和力和滲透性，易於被皮膚吸收，使用後滑潤而感覺不膩，並使皮膚柔軟和有彈性（對乾燥皮膚尤爲適合），對預防皮膚皺裂和衰老具有明顯的效果。對黃褐斑、單純糠疹、痤瘡、乾性脂溢性皮炎、凍瘡、防裂和防皺均有一定療效。水貂油的擴展性比白油高三倍以上，表面張力小，易於在皮膚、毛髮上擴展。在毛髮上有良好的附著性，並能形成具有光澤的薄膜，改善毛髮的梳理性，調節頭髮生長，使頭髮柔軟、有光澤和彈性。另外，水貂油有較好的吸收紫外線的特性，抗氧化性比豬油和棉籽油要高 8~10 倍。對於熱和氧都很穩定，故貯存時不易變質。由於水貂油的特性優良，故在化妝品中廣泛應用，例如營養霜、潤膚脂、髮油、髮乳、唇膏以及防曬化妝品等。

(2)羊毛脂油（lanolin oil）：是從無水羊毛脂經過分餾製得，外觀爲黃色至淡黃色略帶特殊氣味的黏稠油狀液體。羊毛脂油對皮膚的親和性、滲透性、擴散性、潤滑和柔軟作用較好，易被皮膚吸收，對皮膚安全無刺激，且易與其他油類混合，能保持製品流動性和透明。在化妝品中主要用於無水油膏、乳液、卸妝油、沐浴油和髮油等。

(3)蛇油（snake oil）：蛇油是從蝶蛇的脂肪經由精製而得到的。在室溫下，外觀爲淡黃色油狀液體，略帶異味。蛇油對防止皮膚皺裂具有良好的效果，使用後皮膚感覺涼爽及潤滑。主要應用於護膚製品和藥用油膏。

(4)鱉魚肝油（turtle oil）：取自鱉魚肝臟，超精煉的鱉魚肝油幾乎爲無色、無味的透明油狀液體。脂肪酸的主要成分爲棕櫚酸、棕櫚油酸、油酸、二十二碳六烯酸，還含有豐富的角鯊烯、維生素 A 、維生素 D 等。角鯊烯是皮脂和皮膚天然脂質體的組分，有益於皮膚表面保濕和保持皮膚光滑。使用於化妝品可模仿天然護膚脂質體的功能，藉由所含的角鯊烯能保持皮脂流動性以作爲表皮的潤滑劑。此外，還具有抑制黴菌的生長，阻止因過度日照引起的皮膚癌等效果。對於眼睛的刺激性極微小，對皮膚略有刺激，在化妝品中主要用於護膚和護髮類化妝品。

2.動物蠟

(1)鯨蠟（spermaceti）：又稱鯨腦油，是從抹香鯨的頭蓋骨腔內萃取的一種具有珍珠光澤的結晶狀蠟狀固體，呈白色透明狀，其精製品幾乎無臭味，質脆易成粉末。長期暴露於空氣中容易氧化酸敗變黃。主要成分爲鯨蠟酸月桂酸、豆蔻酸、棕櫚酸、硬脂酸等。對皮膚無不良作用，在化妝品中主要用於製造冷霜和需要較好光澤及稠度的乳液，也用於唇膏和固體油膏狀製品。

(2)蜂蠟（bee wax）：是從約兩同年齡的工蜂前腹部蠟腺體分泌出來的蠟質，是蜜蜂構巢的主要成分，即從蜜蜂的蜂房中所取得的蠟。天然蜂蠟是黃色至棕褐色無定形蠟狀固體，顏色隨蜂種、加工技術、蜜來源及巢的新舊而有所不同，有類似蜂蜜的香味，稍硬。主要成分爲棕櫚酸、蜂蠟酸（$C_{15}H_{31}COOC_{31}H_{63}$）和固體的蟲蠟酸（$C_{25}H_{31}COOH$）與碳氫化合物。蜂蠟無毒，對皮膚無不良反應，主要用於膏霜、乳液等化妝品，但由於其熔點較高，也可用於胭脂、眼影膏、睫毛膏、髮蠟條、唇膏等化妝品。

3.蟲蠟（chinese insect wax）

又稱白蠟，是白蠟蟲分泌在所寄生的女貞樹或白蠟樹樹枝上的蠟質，將這種分泌物從樹上刮下來後，用熱水熔化，取出蠟，再熔化並經過濾精製而得。蟲蠟外觀爲白色至淡黃色，質硬而脆，熔點高，有光澤，在化妝品中可用於製造眉筆等美容類化妝品。

4.羊毛脂（lanolin）

是一種複雜的混合物，主要由高分子脂肪酸和脂肪醇化合而生成的酯類，還含有少量游離脂肪酸和醇。羊毛脂是毛紡行業從洗滌羊毛的廢水中萃取出來的一種帶有強烈臭味的黑褐色膏狀黏稠物，經過脫色、脫臭精製後，可製成色澤較淺的黃色半透明軟膏狀半固體。精製羊毛脂有特殊氣味，可溶於苯、乙醚中，但不溶於水。羊毛脂可使皮膚柔軟、潤滑，並能防止皮膚脫脂，可廣泛應用於化妝品中，是膏霜類化妝品的主要成分。

(三)礦物油脂、蠟

1.液體石蠟（liquid petrolatum）

又稱白油或石蠟油，是從石油分餾並經脫蠟、碳化等處理後得到的一種無色、無味、透明的黏稠狀液體，主要成分爲 16 到 21 個碳原子的正異構烷烴的混合物。對於皮膚無不良作用，在化妝品中主要用於髮油、髮乳、髮蠟等各種膏霜類、乳液製品。

2.石蠟（paraffin）

是從石油中萃取出來的礦物蠟，是目前生產最大、應用最爲廣泛的一種工業蠟。石蠟是從石油分餾後，包含在潤滑油分餾的各種高分子飽和烴類的混合物，是白色至黃色，略帶透明，無臭無味的結晶狀固體，熔點50~70℃。石蠟有優良的物理特性和很好的化學穩定性，可用於膏霜類等多種化妝品中。

3.凡士林（vaseline, petrolatum）

是礦脂（petrolatum）和白油（white oil）以適當比例組成的混合物。它是白色或淡黃色的半透明油膏，能溶於氯仿和油類，主要成分爲碳鏈範圍34~60碳的烷烴和烯烴的混合物，可用於膏霜類產品及髮蠟、唇膏等化妝品中。

(四)合成油脂、蠟（synthetic oil and wax）

合成油脂、蠟一般是從各種油脂或原料經過加工合成的改進油脂和蠟，不僅組成和原料油脂相似，且保持其優點。透過改進特性後，功能較突出，已廣泛應用於各類化妝品中。主要有角鯊烷、羊毛脂的衍生物等產品。

1.角鯊烷（squalane）

是由深海的角鯊魚肝油中取得的角鯊烯加氫反應製得的，爲無色透明、無味、無臭和無毒的油狀液體。主要成分爲肉豆蔻酸、肉豆蔻脂、角鯊烯和角鯊烷。根據研究顯示，人體皮膚分泌的皮脂中約含有10%的角鯊烯、2.4%的角鯊烷。角鯊烷對皮膚的刺激性相當低，不會引起刺激和過敏，能使皮膚柔軟，加速其他活性物質向皮膚中滲透。與礦物油相比，滲透性、潤滑性和透氣性較其他油脂好，能與大多數化妝品原料伍配，可當作高級化妝品的油性原料。例如，各類膏霜、乳液、化妝水、口紅、眼線膏、眼影膏和護髮素等。

2.羊毛脂衍生物（lanolin derivatives）

精製羊毛脂經分餾、氫化、乙醯化、乙氧基化、烷氧基化和分子蒸餾等加工方法，可產生一系列羊毛脂的衍生物。物質特性均較羊毛脂優良。如羊毛醇，其色澤潔白，沒有氣味，比羊毛脂吸水性強，更易被皮膚吸收。

第二節　粉質原料

粉類是組成香粉、爽身粉、胭脂和牙膏、牙粉等化妝品的基質原料。一般是不溶於水的固體，經研磨成細粉狀，主要進行遮蓋、滑爽、吸收、吸附及增加摩擦等作用。化妝品中常用的粉質原料主要有無機粉質原料和有機粉質原料，包括天然產的滑石粉、高嶺土等粉類原料；鈦白粉、氧化鋅等氧化物；碳酸鈣、碳酸鎂等不溶性鹽，以及硬脂酸的鎂、鋅鹽等。

一、無機粉質原料

1.滑石粉（talc, talcum powder）[$3MgO.4SiO_2.H_2O$]

是粉類製品的主要原料，是白色結晶狀細粉末。優質的滑石粉具有薄層結構，並有和雲母相似的定向分裂的性質，這種結構使滑石粉具有光澤和滑爽的特性。滑石粉的色澤有從潔白到灰色。不溶於水、酸或鹼。滑石粉是天然的矽酸鎂化合物，有時含有少量矽酸鋁。優質滑石粉具有滑爽和略有黏附於皮膚的性質，幫助遮蓋皮膚上的小疤。

2.高嶺土（kaolin）[$Al_2O_3.2SiO_2.2H_2O$]

是香粉的主要原料之一，是白色或接近白色的粉狀物質。它有良好的吸收特性，黏附於皮膚的特性好，有抑制皮脂及吸收汗液的性質，與滑石粉配合使用，能消除滑石粉的閃光性。主要成分是天然的矽酸鋁。化妝品香粉用的高嶺土應該色澤潔白，細緻均勻及不含水溶性的酸或鹼性物質。

3.膨潤土（bentonite）

又稱皂土，主要成分爲 Al_2O_3 與 SiO_2，爲膠體性矽酸鋁，是具有代表性的無機水溶性高分子化合物，不溶於水，但與水有較強的親和力，遇水膨脹到原體積的 8~10 倍。其懸浮液很穩定，尤其 pH 值在 7 以上時，加熱後會失去吸收的水分。易受到電解質影響，在酸、鹼過強時，則產生凝膠。在化妝品中主要用於乳液製品的懸浮劑和粉餅等。

4.碳酸鈣（calcium carbonate）[$CaCO_3$]

是化妝品香粉中應用很廣的一種原料，不溶於水，可溶於酸。具有吸收汗液和皮脂的性質。碳酸鈣是一種白色無光澤的細粉，有除去滑石粉閃光的功效。碳酸鈣在高溫 825℃時分解成氧化鈣和二氧化碳。碳酸鈣有良好的吸收性，製造粉類製品時用它作爲香精混合劑。

5.碳酸鎂（magium carbonate）[$MgCO_3$]

爲無臭、無味白色輕柔粉末，有很好的吸收性（比碳酸鈣高 3~4 倍）。在化妝品中主要用於香粉、水粉等製品中作爲吸收劑。生產粉類化妝品時，常常先用碳酸鎂和香精混合均勻吸收後，再與其他原料混合。吸收性強，用量過多會吸收皮脂而引起皮膚乾燥，一般用量不宜超過 15%。

6.氧化鋅（znic oxide）[ZnO] 和鈦白粉（titanium dioxide）[TiO_2]

在化妝品香粉中的作用主要是遮蓋力。氧化鋅對皮膚有緩和的乾燥和殺菌作用。15%~25% 的用量能具有足夠的遮蓋力而皮膚又不致太乾燥；鈦白粉的遮蓋力極強，不易與其他粉料混合均勻，最好與氧化鋅混合使用，可免此問題，使用量約在 10% 以內。鈦白粉對某些香料的氧化變質有催化作用，選用時必須注意。

7.矽藻土（diatomite）

由天然矽藻加工而成，化學組成是水合二氧化矽。是單細胞水生植物矽藻的化石殘留骨架，具有多孔的結構，吸油量高，是廉價的粉體填充劑。在化妝品中主要用於各類粉劑和粉餅，也可用於面膜。

二、有機粉質原料

1.硬脂酸鋅（znic stearate）[$C_{36}H_{70}O_4Zn$] 和硬脂酸鎂（magnesium stearate）[$C_{36}H_{70}O_4Mg$]

這類物質對於皮膚有良好的黏附特性，用於化妝品香粉中可增強黏附性。這兩種硬脂酸鹽色澤潔白、質地細膩，具有油脂般感覺，均勻塗敷於皮膚上可形成薄膜。用量一般爲 5%~15%。對皮膚具有潤滑、柔軟及附著性，在化妝品中主要用作香粉、粉餅、爽身粉等粉類製品的黏附劑，以增加產品在皮膚上的附著力和潤滑性，也可作 W/O 型乳狀液的穩定劑。選用硬脂酸鹽時必須注意不能帶有油脂的酸敗臭味，否則會嚴重破壞產品的香氣。

2.聚乙烯粉（polyethylene）

聚乙烯粉種類較多，有粗粉和微米級的細粉。微米級的細粉很軟，加入化妝品製劑中有光澤、遮蓋力好，呈乳白色。在化妝品中主要用於各類含粉化妝品，粗粒聚乙烯粉主要用作磨砂粉。

3.纖維素微珠（cellulose powder）

組成爲三醋酸纖維素或纖維素，是高度微孔化的球狀粉末，類似於海綿球。質地很軟，手感平滑，吸油性和吸水性很好，化學穩定性極好，可與其他化妝品原料伍配，賦予產品很平滑的感覺。可作爲香粉、粉餅、濕粉等粉類化妝品的填充劑，也可作爲磨砂洗面乳的摩擦劑，清潔作用優良，質軟平滑。

4.聚苯乙烯粉（polystyrene）

是由純的交聯苯乙烯構成的球形粉末，主要用於粉類和乳液類化妝品。用於粉餅具有很好的壓縮性，可以改善粉類黏著性，且賦予光澤和潤滑感，是代替滑石粉和二氧化矽的高級填充劑。

5.合成蠟微粉（synthetic wax powder）

是合成蠟或合成蠟與玉米穀蛋白用噴霧法製得的微末級微粉，爲乳白色可自由流動的粉末，形狀均勻，壓縮性好，對皮膚的附著性好，主要在粉餅、胭脂等產品中用作黏結劑。

第三節　膠質原料

膠質原料大都是水溶性的高分子化合物，它在水中能膨脹成凝膠，應用在化妝品中會產生多種功能作用：如使固體粉質原料黏結成形而用作黏合劑；可對乳狀液或懸浮液產生穩定作用而作爲乳化劑、分散劑或懸浮劑；此外，還具有增稠或凝膠化作用及成膜性、保濕性和穩泡性等，因而成爲化妝品的重要原料之一。

化妝品中所用的水溶性高分子化合物主要分爲天然的和合成的兩大類。天然水溶性高分子化合物（澱粉、植物樹膠、動物的明膠等）的質量不穩定，易受到氣候、地理環境的影響，還易受細菌、黴菌的作用而變質，且產量也有限。合成的水溶性高分子化合物（聚乙烯醇、聚乙烯吡咯烷酮等）性質穩定，對皮膚刺激性低，且價格低廉，所以逐漸取代了天然水溶性高分子化合物而成爲膠質原料的主要來源。但由於天然水溶性高分子化合物獨有的「純天然」特性，故在化妝品中仍占有相當重要的地位。

一、天然水溶性高分子化合物

1.澱粉（starch）

是碳水化合物，爲白色無味細粉，是從植物的種子或塊莖經過磨細、過篩、乾燥等程式製成的。不溶於冷水，但在熱水中能形成凝膠。在化妝品中可作爲香粉類製品中的一部分粉劑原料及胭脂中的膠合劑和增稠劑。結構式爲：

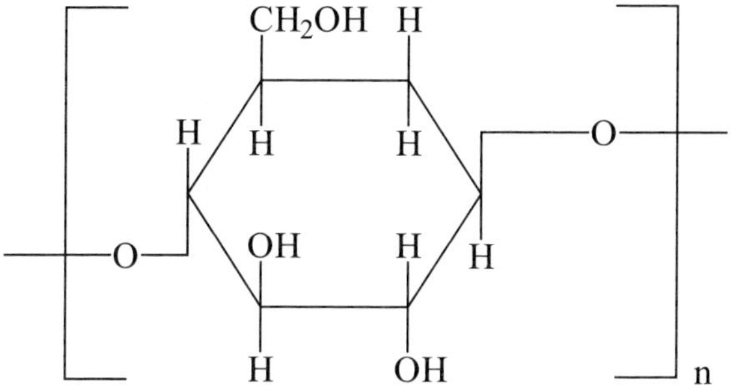

2.果膠（petcin）

廣泛存在於水果中，是一種多醣類膠，一般爲白色粉末或糖漿狀的濃縮物，在適當的條件下能凝結成膠凍狀。在化妝品中可用作乳化製品的穩定劑，也可作爲化妝水、面膜、酸性牙膏的黏膠劑。結構式爲：

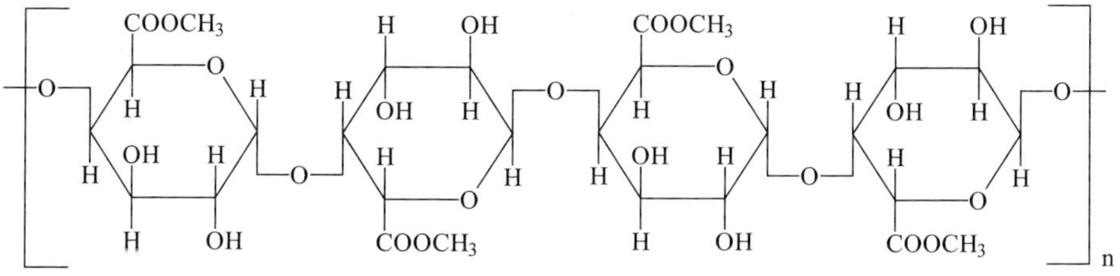

3.黃原膠（xanthan Gum）

又名漢生膠，是從一種稱爲黃單胞桿菌屬的微生物經人工培養醱酵而製得的。是一種相對分子質量較高（超過 100 萬道耳呑）的天然碳水化合物，爲乳白色粉末。黃原膠具有良好的假塑性（水溶液很像塑膠）、流變性及伍配特性，在化妝品中多用作髮乳的原料，也適合於作爲酸性或鹼性製品的膠合劑或增稠劑。

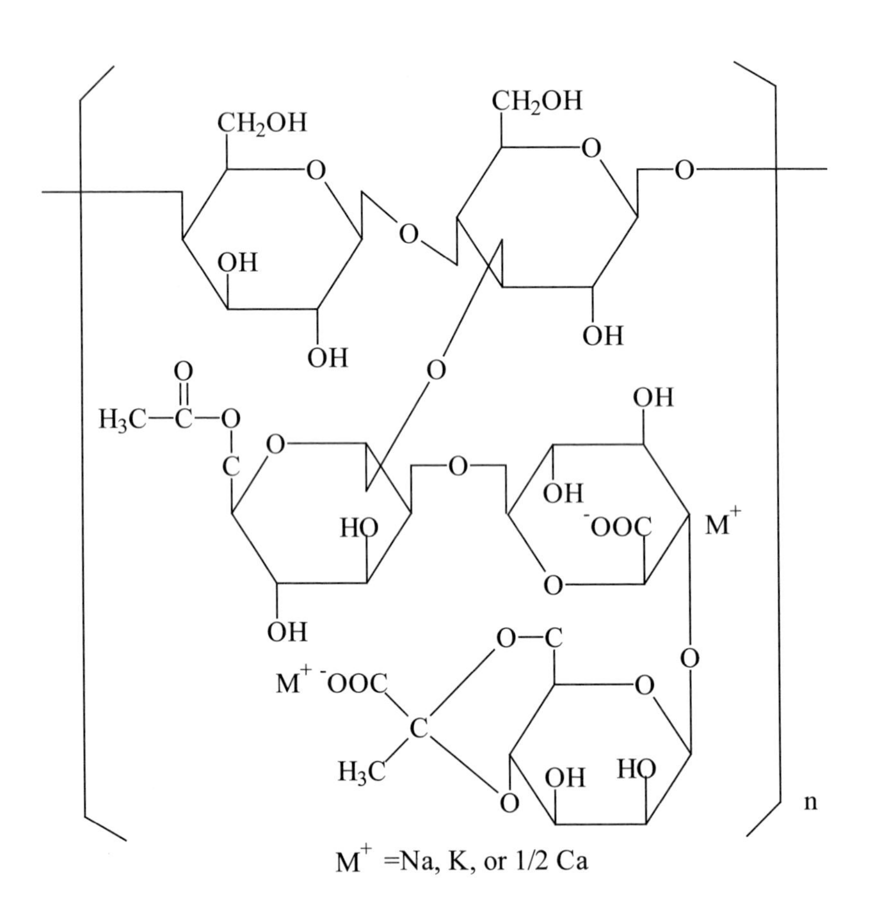

4.瓊脂（agarose）

是一種複雜的水溶性多醣化合物，是從紅海藻的某些海藻中萃取的親水性膠體，爲無氣味或稍有特徵氣味的半透明白色至淺黃色的薄膜帶狀或碎片，也可呈顆粒及粉。口感黏滑，不溶於冷水，但可溶於沸水，慢慢地溶於熱水。質量分數爲 1.5% 的瓊脂溶液在 32~39℃溫度之間可凝結成堅實而有彈性的凝膠，生成的凝膠在 85℃以下不溶化。瓊脂能吸收大量的水並發生溶脹，當濃度百分比爲 5%~10% 時就具有高的黏度。瓊脂主要用作膠凝劑、乳化劑、分散劑、膠體穩定劑和絮凝劑。在化妝品中用於製備防止皮膚乾裂和凝膠類製品，也可用作增稠劑。在化妝品的微生物檢驗中，瓊脂用以製備培養基。

5.鹿角菜膠（carrageenin）

是從鹿角菜或愛爾蘭苔等海藻中萃取製得的膠類，爲黃色或棕色粉末，無臭、有膠水味。在化妝品中，作爲粉餅的黏膠劑，也可在乳液製品中當作增稠劑和懸浮劑。

6.海藻酸鈉（sodium alginate）

存在於海帶和裙帶菜等褐藻類中，由這類海藻可與鹼共煮後分離難溶性的鈉鹽而得。結構式爲：

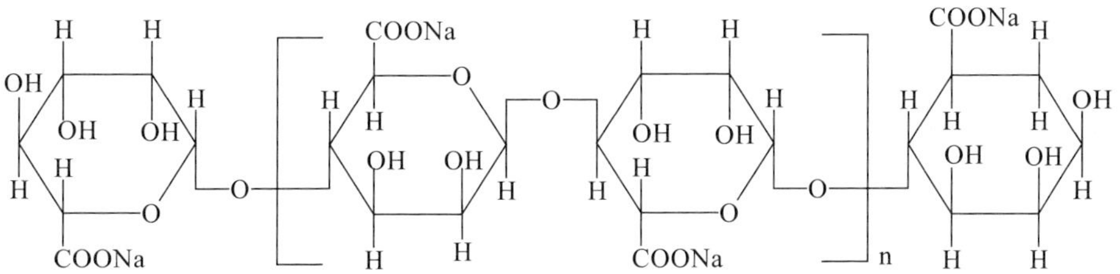

它是天然水溶性高分子化合物用途較爲廣泛的一種褐藻膠，爲白色、淡黃色的無味、無甜粉末。水溶液爲無色、無味、無臭透明黏稠液體，黏度較高，當褐藻酸鈉溶液乾燥，就形成透明的薄膜。褐藻酸鈉用於食品工業中，可製造果凍製品。在化妝品中，主要用作增稠劑、穩定劑、成膜劑。

7.刺梧桐樹膠（karaya gum）

是從產自印度、菲律賓的一種樹汁中萃取得到的，爲白色或微棕色粉末，在水中膨脹成凝膠，可作黃耆膠的代用品，在化妝品中可用作髮乳、指甲油等的原料。

8.黃耆膠（tragacanth gum）

是從豆科膠黃耆及其同屬類植物的皮部裂口中分泌黏液的凝聚物。爲白色至淺黃色半透明角質薄片，無臭、無味，是一種很好的膠合劑及增稠劑。一般常與阿拉伯樹膠合併使用，在化妝品中可用作粉底製品的黏合劑，也用於髮乳等製品。

9.阿拉伯樹膠（gumarabic）

是最早應用於化妝品的一種黏膠劑，是從非洲、阿拉伯等地的膠樹上得到的一種樹膠，爲淡黃色、無色或不透明的琥珀色。有各種形狀的樹脂狀固體，在化妝品中可作爲助乳化劑和增稠劑。在指甲油中常作爲成膜劑，在髮用製品中作爲固髮劑，在面膜中作爲膠黏劑。

10. 明膠（gelatin）

又稱白明膠，是由牛皮或豬皮等經去脂而製得的動物膠，是一種蛋白質的聚合體。這種呈黃色、無臭、無味的膠體可製成片狀或粉狀，在化妝品中主要用作護膚膏霜、乳液、護髮製品、剃鬍膏等製品的增稠劑、成膜劑、乳化劑和乳液穩定劑。

二、半合成水溶性高分子化合物

1.甲基纖維素（methyl cellulose, MC）

是一種纖維素醚，主要成分是纖維素的甲醚，是由纖維素的羥基衍生得到的，結構式爲：

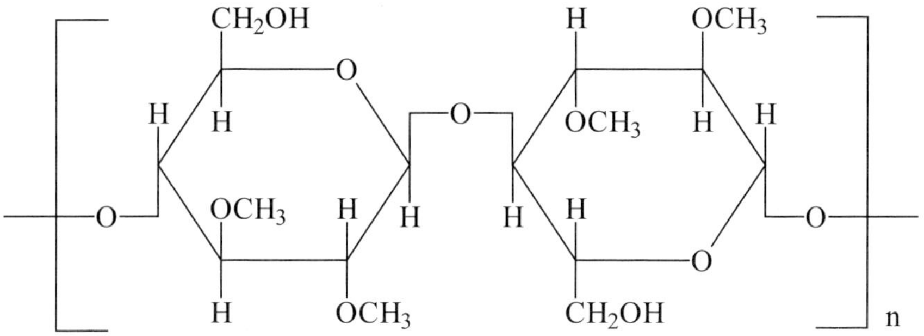

甲基纖維素為白色、無味、無臭纖維狀固體（粉末），它可溶於冷水，但不溶於熱水，在溫水中僅呈膨脹，水溶液黏度及溶解度則隨甲基化聚合度大小而不同。MC能在水中膨脹成透明、黏稠的膠性溶液，石蕊試紙反應呈中性。水溶液若加熱至60~70℃，則黏度增加而凝膠，凝膠化溫度（稱為凝膠溫度）常隨MC濃度及其平均相對分子質量增大而降低。在化妝品中主要作為黏膠劑、增稠劑、成膜劑等。

2.乙基纖維素（ethyl cellulose, EC）

是甲基纖維素的同系物，為白色、無味、無臭的微細粉末，化學性質穩定，不溶於水，但可溶於各種有機溶劑，成膜堅韌。在化妝品中主要作為增稠劑、成膜劑。

3.羧甲基纖維素鈉（sodium carboxy methyl cellulose, CMC）

主要成分是纖維素的多羧甲基醚的鈉鹽。結構式如下：

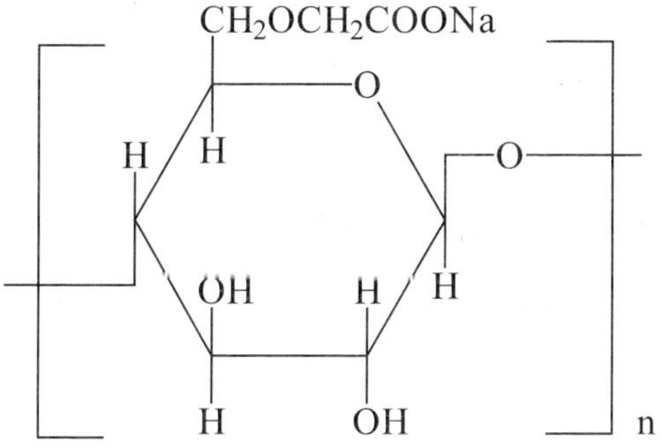

CMC 爲白色、無味、無臭的粉末或顆粒，容易分散於熱水及冷水中成凝膠狀，在溶液 pH 値介於 2~10 之間穩定，當 pH < 2 時會產生沉澱，當 pH > 10 時則黏度顯著降低。在化妝品中可當作膠合劑、增稠劑、乳化穩定劑、分散劑等，是應用較廣的水溶性高分子化合物。

4.羥乙基纖維素（hdroxyethylcellulose, HEC）

是由纖維素中的羥基與環氧乙烷進行加成反應所製得：

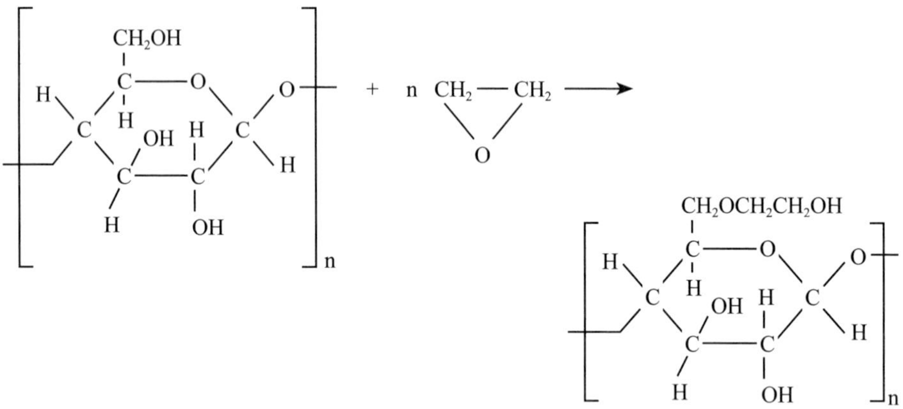

CH_2OH
C — O — O
H C H OH H C
C — C H
H OH
n

+ n CH_2 — CH_2 →
O

$CH_2OCH_2CH_2OH$
C — O — O
H C H OH H C
C — C H
H OH
n

它是一種非離子的水溶性高分子化合物，爲淡黃色、無臭的顆粒狀粉末。對皮膚和眼睛幾乎無毒性、無刺激性，是一種水溶性高效增稠劑和性能優良的膠合劑。由於它是一種非離子聚合物，能與各種表面活性劑、溶劑相溶，在化妝品中有著極廣泛的應用。例如，在護髮乳、香皀中用作增稠劑，可使產品的黏度從液態到凝膠狀；在護膚產品中作爲乳液的穩定劑，由於它具有良好的成膜性，在清洗後皮膚表面可形成一種薄膜狀的保護層；在水劑型的化妝品中，HEC 也可用作懸浮劑；在粉劑化妝品中可用它作爲黏合劑，如添加了 HEC 而製得的睫毛油和眼影劑，在卸妝時能很容易地用清水洗掉。在剃鬚膏產品中，又可用它作爲泡沫穩定劑。

5.羥丙基纖維素（hydroxypropyl cellulose, HPC）

是一種非離子纖維素醚，結構式為：

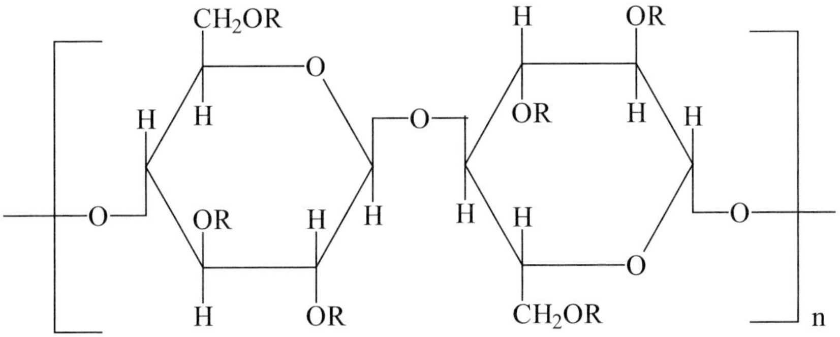

（R = H 或 $-[CH_2-CH(CH_2)-O]-H$；n 為大於 1 的整數）

HPC 為無味、無臭的白色粉末，熱塑性、成膜性好。在化妝品中，主要用作香皂、浴液、乳液和護髮劑等製品的分散劑、穩定劑和成膜劑等。

6.陽離子纖維素聚合物（cationic cellulose polymer）

陽離子纖維素聚合物又稱聚纖維素醚四級銨鹽，是由纖維素或其衍生物進行四級銨化後得到的產物，是一類陽離子表面活性劑，對蛋白質有牢固的附著力，代表性結構式為：

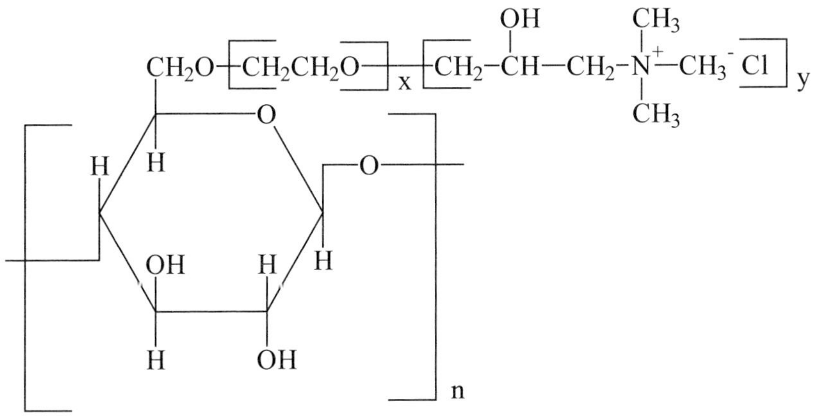

具有從自然、再生資源衍生出來的纖維素爲主要成分，對頭髮和皮膚具有很好的護理調節作用，使頭髮保持光澤，皮膚表面有一種如絲一般平滑的舒適感，富有彈性，對頭髮的末梢分叉具有修補作用等。此外，陽離子纖維素聚合物與陰離子、兩性和非離子表面活性劑都具有良好的伍配性和相溶性，對人體的皮膚和眼睛無刺激、無過敏性，是安全的。在化妝品中聚纖維素醚四級銨鹽原料廣泛用於護膚和護髮製品如三合一香皂、護髮素、潤膚乳等。

7.瓜兒膠及其衍生物（guar gum）

是一種天然膠，來自瓜兒樹的瓜豆，結構爲天然聚糖，類似於纖維素膠，可溶於水。若對瓜耳膠分子鏈進行變性，可以產生一系列的衍生物，主要有兩類。

(1) 陰離子瓜兒膠：例如，羥丙基瓜兒膠，主要成分是羥丙基半乳甘露聚糖，外觀爲略帶有特徵氣味的淡黃色粉末，具有增稠、穩泡作用，可以與其他表面活性劑伍配，也可與電解質氯化鈉（鈣）伍配，可作 O/W 型乳狀液的穩定劑。在化妝品中，常用於香皂、潤膚露、護髮乳、霜乳等製品。

(2) 陽離子瓜兒膠：是將瓜兒膠四級銨化後得到的產品，主要成分爲瓜兒膠羥丙基三甲基氯化銨，外觀爲淺黃色粉末，具有增稠、調理、抗靜電作用，可與陰離子、兩性和非離子表面活性劑伍配。無毒、無刺激、無副作用，對頭髮具有良好的調理性，使頭髮柔軟具有光澤。在化妝品中，多用於三合一香皂、護髮乳、護手霜等產品中。

三、合成水溶性高分子化合物

1.聚乙烯醇（polyvinyl alcohol, PVA）

結構式爲：

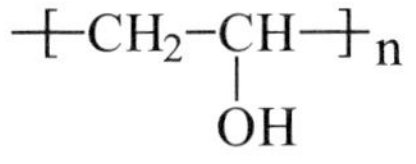

$$-\!\!\left[CH_2-\underset{\underset{OH}{|}}{CH}\right]\!\!-_n$$

是將聚酯酚二烯酯經皂化而製得的，爲白色或淡黃色粉末。化妝品用PVA均爲其水溶液，PVA對水溶解性及溶液黏度與其聚合度有很大關係。利用PVA的成膜性，在化妝品中可用它當作潤膚劑面膜和噴髮膠等的原料，也可以當作爲乳液的穩定劑。

2.聚乙烯吡咯烷酮（polyvinyl pyrrolidone, PVP）

結構式爲：

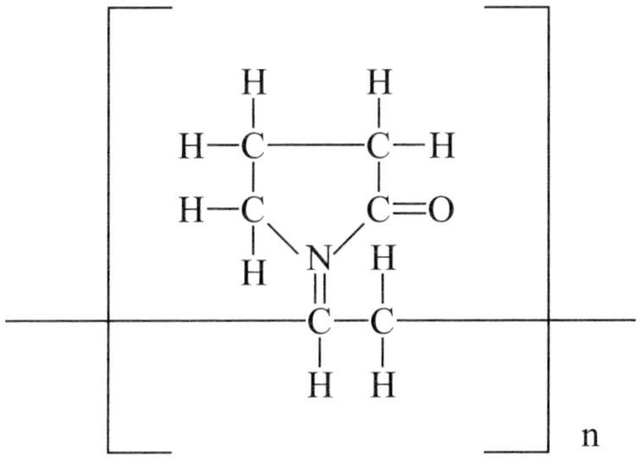

```
        H        H
        |        |
    H—C————C—H
        |        |
    H—C        C=O
        |  \   /  H
        H    N     |
             ‖     |
  ———————C—C———————
             |     |
             H     H
                         n
```

產品爲白色或淡黃色無臭、無味粉末或透明溶液，具有良好的成膜性，薄膜是無色透明的，硬且光亮。PVP有多種黏度級別，以粉末或水溶液形式供應市場，在化妝品中的應用如在固定髮型產品（慕絲、噴髮膠、噴髮水等）中作成膜劑，在膏霜及乳液製品中作穩定劑。還可作爲分散劑、泡沫穩定劑等。

3.丙烯酸聚合物（polyacrylate polymer）

是由丙烯酸聚合得到的一種水溶性樹脂，結構式爲：

$$-\!\!\!\left[CH_2-\underset{\underset{COONa}{|}}{CH} \right]\!\!\!-_n$$

一般爲白色無臭粉末，易溶於水，溶液爲無色、無臭黏液。溶液若乾燥後，則呈透明韌硬薄膜。在化妝品中有著廣泛的應用，主要用作膏霜、面膜、防曬化妝品、剃鬍膏、護髮染髮等製品的增稠劑、固著劑、分散劑、乳化穩定劑等。

4.聚氧乙烯（polyoxyethylene oxide, PEO）

聚氧乙烯又稱爲聚環氧乙烷，結構式爲[$-\!\!\left(O-CH_2-CH_2\right)\!\!-_n$]，當 n = 1 時，稱環氧乙烷；n = 200~300 時，稱爲聚乙二醇；當 n > 300 時，才稱爲聚氧乙烯，是一種白色、無臭、穩定的化合物。聚氧乙烯粉末或水溶液對皮膚和眼睛都無刺激。在化妝品中，當作膠合劑、增稠劑和成膜劑使用，可應用於乳霜、剃鬍膏等製品。

四、膠性矽酸酸鎂鋁（magnesium aluminum silicate）

膠性矽酸鎂鋁是一種天然的無機黏劑，由含有矽酸鎂鋁的礦石精製而得，是無臭、無味、柔軟的白色薄片或細粉。這類礦物凝膠具有高度的親水性、觸變性和成膠性，還具有較好的增稠性、擴散性、懸浮性和持水保濕性。在化妝品中，可用於香皂、乳液等製品，可以作爲羧甲基纖維素鈉的替代品，且價格比羧甲基纖維素鈉低，在應用上有較好的經濟效益。

第四節　溶劑原料

溶劑（色含水）是膏狀、漿狀及液體化妝品（如雪花膏、牙膏、冷霜、洗面乳、唇膏、指甲油、香水、花露水等）配方中不可缺少的一種重要組成部分。它在製品中主要是當作溶解作用，與配方中的其他成分互相配合，使製品保持一定的物理特性和劑型。許多固體型化妝品的成分中雖不含有溶劑，但在生產過程中，有時也常需要一些溶劑的配合，如製品中的香料、顏料需藉助溶劑進行均勻分散，粉餅類產品需用些溶劑以幫助膠黏。溶劑除了主要的溶解特性外，在化妝品中，這類原料還有揮發、潤濕、潤滑、增塑、保香、收斂等作用。

一、水

水是化妝品的重要原料，是一種優良的溶劑，水的質量對化妝品產品的質量有重要影響。化妝品所用的水，要求水質純淨、無色、無味，且不含鈣、鎂等金屬離子，無雜質。一般天然水中都含有一定量的雜質，通常把溶有較多鈣離子和鎂離子的水叫做硬水；只溶有少量或不含鈣離子和鎂離子的水叫做軟水。如果水的硬度是由碳酸氫鈣或碳酸氫鎂所引起的，這種硬度叫做暫時硬度。具有暫時硬度的水經過煮沸後，水裡所含的碳酸氫鈣和碳酸氫鎂就會分解爲難溶物質沉澱析出，水的硬度可以降低。如果水的硬度是由鈣和鎂的硫酸鹽或氯化物所引起的，這種硬度叫做永久硬度。永久硬度不能用加熱的方法軟化。天然水大多同時具有暫時硬度和永久硬度。使用離子交換樹脂進行離子交換，是使硬水軟化的一種較好的方法。離子交換樹脂是一種人工合成的高分子聚合物，分子中具有酸性或鹼性化學活性基團，在活性基團上的離子能夠與水溶液中的同性離子發生交換作用。離子交換樹脂可分爲陰離子交換樹脂和陽離子交換樹脂，在製作去離子水時，必須將水中的陽離子、陰離子都去除，因此要同時使用陰、陽離子交換樹脂。

二、醇類

1.乙醇（alcohol）[C_2H_5OH]

又稱酒精，是無色、易揮發、易燃的透明液體，有酒的香味，沸點78.3℃。是一種性能優良的溶劑，還具有滅菌、收斂等作用，70% 酒精溶液可作消毒劑。在化妝品生產中，利用其溶解、揮發、滅菌和收斂等特性，廣泛用於製造香水、花露水、髮露等的主要原料。

2.異丙醇（isopropanol）[$(CH_3)_2CHOH$]

爲無色、可燃、具有丙酮芳香的透明液體，沸點 82.4℃，稍有殺菌作用。可替代酒精用於化妝品中，當作溶劑和指甲油中的偶聯劑。

3.正丁醇（butanol）[$CH_3(CH_2)_3OH$]

爲無色透明、具有芳香味的揮發性液體，易燃，沸點 117~118℃。在化妝品中，是製造指甲油等的原料。

4.戊醇（pentanol）[$CH_3(CH_2)_4OH$]

爲無色液體，沸點。在化妝品中，當作指甲油的偶聯劑。

三、酮類

1.丙酮（acetone）[CH_3COCH_3]

爲無色、有特殊氣味的透明液體，易揮發、易燃，沸點 56.5℃，是一種很重要的有機溶劑。但它有毒（毒性中等），在化妝品當作指甲油去除劑的原料，亦爲油脂、蠟等的溶劑。

2.甲基乙基酮（methyl ethyl alkone）[$CH_3COC_2H_5$]

爲無色透明液體，具有丙酮氣味，易揮發。易燃，沸點 79.6℃，可與丙酮合並使用。在化妝品中，可當作油脂、蠟等的溶劑，用在指甲油等製品中。

四、醚、酯類

1.乙氧基乙二醇醚（ethylene glycol monoethyl ether）[$CH_2OHCH_2OC_2H_5$]

爲無色透明、具有芳香氣味的液體，沸點 195℃，可作爲染料、樹脂的溶劑。在化妝品中，用於指甲油等製品。

2.乙酸乙酯（ethyl acetate）[$CH_3COOC_2H_5$]

又稱醋酸乙酯，具有香蕉芳香，故俗稱香蕉水。爲無色、無毒液體，易揮發，易燃，沸點 77.06℃，在水中分解呈醋酸氣味，能溶解多種有機物。蒸氣對皮膚黏膜具有刺激性，最大容許濃度（maximum allowable concentration. 簡稱 MAC）爲 4×10^{-4}。在化妝品中，是製造指甲油的重要溶劑。

3.乙酸丁酯（butyl acetate）[$CH_3COOC_4H_9$]

爲無色透明、具有果實芳香的液體，易燃，沸點 126.6℃。其蒸氣對皮膚具有刺激性，最大容許濃度 MAC 爲 2×10^{-4}。在化妝品中，主要用於指甲油，作爲調節指甲油揮發速度的溶劑，亦是油脂、蠟等的溶劑。

4.乙酸戊酯（amyl acetate）[$CH_3COOC_5H_{11}$]

爲無色、透明中性油狀液體，具有梨和香蕉芬芳氣味，沸點 148℃，與丙酮混合有適當揮發速度，作爲硝化纖維溶劑。在化妝品中，應用於指甲油等製品。

五、芳香族溶劑

1.甲苯（toluene）[$CH_3C_6H_5$]

爲無色液體，易揮發，易燃，有臭味，沸點 110.7℃，能溶解多種有機物及油脂，有毒（毒性小於苯）。在化妝品中，可當作指甲油的溶劑。

2.二甲苯（xylene）[$(CH_3)_2C_6H_5$]

爲無色透明液體，易燃性能同甲苯，揮發性較甲苯差，有毒，沸點137~143℃。在化妝品中，當作指甲油的溶劑。芳香族類溶劑（甲苯、二甲苯等），毒性較高（MAC 爲 35×10^{-6}）。在化妝品應用中，嚴禁在皮膚上使用，僅允許用於非皮膚上使用的化妝品中，如指甲油。

3.鄰苯二甲酸二乙酯（diethyl phthalate）

鄰苯二甲酸二乙酯及其同系物鄰苯二甲酸二丁酯，在化妝品中主要當作指甲油等增溶劑及香料保留劑。

習　題

1. 化妝品原料可分爲哪幾類？
2. 什麼是基質原料？
3. 油質原料可分爲哪幾類？常用約有哪些？
4. 何謂粉質原料？請舉例數種粉質原料應用在化妝品中的實例及成分？
5. 膠質原料可以分成幾類？在化妝品中扮演什麼角色？
6. 溶劑原料在化妝品中的作用爲何？可以區分成哪些種類？

第七章 輔助原料(一)：表面活性劑、防腐劑及抗氧化劑

輔助原料又稱為添加劑，是對化妝品的成形、色澤、香型和某些特性產生作用。化妝品添加劑主要有表面活性劑、防腐劑、抗氧化劑、香料、香精及色素等。本章節先介紹輔助原料中，表面活性劑、防腐劑及抗氧化劑的物質特性、作用及分類。

第一節 表面活性劑

表面活性劑是配製香皂、沐浴乳、洗面乳等皮膚用化妝品的基本原料。表面活性劑具有潤濕、發泡、去污、調理、抗靜電、乳化、增溶、殺菌等功能，可在多種化妝品中當作發泡劑、調理劑、乳化劑、增溶劑等，是化妝品中的重要原料之一。

一、表面活性劑的定義

隨著社會與科學的進步，人們對健康美麗的嚮往更為顯著。化妝品已成為日常生活的必需品，它的社會地位也越來越重要。如今，化妝品的種類形態不勝枚舉，但均是利用表面活性劑的特性製造而成的。例如，利用表面活性劑的乳化特性乳化製備霜膏、乳液；利用增溶特性對化妝水的香料、油分、藥劑等進行增溶；利用分散特性對口紅等美容化妝品的顏料進行分散。此外，表面活性劑還有清潔洗滌、柔軟去靜電、潤濕滲透等特性。因此，表面活性劑是化妝品不可缺少的原料，廣泛地應用於化妝品生

產中。表 7-1 爲化妝品中表面活性劑的作用。

表 7-1 化妝品中表面活性劑的作用

化妝品	乳化	增溶	分散	洗滌	起泡	潤滑	柔軟	抗靜電
膏霜（cream）	○	○	○			○	○	
乳液（emulsion）	○	○	○					
香皂（soap）	○	○		○	○		○	○
護髮劑（haircare agent）	○	○				○	○	○
化妝水（lotion）	○	○						
香水（perfume）	○	○						
香粉、粉底（face powder and foundation cream）	○		○					
牙膏（toothpaste）	○		○	○	○			
慕絲（mousse）	○	○			○	○	○	

表面活性劑（surfactant）是一種具有特殊結構的化學分子，它的一端具有相對的親水性基（hydroplilic group），另一端則具有相對的疏水性基（親油性基，hydrophobic group），而且其親水性的極性基和親油性的非極性基的強度必須有一適當的平衡。由於這樣子的結構，它在水中或油中的溶解度都不會很大。因此容易在溶液的表面或水相油相的界面做較大密度的吸附，造成表面張力的顯著減少，使溶液的表面或界面活性化，而擁有濕潤性、滲透性、乳化性、起泡性、防沫性、洗滌性等等不同特性。

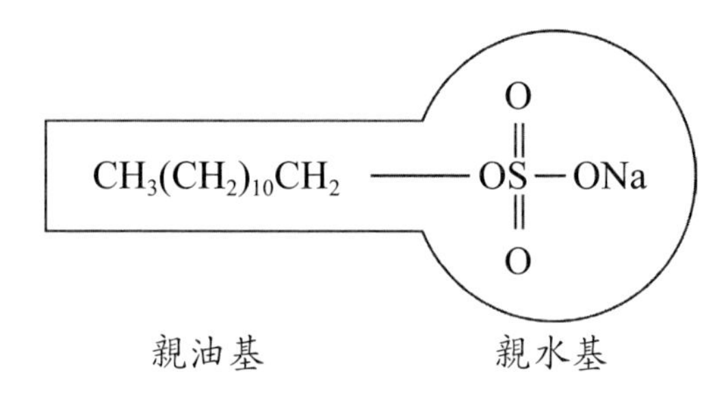

圖 7-1　表面活性劑分子結構示意圖

二、表面活性劑的物質特性

表面活性劑其功能在於使兩種以上之物體型態共存，界面即為該兩種型態區隔之處。例如，肥皂水的許多泡沫，即為液態與氣態共存之情況。化妝品的附著（面霜、口紅）及脫著（洗劑）兩大功能都與界面化學相關，因此化妝品的製造與表面活性劑息息相關。依乳化、分散、可溶化、可滲透、洗淨、發泡等目的而用於所有的製品，但化妝品所使用的表面活性劑都為非離子及陰離子表面活性劑，至於陽離子表面活性劑因會刺激皮膚、有毒性，一般只作工業用，兩性離子表面活性劑則只用於特殊用途。

由於表面活性劑有上述的特殊效果，在各種工業上幾乎都可以找到它的用途，表 7-2 列出它的主要功能和不同工業用途之間的關係。

表 7-2 表面活性劑的主要功能及其用途

功用	用途
1. 潤濕、滲透作用	絲光處理用滲透劑、皮革用滲透劑、農藥用展布劑（spreading agent）、煮解（digestion）助劑、照相用潤濕滲透劑、脫漿助劑、防沫用滲透劑
2.乳化、分散、增溶、溶解作用	染料分散劑、載體分散劑、農藥用乳化分散劑、乳化聚合用乳化劑、乳膠塗料用乳化劑、顏料分散劑、瀝青乳化劑、水泥分散劑、鞋油用乳化劑、食品用乳化劑、醫藥品基劑、化妝品用增溶溶解劑
3.起泡作用、防沫作用	染色用防沫劑、橡膠／塑膠用防沫劑、浮選劑、鑄砂用起泡劑、醱酵用防沫劑、滅火器用發泡劑
4. 洗淨作用	家庭用合成洗潔劑、肥皂、纖維用脫膠—洗滌—洗絨—洗毛劑、紙—紙漿洗滌劑、牙膏、洗髮精、洗衣店用洗潔劑、乾洗劑、洗碗劑、金屬洗潔劑、車輛洗潔劑、建築物洗潔劑
5. 乳化破壞作用	石油用乳膠分解劑、油水分離劑
6. 吸附、凝聚作用	凝聚劑、土壤安定劑、金屬萃取
7. 平滑、潤滑作用	絡筒油（coning oil）、毛紡油（woolen oil）、梳毛油、紡織油劑、編織用油劑、平滑劑、柔軟加工劑、潤滑劑、金屬加工油
8. 帶電防止作用	紡織用帶電防止劑、加工處理用帶電防止劑、照相用帶電防止劑、有機溶劑用帶電防止劑
9. 殺菌作用	醫藥用殺菌洗滌劑、潤絲精、醱酵用殺菌消毒劑
10. 均染作用—染料固定作用	均染劑、緩染劑、移染劑、染料固定劑
11. 防鏽作用	金屬用防鏽劑
12. 其他：如撥水作用、可塑作用、上光作用	

三、表面活性劑在化妝品中的作用

1.乳化作用（emulsion）

使非水溶性物質在水中呈均勻乳化形成乳狀液的現象稱爲乳化作用。乳化過程中，表面活性劑分子的親油基一端溶入油相，親水基一端溶入水相，活性劑的分子吸附在油與水的界面間，從而降低油與水的表面張力，使之能充分乳化。乳化按連續相是水相還是油相可分爲水包油型（O/W）與油包水型（W/O）二種基本形式。如圖 7-2 所示。

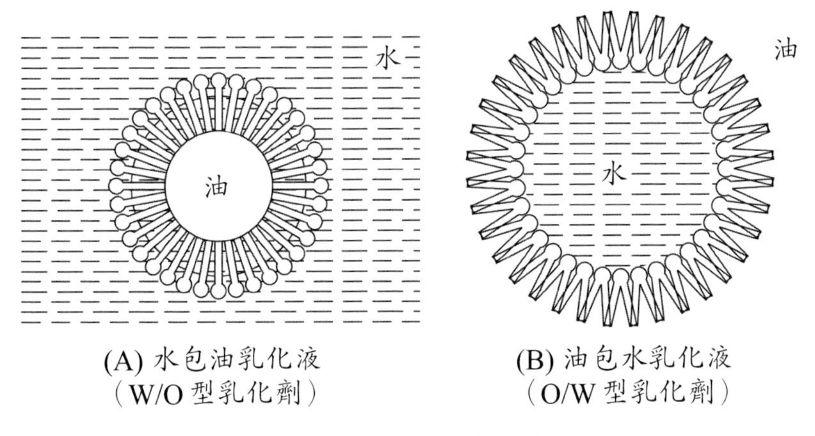

圖 7-2　乳狀液示意圖

選擇化妝品乳化劑時一般可從親水親油平衡角度考慮如下：W/O 型乳化常用油溶性大、HLB 值（親水親油平衡值）爲 4~7 的乳化劑；O/W 型乳化常用水溶性大、HLB 值爲 9~16 的乳化劑；油溶性與水溶性乳化劑的混合物產生的乳狀液的品質及穩定性優於單一乳化劑產生的乳狀液；油相極性越大，乳化劑應是更親水的；被乳化的油類越是非極性的，乳化劑應是更親油的。實際應用還必須經過實驗測試，結合化妝品的安全性、商品性方可確定。

乳化劑在化妝品中的應用，主要是以膏霜、乳液爲對象。常見的粉質雪花膏、中性雪花膏都是 O/W 型乳狀液，可用陰離子型乳化劑脂肪酸皂（肥皂）乳化，用肥皂乳化製取油分少的乳狀液較容易，而且肥皂有膠凝作用可達較大黏度。對於含大量油相的冷霜，乳狀液多屬 W/O 型，可選用吸水量大、黏性大的天然羊毛脂乳化。目前應用最廣的是非離子型乳化劑，其原因是非離子型乳化劑安全、刺激性低。有名的失水山梨醇脂肪酸酯（Span）和其環氧乙烷加成物（Tween）便是良好的複合非離子型乳化劑，Span 親油，Tween 親水，兩者混合應用於 O/W 型乳液中，可形成穩定性好、親膚性高的乳狀液。

2.增溶作用

使微溶性或不溶性物質增大溶解度的現象稱爲**增溶作用**（solubilization）。將表面活性劑加於水中時，水的表面張力初則急劇下降，繼而形成活性劑分子聚集的膠束。形成膠束時的表面活性劑濃度稱爲**臨界膠束濃度**（critical micelle concentration）。當表面活性劑的濃度達到臨界膠束濃度時，膠束能把油或固體微粒吸聚在親油基的一端，因此增大微溶物或不溶物的溶解度。溶質與表面活性劑膠團結合的方式如圖 7-3 所示。

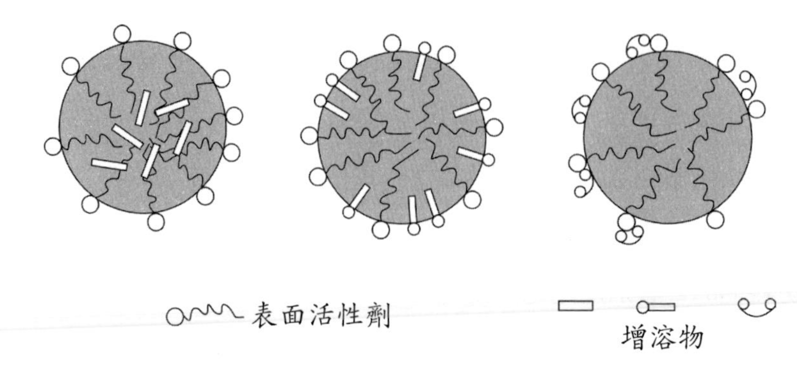

圖 7-3 溶質與表面活性劑膠團結合的方式示意圖

選擇表面活性劑作爲增溶劑時可考慮如下：活性劑的親油基越長，增溶量越大；被增溶物則是同系物中分子越大的增溶量越小；對於烷基鏈長度相同的，極性的化合物比非極性的化合物增溶量大。

化妝水通常要用水與醇的混合液製取，根據水與醇混合比的變化則產品基質所使用的增溶劑也各異，但增溶時都是用親水性強、HLB > 15 的表面活性劑，多數用到非離子型的乙氧基化物（EO）。例如，化妝水的增溶對象是香料、油分和藥劑等，可用烷基聚氧乙烯醚增溶。而聚氧乙烯的烷基芳基醚雖然增溶能力強，但對眼睛有害，一般不使用。此外，蓖麻油基的兩性衍生物具有優良的香料油、植物油溶解性，且這種活性劑對眼睛無刺激，適用於製備無刺激洗髮精等化妝品。

3.分散作用（dispersion）

使非水溶性物質在水中成微粒均勻分散狀態的現象稱爲分散作用。分散過程中，表面活性劑分子的親水基一端伸在水中，親油基一端吸附在固體粒子表面，在固體的表面形成了親水性吸附層。活性劑的潤濕作用破壞了固體微粒間的內聚力，使活性劑分子進入固體微粒中，變成小質點分散於水中。

化妝品的分散系統包括粉體、溶劑及分散劑三部分。粉體可分爲無機顏料、有機顏料兩類；溶劑則分爲水系、非水系兩類；作爲媒介的分散劑又有親水性（適用於水系）與親油性（適用於非水系）兩類。因此系統有多種組合方式，實際生產上它們混在複雜的系統中加以利用的情況較多。

用於分散顏料的表面活性劑很多既是乳化劑又是分散劑，如烷基醚羧酸鹽、烷基磺酸鹽等，它們都有很好的分散特性。但口紅等化妝品常會因汗和皮脂的破壞而影響化妝效果，近年來出現的矽酮酸則不會產生此類問題。矽酮酸是以矽油爲基質，以耐油性、耐水性好的非離子型聚醚變性矽酮爲活性劑，能使顏料不被破壞，是適用於各種皮膚的化妝品。

4.清潔洗滌（cleasing）、柔軟去靜電（emollient and atistat）、潤濕滲透（osmosis）作用

表面活性劑在化妝品上的應用除了乳化、增溶、分散等主要用途外，還有清潔洗滌、柔軟去靜電和潤濕滲透等作用。

陰離子型表面活性劑用於清潔洗滌上已有很久的歷史。在洗滌中污垢從表面活性劑上脫離的過程，如圖 7-4 所示。肥皂的去污能力是其他洗滌劑難以比擬的。十二烷基硫酸鈉是清潔系列化妝品中常用的原料，能使皮膚達到良好的去污效果。兩性型表面活性劑咪唑啉是溫和的清潔用的表面活性劑，是配製高檔洗臉產品、護髮乳及嬰兒洗髮精等不可缺少的組分。

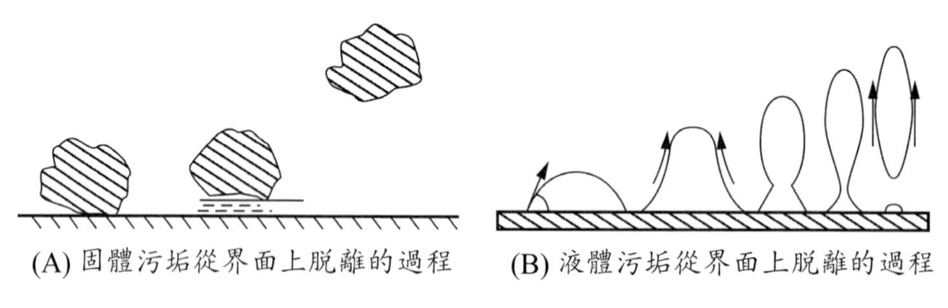

圖 7-4 污垢從界面脫離的過程

陽離子型活性劑雖然較其他類型的表面活性劑使用得少，但卻有很好的柔軟去靜電能力，在毛髮柔軟整理劑中有著獨特的作用。從羊毛脂肪酸中衍生出來的四級銨鹽類，刺激性小並兼具了羊毛脂的保水特性、潤濕特性及陽離子型表面活性劑的特點，能賦予頭髮濕潤、柔軟等獨特的感觸。

作爲化妝品，不僅要有美容功效，使用起來還應有舒適柔和的感覺，這些都離不開表面活性劑的潤濕作用。生物表面活性劑在這方面取得了顯著的成果。例如，磷脂作爲生物細胞的重要成分在細胞代謝和細胞膜滲透

性調節中扮演著重要的作用，對人體的肌膚有很好的保濕性和滲透性。槐糖脂類生物表面活性劑對皮膚有奇特的親和性，可讓皮膚具有柔軟與濕潤之感。

四、表面活性劑的分類

表面活性劑是一種有機化合物，分子結構具有兩種不同性質的基團：一種是不溶於水的長碳鏈烷基，稱爲親油基（hydrophobic group）；一種是可溶於水的基團，稱爲親水基（hydroplilic group）。因此，表面活性劑對水油都有親和性，能吸附在水油界面上，降低二相間的表面張力。

表面活性劑大多兼有保護膠體和電解質的特性。例如，肥皂在水溶液中具有保護膠體和電解質的雙重特性。我們知道，酸、鹼、鹽類電解質溶解在水裡，解離成帶正（陽）電荷及負（陰）電荷的兩種離子。酸根，如硫酸根 SO_4^-，鹼根，如氫氧根 OH^- 都是陰離子；氫離子 H^+，重金屬離子，如鉀離子 K^+ 都是陽離子。表面活性劑也是電解質，在水中同樣離解成陰、陽兩種離子。其中能夠產生界面活性（就是發生作用的部分）的官能基是陰離子時叫做「陰荷劑」；是陽離子時叫做「陽荷劑」。此外，還有不起離解作用的助劑，它的水溶性由分子中的環氧乙烷基 $-CH_3 \cdot O \cdot CH_2-$ 所產生，這一類表面活性劑叫做「非電離劑」。

表面活性劑按其是否在水中離解以及離解的親油基團所帶的電荷可分爲陽離子型表面活性劑、陰離子型表面活性劑、兩性型表面活性劑及非離子型表面活性劑等類型，詳細分類情況如表 7-3 所示，以下針對此四類型進行介紹：

1.陽離子型表面活性劑（cationic surfactant）

例如，高碳烷基的一級、二級、三級和四級銨鹽等，陽荷活性劑在水中離解後，它的親水性部分（hydroplilic group）帶有陽電荷。例如，陽離子表面活性劑烷基三甲基氯化銨溶於水時的圖解（圖 7-5 所示）。特點是具有較好的殺菌性與抗靜電性，在化妝品中的應用是柔軟去靜電。

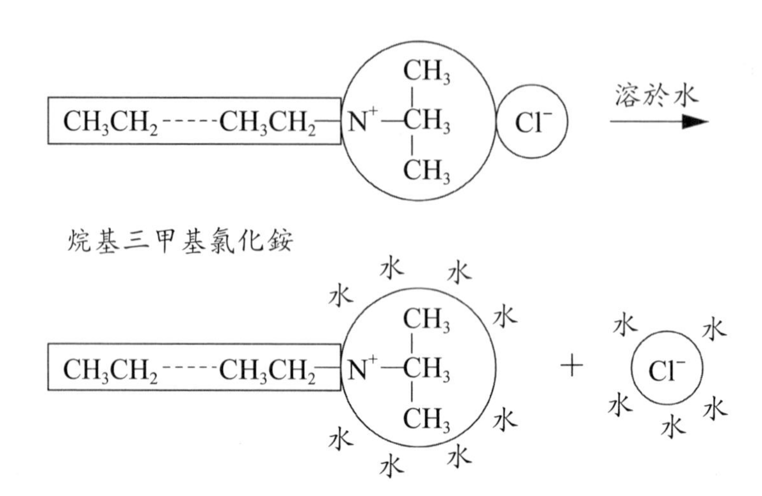

圖 7-5 陽離子表面活性劑烷基三甲基氯化銨溶於水時示意圖

2.陰離子型表面活性劑（anionic surfactant）

例如，脂肪酸皂、十二烷基硫酸鈉等，陰荷活性劑在水中離解後，它的親水性部分（hydroplilic group）帶有陰電荷。例如，陰離子表面活性劑烷基磺酸鈉溶於水時的圖解（圖 7-6 所示）。特點是洗淨去污能力強，在化妝品中的應用主要是清潔洗滌作用。

3.兩性型表面活性劑（amphoteric surfactant）

例如，椰油醯胺丙基甜菜鹼、咪唑啉等，特點是具有良好的洗滌作用且比較溫和，常與陰離子型或陽離子型表面活性劑搭配使用。大多用於嬰兒清潔用品、洗髮劑。

4.非離子型表面活性劑（nonionic surfactant）

包括失水山梨醇脂肪酸酯（Span）及環氧乙烷加成物（Tween）。例

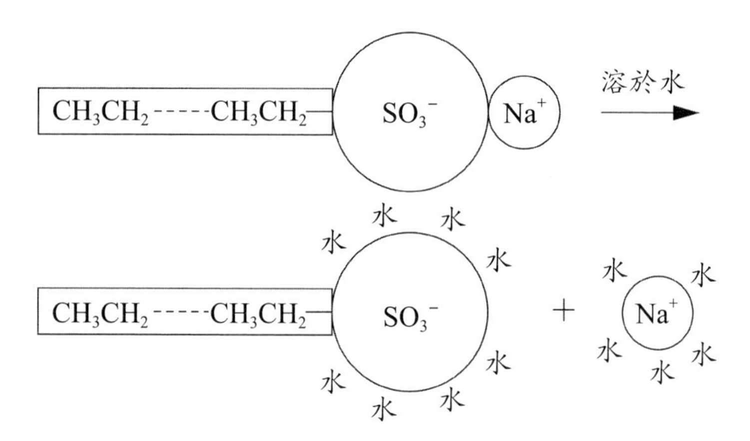

圖 7-6　陰離子表面活性劑烷基磺酸鈉溶於水時示意圖

如，失水山梨醇單硬脂酸酯（sorbitan monostearate, Span 60）和聚氧乙烯失水山梨醇單硬脂酸酯（polyoxyethylene sorbitan monostearate, Tween 60），特點是安全溫和，無刺激性，具有良好的乳化、增溶等作用，在化妝品中應用最廣。

除了上面幾種按離子形式分類的表面活性劑外，還有天然的表面活性劑，如羊毛脂、卵磷脂以及近年來迅速發展的生物表面活性劑，如槐糖脂等。

第二節　防腐劑

爲了保證化妝品在保質期內的安全有效性，常在化妝品中添加防腐劑和抗氧化劑，它們在化妝品中的作用是防止和抑制化妝品在使用、儲存過程中的敗壞和變質。防腐劑（preservative）是能夠防止和抑制微生物生長和繁殖的物質。本節將討論防腐劑的作用機制，並介紹有關化妝品中常用的防腐劑。

一、微生物的作用

化妝品中含有油脂、蠟、蛋白質、胺基酸、維生素和糖類化合物等，還含有一定量的水分，這樣形成的體系往往是細菌、眞菌和酵母菌等微生物孳生繁衍的良好環境，使化妝品易發黴、變質，表現爲乳化體被破壞、透明產品變混濁、顏色變深或產生氣泡以及出現異味、pH 值降低等現象。爲了達到防腐、防黴的目的，大部分化妝品中必須添加防腐劑，達到防止和抑制微生物的生長繁殖的作用。

表 7-3　表面活性劑按離子類型的分類

類型	種類	分子式	代表物質
陰離子表面活性劑	脂肪酸鹽	RCOOM	月桂酸鈉 $C_{12}H_{23}COONa$
	羥基硫酸鹽	$ROSO_3M$	月桂醇硫酸鈉 $C_{12}H_{23}OSO_3Na$
	羥基磺酸鹽	RSO_3M	α- 烯基磺酸鹽 $RCH = CHCH_2SO_3H$
	羥基磷酸鹽	$ROPO_3M$	單十二烷基磷酸三乙醇胺 $C_{12}H_{25}PO_3NH(CH_2CH_2OH)_3$
陽離子表面活性劑	四級銨鹽	$R4N^+X^-$	十二烷基二甲基苄基氯化銨 CH_3 $CH_{12}H_{25}$ — N^+ — CH_2 — · Cl^- CH_3
	吡啶鹵化物	$RC_5H_5N^+X^-$	十二烷基吡啶氯化銨 $C_{12}H_{25}$ — ^+N · Cl^-

類型	種類	分子式	代表物質
陽離子表面活性劑	陽離子咪唑啉	$RC_3H_4N_2R^1R^2X$	2- 十二烷基 -N- 甲基 -N- 醯胺乙基咪唑啉 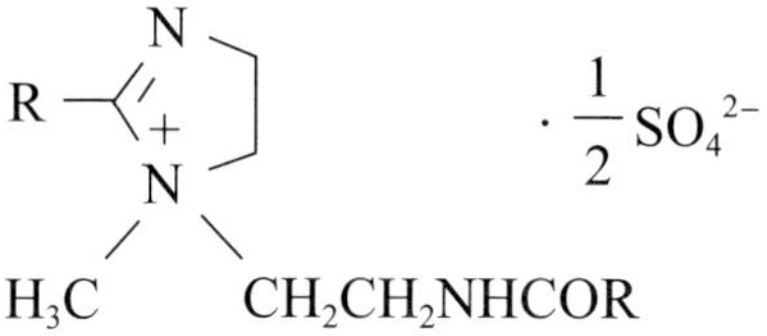 R、N、+、$\cdot \frac{1}{2}SO_4^{2-}$、$H_3C$、$CH_2CH_2NHCOR$
	聚氧乙烯吡啶線型聚合物		聚溴化甲基吡啶 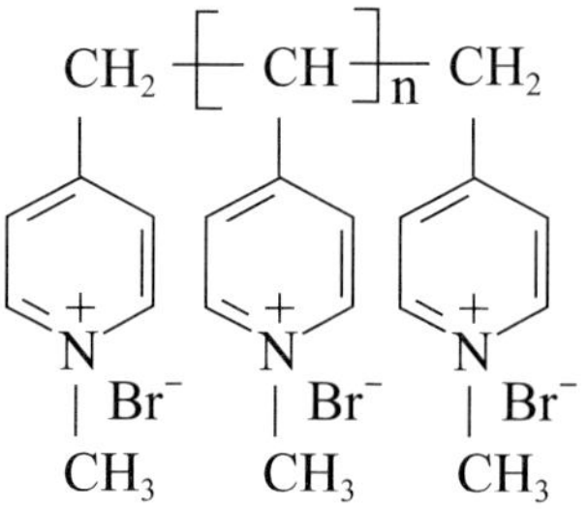 CH_2 ─[CH]n─ CH_2 N+ Br^- CH_3
非離子表面活性劑	脂肪醇聚氧乙烯醚	$RO(CH_2CH_2)_nH$ n = 3~20	硬脂醇聚氧乙烯醚 -15 $C_{18}H_{37}O(CH_2CH_2O)_{15}H$
	烷基酚聚氧乙烯醚	RC_6H_4O- $(CH_2CH_2O)_nH$ n = 3~20	壬基酚聚氧乙烯 (10) 醚 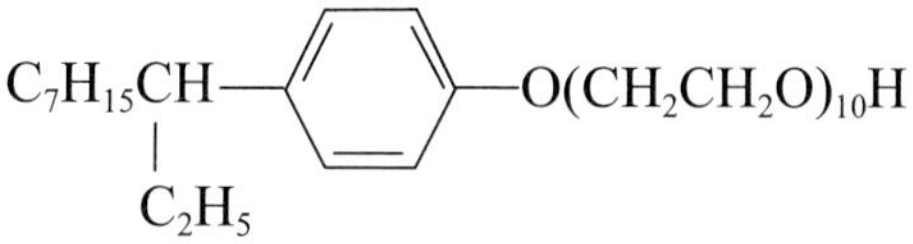 $C_7H_{15}CH(C_2H_5)-C_6H_4-O(CH_2CH_2O)_{10}H$
	多元醇聚氧乙烯醚脂肪酸酯	$C_nH_{2n}COOC_xH_yO_z$ $(CH_2CH_2O)_nH$ n = 3~20	縮水山梨醇聚氧乙烯單硬脂酸酯 $C_{17}H_{35}COOC_6H_{11}O_4(CH_2CH_2O)n$
	烷基醯醇胺	$RCON-$ $(CH_2CH_2OH)_n$	月桂醯二乙醇胺 $C_{11}H_{23}CON(CH_2CH_2OH)_2$
	多元醇單脂肪酸酯	$C_nH_{2n}COOC_xH_yO_z$	縮水山梨醇單硬脂酸酯 $C_{17}H_{35}COOC_6H_{11}O_4$
	氧化胺	R_3NO	十二烷基二甲基氧化胺 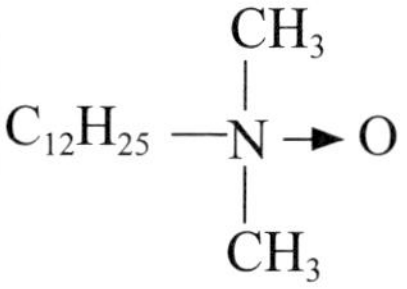 $C_{12}H_{25}-N(CH_3)_2 \rightarrow O$

類型	種類	分子式	代表物質
兩性離子表面活性劑	咪唑啉衍生物	$RC_3H_4NH^+-R^1R^2COO^-$	2-十二烷基-N-羥乙基-N-羧甲基咪唑啉 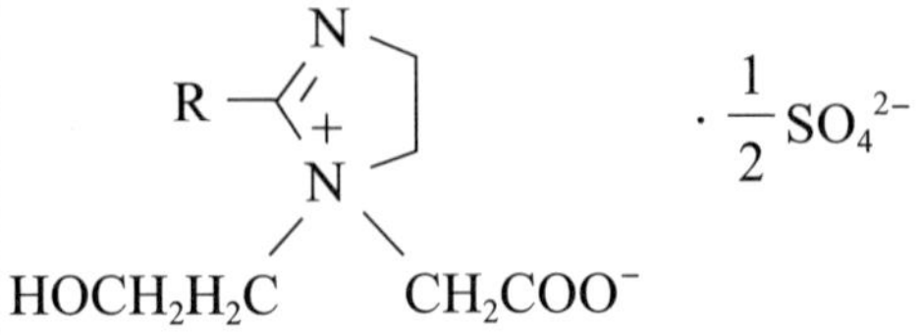 $R-C_3H_4N_2^+$（N, N）$\cdot \frac{1}{2}SO_4^{2-}$ $HOCH_2H_2C$　CH_2COO^-
	甜菜鹼	$R^1R^2R^3N^+-CH_2COO^-$	十二烷基甜菜鹼 $C_{12}H_{25}-N^+(CH_3)(CH_3)\rightarrow CH_2COO^-$
	胺基酸衍生物	$RNHCH_2-CH_2COONa$	N-月桂醯基谷氨酸鹽 $NaOOCCH_2CH_2CHCOONa$ $C_{11}H_{23}CONH$

在化妝品中能夠生長繁殖的微生物有：(1) 細菌（bacteria）：大腸桿菌（*Escherichia coli*）、綠膿桿菌（*Pseudomonas aeruginosa*）等；(2) 真菌（fungus）：青黴菌（*Penicllium spp.*）、曲黴菌（*Aspergillus flavus*）、毛黴菌（*Mucor*）、黑黴菌（*Aspergillus niger*）等；(3) 酵母菌（yeast）：啤酒酵母菌（*Brewer yeast*）、麥酒酵母菌（*Saccharomyces cerevisiae*）等。

二、影響微生物生長的因素

上述微生物的生長繁殖除需要有一定的營養物質、水分、礦物質等外，還要求具有一定條件，如 pH 值、溫度、氧等。

1.營養物（nutriment）

糖類化合物如澱粉、多糖類膠性物質等；醇類如甘油、脂肪醇等；脂肪酸及其酯類，如動植物性油脂和蠟；蛋白質與各種胺基酸及維生素類等都是微生物所能利用的物質。

2.礦物質（mineral material）

鐵、錳、鋅、鈣、鎂、鉀、硫、磷等元素是多數微生物生長所需要的元素。

3.水分（water）

微生物的生長必須有足夠的水分，水是微生物細胞的主要組成部分，其含量達 70%~90%。微生物所需的營養物質必須先溶於水，才能被吸收利用，細胞內各種生物化學反應也都要在水溶液中進行。

4.溫度（temperature）

多數微生物生長的最適宜溫度在 20~30℃之間，這與化妝品的應用和儲存條件基本一致。當溫度高於 40℃時，只有少數細菌生長，而溫度低於 10℃時，只有黴菌和少數細菌生長，但繁殖速度較慢。所以，化妝品一般貯存於陰涼地方。但溫度過低，如低於 0℃以下，則會影響化妝品的劑型等變化。

5.pH 値（pH value）

黴菌能夠在較寬的 pH 範圍內生長，但最好是在 pH 値 4~6 之間；細菌則易在中性的介質中生長，當 pH 値爲 6~8 時生長最好；酵母菌在微酸性的條件下生長爲宜，最適宜的 pH 値是 4~4.5。所以，一般微生物在酸性或中性介質中生長較適宜，而在鹼性介質中（pH 値 9 以上）幾乎不能生長。

6.氧（oxide）

多數黴菌是需氧性的，幾乎沒有厭氧性的。酵母菌儘管在無氧時也能生長，但有氧時生長更好。細菌的需氧性一般，有的厭氧性好。因此，化妝品中多數微生物是需氧性的。所以，排除化妝品的空氣或保持容器的嚴密性對防止和抑制微生物生長是很重要的。

三、防腐劑對微生物的作用

防腐劑不但抑制細菌、眞菌和酵母菌的新陳代謝，而且抑制其生長和繁殖。防腐劑對微生物的作用，只有在以足夠的濃度與微生物直接接觸的情況下，才能產生作用。防腐劑先是與細胞外膜接觸，進行吸附，穿過細胞膜進入原生質內，然後才能在各個部位發揮效應作用，阻礙細胞繁殖或將細胞殺死。實際上，抑制或殺死微生物是基於多種高選擇性的多種效應，各種防腐劑都有其活性作用的標的部位，即細胞對某種藥物存在敏感性最強的部位，如表 7-4 所示各種防腐劑活性作用標的部位。

表 7-4 防腐劑活性作用標的部位

活性作用標的部位	防腐劑
膜的活性	四級銨鹽類、氯己定類、苯氧基乙醇、乙醇、苯乙醇和酚類
硫基酶	2- 溴 -2- 硝基 -1, 3- 丙二醇
羧基酶	甲醛和甲醛供體
胺基酶	甲醛和甲醛供體
核酸	嘧啶類
蛋白質變性	酚類和甲醛

由表 7-4 可見，防腐劑對微生物的作用是透過對質部分的遺傳微粒，即核酸而產生作用。所以，防腐劑最重要的作用可能是抑制一些酶的反應，或者是抑制微生物，細胞中酶的合成，如蛋白質和核酸的合成。

四、化妝品用防腐劑的要求

理想的化妝品用防腐劑應具備如下特徵：

(1) 對多種微生物都應具有抗菌、抑菌效果。

(2) 能溶於水或化妝品中其他成分。

(3) 無毒性、刺激性和過敏性。

(4) 在較大的溫度範圍內都應穩定而有效。

(5) 對產品的顏色、氣味無顯著影響。

(6) 與化妝品中其他成分相容性要好，不與其他成分發生化學反應，而降低其作用。

(7) 對產品的 pH 值產生，無明顯反應。

(8) 價格低廉、易得。

雖然防腐劑的品種很多，但能滿足上述要求的並不多，特別是面部和眼部用化妝品的防腐劑更要慎重選擇。

五、化妝品用防腐劑

使用在化妝品的防腐劑有很多，在此按其化學結構分類介紹，並列舉常用或代表性防腐劑加以說明。

1.醇類（alcohol）

可用作防腐劑的有乙醇、異丙醇、丙二醇、苄醇、2- 苯基乙醇、1- 苯氧基 -2- 丙醇、2, 4- 二氯苄醇、3, 4- 二氯苄醇等。

較新型常用的醇類防腐劑：2- 溴 -2- 硝基 -1, 3- 丙二醇（2-bromo-2-nitro-l, 3- propanediol），商品名稱布羅波爾（Bronopol），是白色結晶或結晶狀粉末，易溶於水，它的最佳使用 pH 值範圍爲 5~7。在 pH 值爲 4 時最穩定，隨介質 pH 值升高穩定性下降。在鹼性條件下，溶液顏色容易變深，對抗菌活性影響不大。與尼泊金酯配製使用要比單獨使用抗菌效果更好。對皮膚一般無刺激性和過敏性。在低濃度下，是一種廣泛使用的抗菌劑，最大允許濃度爲 0.1%。常使用於膏霜、乳液、香皂、牙膏等化妝品中。

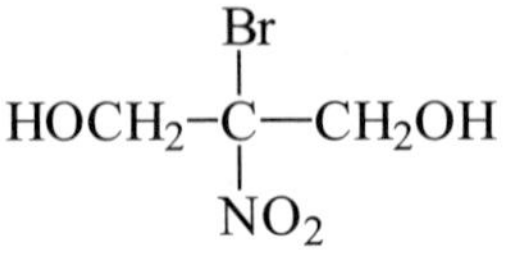

$$HOCH_2-\underset{NO_2}{\overset{Br}{C}}-CH_2OH$$

2- 溴 -2- 硝基 -1, 3- 丙二醇（2-bromo-2-nitro-l, 3- propanediol）

2.酚類（phenol）

很多酚類化合物不僅具有抗菌、防腐作用，還具有抗氧化劑作用。酚類可用作防腐劑的有苯酚、間苯二酚、2- 苯基苯酚、2- 甲基 -4- 氯苯酚、3- 甲基 -4- 異丙基苯酚、3, 5- 二甲基 -4- 氯苯酚、3, 5- 二甲基 -2, 4- 二氯苯酚、2- 甲基 -3, 4, 5, 6- 四溴苯酚等。

代表性酚類防腐劑有：

(1) 2- 苯基苯酚（2-phenylphenol）：是白色的片狀晶體，略有酚的氣味，不溶於水，能溶於鹼溶液及大部分有機溶劑。防腐活性很高，在低濃度（0.005%~0.006%）時顯示出很好的殺菌效果，較苯甲酸和對羥基苯甲酸甲酯、乙酯活性高，化妝品中一般用量爲 0.05%~0.2%，按規定最大允許用量 0.2%。

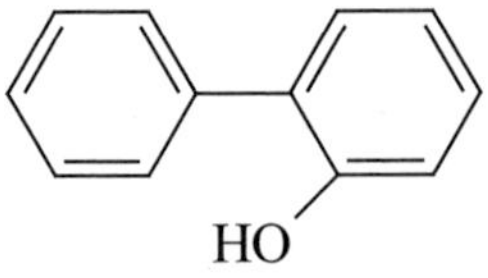

HO

2- 苯基苯酚（2-phenylphenol）

(2) 六氯酚（hexachlorophenol）：化學名稱爲 2, 2'- 亞甲基雙（3, 4, 6-

三氯苯酚）[2, 2'-methylene bis（3, 4, 6-trichlorophenol）]，是白色可流動性粉末，無臭、無味，溶於乙醇、乙醚、丙酮和氯仿中，不溶於水。對革蘭氏陽性菌有很好的殺菌作用，可當作皮膚的殺菌劑，一般用於皂類、油膏類化妝品。在較高濃度（1%~3%）時才對黴菌有作用，在化妝品內的使用受到限制，最大允許濃度爲 0.1%。與其具有相似作用還有雙氯酚，化學名稱爲 2, 2'- 亞甲基雙（4- 氯苯酚），也有較好的抗黴菌作用。

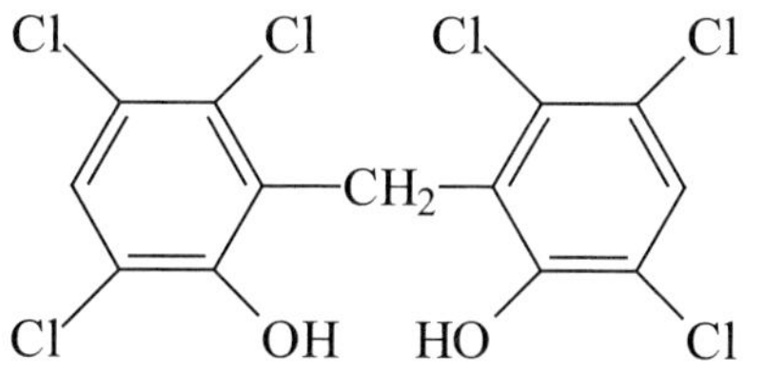

六氯酚（hexachlorophenol）

3.羧酸及其酯類或鹽類用作防腐劑的有苯甲酸及其鈉鹽、山梨酸及其鉀鹽、水揚酸及其鈉鹽、對胺基苯甲酸乙酯等。

常用的防腐劑有：

(1)脫氫醋酸及其鈉鹽（dehydroacetic acid and its sodium, DHA）：DHA 由四分子醋酸通過分子間脫水而製得。易溶於乙醇、稍溶於水，其鈉鹽易溶於水。都是無臭、無味、白色結晶性粉末。無毒，在酸性介質（pH<5）時抗菌效果好，最大允許濃度爲 0.6%。

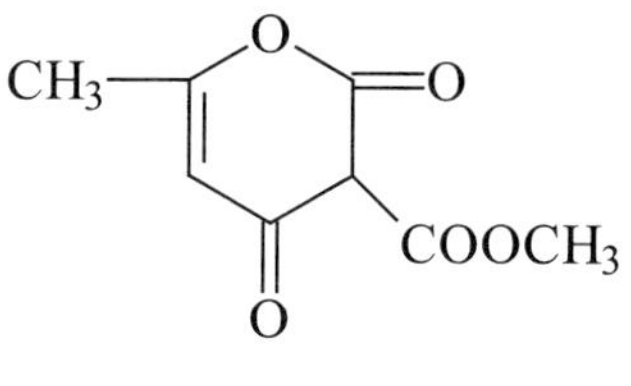

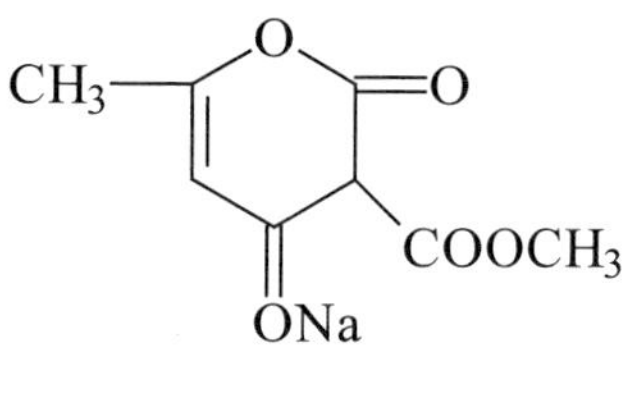

脫氫醋酸（dehydroacetic acid）　脫氫醋酸鈉（sodium dehydroacetic acid）

(2) 對羥基苯甲酸酯類（esters of *p*-hydroxybenzioc acid）：商品名爲尼泊金酯（Paraben ester），其酯類包括甲酯、乙酯、丙酯、異丙酯和丁酯等，這一系列酯均爲無臭、無味、白色晶體或結晶性粉末。該系列用作化妝品防腐劑已有很久歷史，因具有不易揮發、無毒、穩定性好等特點，現在仍廣泛被應用，在酸性或鹼性介質中都有良好的抗菌活性。活性隨酯基碳鏈的數目增加而增強，但在水中溶解度降低。其酯類混合使用比單獨使用效果更佳，例如甲酯：乙酯：丙酯：丁酯 ＝ 7：1：1：1，也可依化妝品不同而改變配比。常用於油脂類化妝品中，最大允許濃度單酯爲 0.4%，而混合酯爲 0.8%。

$$HO-C_6H_4-COOCH_3$$

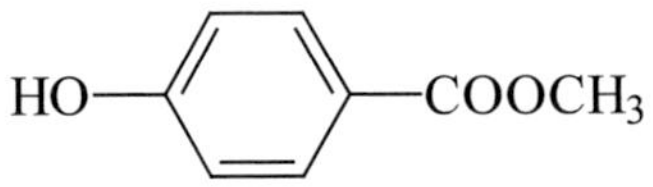

尼泊金甲酯（methyl paraben）

$$HO-C_6H_4-COOCH_2CH_3$$

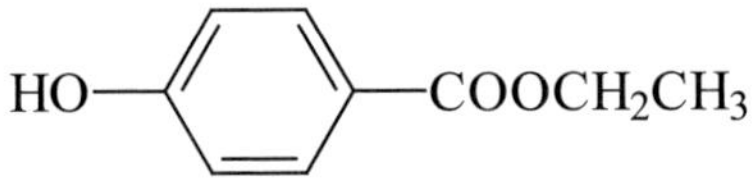

尼泊金乙酯（ethyl paraben）

$$HO-C_6H_4-COOCH_2CH_2CH_3$$

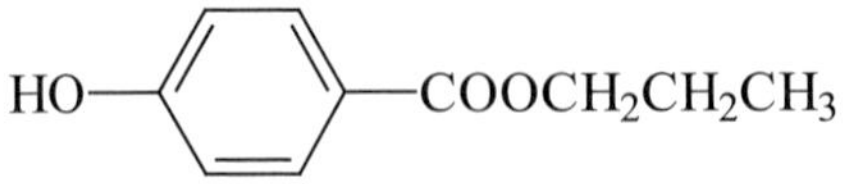

尼泊金丙酯（propyl paraben）

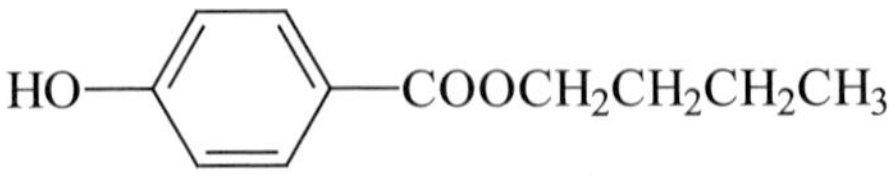

$$HO-C_6H_4-COOCH_2CH_2CH_2CH_3$$

尼泊金丁酯（buthyl paraben）

(3) N- 羥甲基甘胺酸鈉（sodium *N*-hydroxymethyl aminoacetate）：商品名爲 Suttocide A，是一種常見的抗菌劑，在 pH 値 8~12 的範圍內防腐活性高。一般使用濃度爲 0.003%~0.3%，主要用於香皂、護髮素等化妝品。

$$HOCH_2-NH-CH_2COONa$$

N- 羥甲基甘胺酸鈉（sodium N-hydroxymethyl aminoacetate）

4.醯胺類

酯胺類化合物用作防腐劑的有：

(1) 鹵二苯**脲**（halocarban）：化學名稱爲 4, 4- 二氯 -3- 三氟甲基二苯脲 [4, 4'-dichloro-3-（trifluoromethyl）-carbanilide]，是無臭、無味、白色粉末，難溶於水，對革蘭氏陽性菌有抗菌作用，最大允許濃度爲 0.3%。

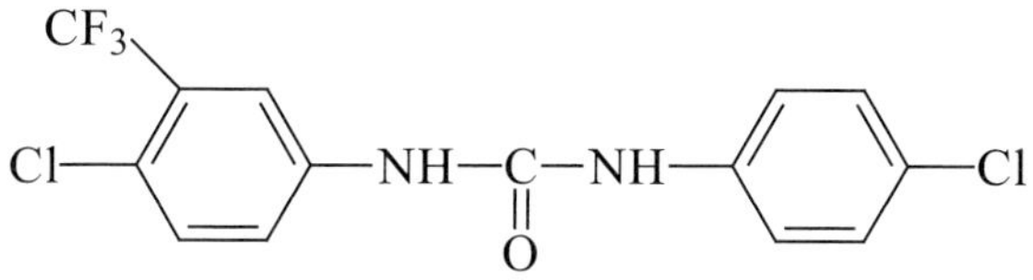

鹵二苯脲（halocarban）

(2) 三氯二苯**脲**（trichlorocarban）：化學名稱爲 3, 4, 4- 三氯二苯脲（3, 4, 4-trichlorocarbanilide），是無臭、無味、白色細粉末，難溶於水，對革蘭氏陽性菌有抗菌作用，最大允許濃度爲 0.3%。

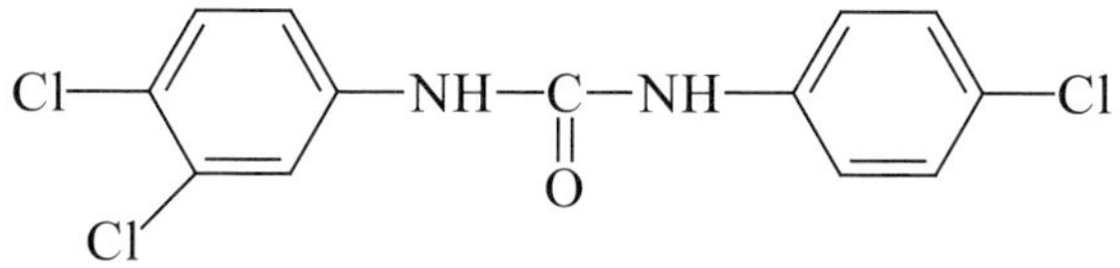

三氯二苯脲（trichlorocarban）

(3) 咪唑烷基**脲**（imidazolidinyl urea）：商品名爲 Germa-115，化學名稱爲 3, 3'- 雙（1- 羥甲基 -2, 5- 二氧代咪唑 -4- 基）-l, 1'- 亞甲基雙脲 [3, 3'-bis（1-hydroxymethyl-2, 5-dioxoimidazolidin-4-yl）-1, l'-methylenedi- urea]。是無臭、無味、白色粉末，極易溶於水，對皮膚無毒、無刺激性、無過敏性，與尼泊金酯配合使用可大大提高抗菌活力。對各種表面活性劑都能配製，適合的 pH 値爲 4~9。最大允許濃度爲 0.6%。

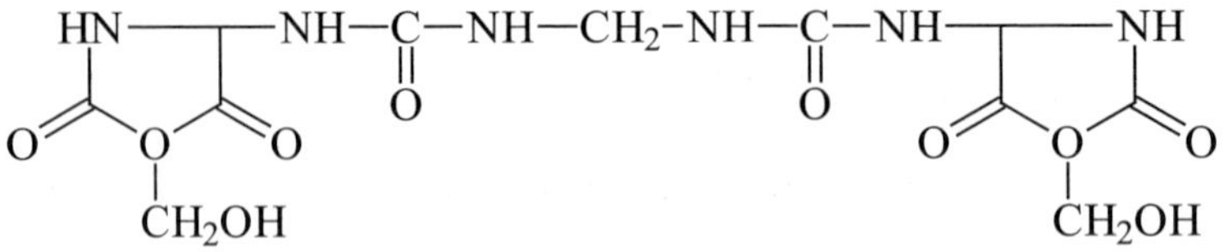

HN——NH—C—NH—CH$_2$—NH—C—NH——NH
O　O　O　O　O　O　O　O
CH$_2$OH　CH$_2$OH

咪唑烷基脲（imidazolidinyl urea）

(4) *N*-（羥甲基）-*N*-（1, 3- 二羥甲基 -2, 4- 二氧 -5- 咪唑啉基）-*N'*-（羥甲基）**脲** [*N*-(hydroxymethyl)-*N*-(1, 3-dihydroxymethyl-2, 4-dioxoimidazolidin-4-yl)-*N'*-(hydroxymethyl) urea]：商品名稱爲 Germal II，是白色流動吸濕性粉末，無味或略有特徵氣味。可在較寬的 pH 值範圍內（4~8）使用；穩定性好，可與所有離子型和非離子型表面活性劑配製，也可與大多數化妝品成分配製。抗細菌活性較咪唑烷基脲好，但抗黴菌活性較咪唑烷基脲差。與對羥基苯甲酸酯類配製使用，可增強抗黴菌的活性。在化妝品中，常以 Germal II 0.2%，對羥基苯甲酸甲酯 0.2% 和丙酯 0.1% 混合使用。

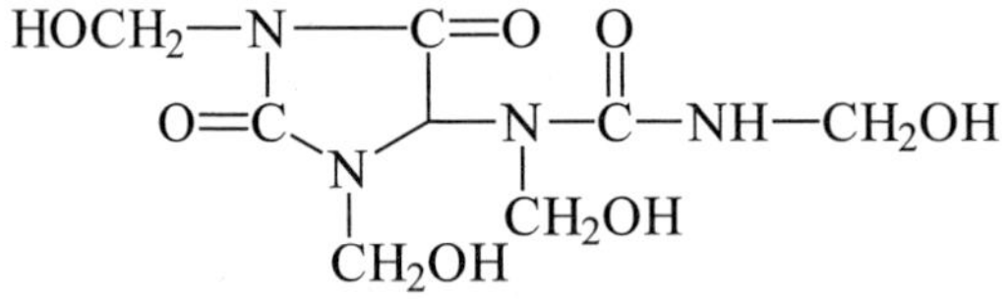

HOCH$_2$—N——C=O　O
O=C　N—C—NH—CH$_2$OH
N　CH$_2$OH
CH$_2$OH

N-（羥甲基）-*N*-（1, 3- 二羥甲基 -2, 4- 二氧 -5- 咪唑啉基）-*N'*-（羥甲基）脲 [*N*-(hydroxymethyl)-*N*-(1, 3-dihydroxymethyl-2, 4-dioxoimidazolidin -4-yl)-*N'*-(hydroxymethyl)urea]

5.雜環類

(1) 5- 氯 -2- 甲基 - 異塞咪唑 -3- 酮和 2- 甲基 -4- 異塞咪唑 -3- 酮的混合物（mixture of 5-chloro-2-methylisothiazol-3-one and 2-methylisothiazol-

3-one）：商品名稱爲 Kathon（G）或（凱松 -CG），爲淡琥珀色透明液體，氣味溫和。最佳使用 pH 值範圍爲 4~8，pH > 8 穩定性下降。可與各種離子型和非離子型表面活性劑配製。但與胺類、硫醇等含硫化合物和漂白劑及高 pH 值均會使其失活。最大允許用量爲 0.005%。

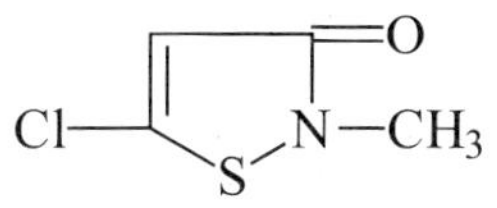

5- 氯 -2- 甲基 - 異塞咪唑 -3- 酮（5-chloro-2-methylisothiazol-3-one）

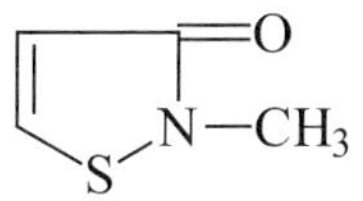

2- 甲基 -4- 異塞咪唑 -3- 酮（2-methylisothiazol-3- one）

(2) 1- 羥甲基 -5, 5- 二甲基 - 乙內醯脲和 1, 3- 雙（羥甲基）-5, 5- 二甲基乙內醯脲的混合物 [mixture of l-hydroxymethyl-5, 5-dimethylhydantoin and l, 3-bis (hydroxymethyl) -5, 5-dimethylhydantoin]：是白色可自由流動性粉末，可與所有離子型和非離子型表面活性劑配製。在 80℃以下及較寬 pH 值範圍（4~9）內使用。一般使用濃度爲 0.04%~0.25%，適用於膏霜、乳液、香皂、嬰兒用品、眼部化妝品和防曬化妝品等。

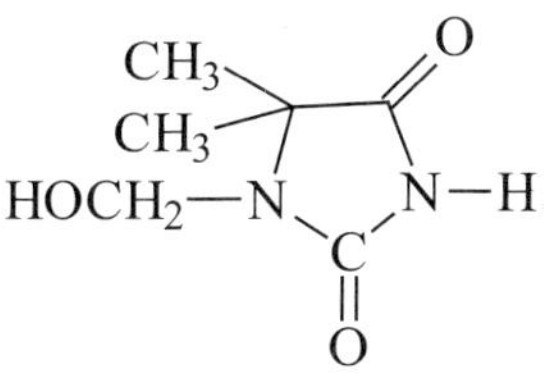

1- 羥甲基 -5, 5- 二甲基 - 乙內醯脲（l-hydroxymethyl-5, 5-dimethylhydantoin）

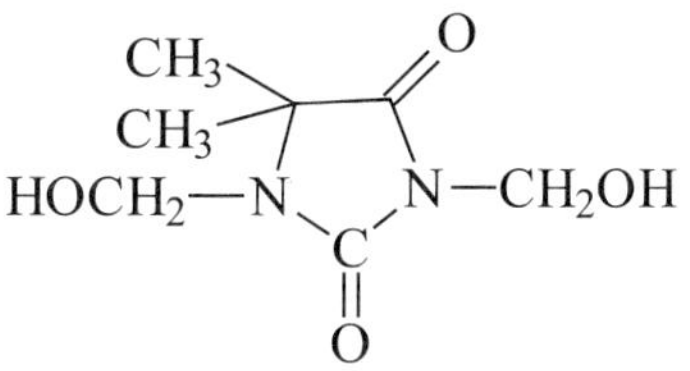

1, 3- 雙（羥甲基）-5, 5- 二甲基乙內醯脲（l, 3-bis(hydroxymethyl)-5, 5-dimethylhydantoin）

6.四級銨鹽類

四級銨鹽類是陽離子表面活性的重要一類化合物，一般認爲它具有較好的抗菌、殺菌作用。常用的化妝品防腐劑的有烷基三甲基氯化銨（alkyl trimethyl ammonium chloride）、烷基溴化喹啉、十六烷氯化吡啶等。其中，烷基爲長碳鏈烴基，通常碳原子數目爲 C_{12}~C_{22}。在鹼性介質中抗菌活性高，但與陰離子基團接觸時，則會發生作用而失效。

代表性四級銨鹽：l-（3- 氯丙烯基）氯化烏洛托品 [l-(3-chloropropenyl) urotopinum chloride]，商品名稱 Dowicil 200。它是淺黃色粉末，無臭、無味，易溶於水、甘油等，不溶於油性溶劑。在 pH 値 4~9 時抗菌活性高，是一種較新型的抗菌劑，可用於膏霜類化妝品中，一般用量爲 0.1%。

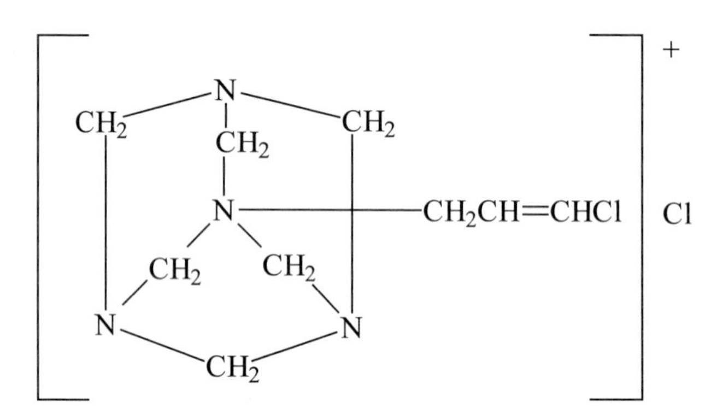

l-（3- 氯丙烯基）氯化烏洛托品
[l- (3-chloropropenyl) urotopinum chloride]

7.其他類

用於化妝品防腐劑的其他類有：

(1) 四甲基秋蘭姆二硫化物（thiram）。

(2) 氯己定（chlorhexidine）：可以葡萄糖酸、鹽酸、醋酸氯己定形式，如葡萄糖酸洛赫西定（chlorhexidine gluconate）使用。它是淡黃色結晶性粉末，無臭、有苦味，溶於乙醇、水。具有相當強及廣泛的抑菌、殺菌作用，無毒、無刺激性、無過敏性，最大允許濃度爲 0.3%。

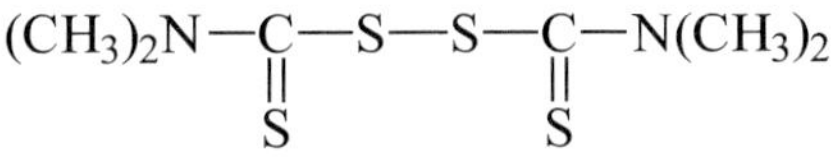

$$(CH_3)_2N-\underset{\underset{S}{\|}}{C}-S-S-\underset{\underset{S}{\|}}{C}-N(CH_3)_2$$

四甲基秋蘭姆二硫化物（thiram）

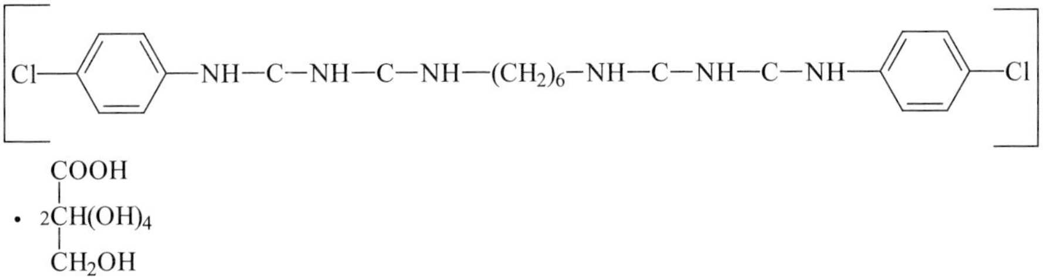

$$\left[Cl-C_6H_4-NH-C-NH-C-NH-(CH_2)_6-NH-C-NH-C-NH-C_6H_4-Cl\right]\cdot 2\,\begin{matrix}COOH\\|\\CH(OH)_4\\|\\CH_2OH\end{matrix}$$

葡萄糖酸洛赫西定（chlorhexidine gluconate）

某些香料具有酚的結構（例如，丁香酚、香蘭素等）或是具有不飽和的香葉烯結構（例如，檸檬醛、香葉醇等），也具有抑菌效果。

第三節　抗氧化劑

爲了保證化妝品在保質期內的安全有效性，常在化妝品中添加防腐劑和抗氧化劑，它們在化妝品中的作用是防止和抑制化妝品在使用、儲存過程中的敗壞和變質。抗氧化劑（anti-oxidant）是能夠防止和減緩油脂的氧化酸敗作用的物質。本節將討論化妝品因氧化作用而引起化妝品敗壞和變質的原因以及影響它們的作用因素，並介紹有關化妝品中常用的抗氧化劑。

一、油脂的酸敗

化妝品中常含有油脂、蠟等成分，特別是油脂中的不飽和脂肪酸的不飽和鍵容易被氧化而發生變質，這種氧化變質稱爲酸敗。就外在因數言，空氣中氧、水分、光、熱、微生物及金屬離子等均可促使氧化反應進行，而加速酸敗。就內在因數言，酸敗的化學本質是由於油脂水解而產生游離的脂肪酸，其中不飽和脂肪酸的雙鍵部分受到空氣中氧的作用，發生加成反應而生成過氧化物，此過氧化物繼續分解或氧化，生成低級醛和羧酸。其過程如下：

$$R-CH=CH-(CH_2)n-COOH + O_2 \longrightarrow R-\underset{\underset{O-}{|}}{\overset{H}{\overset{|}{C}}}-\underset{\underset{-O}{|}}{\overset{H}{\overset{|}{C}}}-(CH_2)n-COOH$$

$$\longrightarrow RCHO + OHC(CH_2)nCOOH$$

氧化反應生成的過氧化物、醛和羧酸等會引起產品的顏色改變，釋放出酸敗的臭味，使產品的 pH 値降低等，而使產品質量下降，也會對皮膚產生刺激性，甚至引起炎症。因此，在化妝品的生產、使用和貯存過程中，應盡量避免油脂酸敗現象的發生是非常重要的。

二、影響酸敗的因素

影響油脂酸敗因素很多，既有內在因素也有外在因素。

1.內在因素

主要是油脂中的不飽和脂肪酸的不飽和碳碳雙鍵，此部位是結構中的「弱點」，極容易被氧化而斷鍵。分子結構內的不飽和鍵愈多，就愈容易被氧化。如果油脂中原來存在的不皀化物部分的天然抗氧化劑（例如，維生素 E 等），在精製過程中被除去，也使氧化反應容易發生。另外，油脂中常存在能促進氧化作用的氧化。

2.外在因素

(1)氧（oxide）：是造成酸敗的主要因素，在生產過程、化妝品的使用和貯存過程中都可能接觸空氣中的氧。因此，氧化反應的發生是不可避免的。

(2)熱（heat）：熱會加速脂肪酸的水解反應，提供了微生物的生長條件，可以加速酸敗。因此，在低溫條件下有利於減緩氧化酸敗。

(3)光（light）：可見光雖然並不能直接引起氧化作用，但其中某些波長的光對氧化有促進作用。所以，避免直接光照或用有顏色的包裝容器可以消除不利波長光線的影響。

(4)水分（water）：在油脂中存在水分，爲微生物生長提供了必要條件，而它們產生的能會引起油脂的水解，加速自動氧化反應，也會降低抗氧化劑如酚、胺等的活性。

(5)金屬離子（metal ion）：某些金屬離子能使原有的或加入的抗氧化劑作用大大降低，還有的金屬離子可能成爲自動氧化反應的催化劑，加速氧化酸敗。這些金屬離子主要有銅、鉛、鋅、鋁、鐵、鎳等。所以，製造化妝品的原料、設備和包裝容器等盡量避免使用金屬製品或含有金屬離子。

(6)微生物（microorganism）：黴菌、油脂分解爲脂肪酸和甘油，然後再進一步分解，加速油脂的酸敗。這也是化妝品的原料、生產過程、使用和貯存等要保持無菌條件的重要原因。

三、油脂酸敗的機制

油脂的氧化酸敗過程，一般認爲是按游離基（自由基）鏈式反應進行的，其反應過程包括三個階段（RH 代表油脂類化合物分子，R· 代表鏈自由基）。

1.鏈的引發

油脂分子RH受到熱或氧的作用後，在其分子結構的「弱點」部位（如支鏈、雙鍵等）產生自由基：

$$RH \xrightarrow{\text{熱}} R\cdot + \cdot H$$

$$RH + O_2 \longrightarrow R\cdot + \cdot OOH$$

2.鏈的傳遞和增長

自由基R・在氧的存在下，自動氧化生成過氧化自由基ROO・和分子過氧化氫：

$$R\cdot + O_2 \longrightarrow ROO\cdot$$

$$ROO\cdot + RH \longrightarrow R\cdot + ROOH$$

分子過氧化氫又分解爲鏈自由基：

$$ROOH \longrightarrow RO\cdot + \cdot OH$$

$$ROOH + RH \longrightarrow RO\cdot + H_2O$$

3.鏈的終止分子鏈自由基相結合而終止鏈反應

$$R\cdot + \cdot R \longrightarrow R{-}R$$

$$R\cdot + \cdot ROO \longrightarrow ROOR$$

$$ROO\cdot + ROO\cdot \longrightarrow ROOR + O_2$$

後兩種終止方式，由於生成的過氧化物不穩定，很容易裂解成分子自由基，再引起鏈的引發和增長。

在上述的不飽和脂肪酸氧化反應中，生成的中間體在鏈的增長階段，由於產生烷氧基自由基而使主碳鏈發生斷裂。例如，生成低級醛、醛酸、過氧化物等的反應。

$$R-\underset{\substack{|\\O}}{\overset{\substack{H\\|}}{C}}-\underset{\substack{|\\O}}{\overset{\substack{H\\|}}{C}}-(CH_2)_n-COOH \longrightarrow R-\underset{\substack{|\\O\cdot}}{\overset{\substack{H\\|}}{C}}-\underset{\substack{|\\\cdot O}}{\overset{\substack{H\\|}}{C}}-(CH_2)_n-COOH$$

$$\longrightarrow R-CHO + OHC-(CH_2)_n-COOH$$

抗氧化劑的作用在於它能抑制自由基鏈式反應的進行，即阻止鏈增長階段的進行。這種抗氧化劑稱爲主抗氧化劑，也稱爲鏈終止劑，以 AH 表示之。鏈終止劑能與活性自由基 R・、ROO・ 等結合，生成穩定的化合物或低活性自由基 A・，從而阻止了鏈的傳遞和增長。例如：

$$R\cdot + AH \longrightarrow RH + A\cdot$$

$$ROO\cdot + AH \longrightarrow ROOH + A\cdot$$

胺類、酚類、氫醌類化合物作爲抗氧化劑都是較好的主抗氧化劑，可進行鏈終止劑的作用。

胺類化合物的作用是作爲氫的提供者，發生氫轉移反應，形成穩定的自由基，降低氧化反應速度。例如：

$$R'_2NH + ROO\cdot \longrightarrow R'_2N\cdot + ROOH$$

$$R'_2N\cdot + ROO\cdot \longrightarrow R'_2NOOR$$

酚類化合物的作用是能產生 ArO· 自由基，可與 ROO· 自由基產生作用。例如：

$$ArO\cdot + ROO\cdot \longrightarrow ROOArO$$

氫醌（AH_2）類化合物的作用是與自由基反應，使之不再引發反應，也可與 ROO· 自由基產生作用。例如：

$$AH_2\cdot + ROO\cdot \longrightarrow ROOH + AH\cdot$$

$$AH\cdot + AH\cdot \longrightarrow A + AH_2$$

爲了能更好地阻斷鏈式反應，還要阻止分子過氧化氫的分解反應，則需要加入能夠分解過氧化氫 ROOH 的抗氧化劑，使之生成穩定的化合物，進而阻止鏈式反應的發展。這類抗氧化劑稱爲輔助抗氧化劑，或稱爲過氧化氫分解劑，它們的作用是能與過氧化氫反應，轉變爲穩定的非自由基產物，從而消除自由基的來源。屬於這一類抗氧化劑的有硫醇、硫化物、亞磷酸酯等，它們的反應如下：

$$ROOH + 2R'SH \longrightarrow ROH + R'{-}S{-}S{-}R' + H_2O$$

$$2ROOH + R'{-}S{-}S{-}R' \longrightarrow 2ROH + R'{-}S{-}R' + SO_2$$

$$ROOH + R'{-}S{-}R' \longrightarrow ROH + R'{-}\underset{\underset{O}{\|}}{S}{-}R'$$

$$ROOH + (RO)_3P \longrightarrow ROH + (RO)_3PO$$

另外，羥基酸等如酒石酸、檸檬酸、蘋果酸、葡萄糖醛酸、乙二胺四乙酸（EDTA）等，都能與金屬離子作用形成穩定的螯合物，而使金屬離子不能催化氧化反應，進而達到抑制氧化反應的作用。

四、抗氧化劑的結構與抗氧作用

胺類、酚類、氫醌類等抗氧劑，在它們的分子中都存在活潑的氫原子，如N－H、O－H，這種氫原子比碳鏈上的氫原子（包括碳鏈上雙鍵所聯結的氫原子）活潑，它能被脫出來與鏈自由基R· 或ROO· 結合，進而阻止了鏈的增長，進行抗氧化劑的作用。例如，酚類抗氧化劑容易與鏈自由基作用，脫去氫原子而終止鏈自由基的鏈式反應，同時又生成酚氧自由基。如：

$$R\cdot + (CH_3)_3C\text{–}C_6H_2(OH)(CH_3)\text{–}C(CH_3)_3 \longrightarrow RH + (CH_3)_3C\text{–}C_6H_2(O\cdot)(CH_3)\text{–}C(CH_3)_3$$

酚氧自由基

酚氧自由基與苯環同處於共軛體系中，比較穩定，其活性也較低，不能引發鏈式反應，而且還可以再終止一個鏈自由基。如：

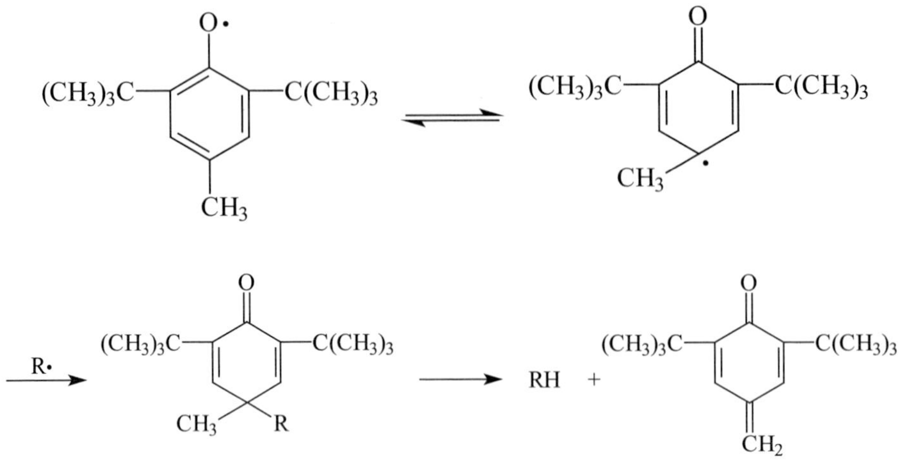

同樣，胺類、氫醌類也有上述的作用。

根據以上的討論，可以歸納出有效的抗氧化劑應該具有下列結構特徵：

(1) 分子內具有活潑氫原子，而且比被氧化分子的部位上的活潑氫原子要更容易脫出，胺類、酚類、氫醌類分子都含有這樣的氫原子。

(2) 在胺基、羥基所連的苯環上的鄰、對位上引進一個給電子基團，如烷基、烷氧基等，則可使胺類、酚類等抗氧化劑 N－H 、O－H 鍵的極性減弱，容易釋放出氫原子，而提高鏈終止反應的能力。另外，從結構上來看，對於酚類抗氧化劑，由於鄰位的取代數目增加或其分支增加，可以增大空間阻礙效應。這樣可使酚氧自由基受到相鄰較大體積基團的保護，降低了它受氧的攻擊，所發生反應的效率。既可以提高酚氧自由基的穩定，又可以提高它的抗氧化特性。

(3) 抗氧自由基的活性要低，以減少對鏈引發的可能性，但又要有可能參加鏈終止反應。

(4)隨著抗氧化劑分子中共軛體系的增大，使抗氧化劑的效果提高。因爲共軛體系增大，自由基獨電子的解離程度就越大，這種自由基就越穩定，而不致成爲引發性自由基。

(5)抗氧化劑本身應難以被氧化，否則它自身受氧化作用而被破壞，而無法進行應有的抗氧化作用。

(6)抗氧化劑應無色、無臭、無味，不會影響化妝品的質量。另外，需無毒性、無刺激性、無過敏性。與其他成分相容性好，可達到分散均勻而起到抗氧化的作用。

五、化妝品常用的抗氧劑

1.丁基羥基茴香醚（butyl hydroxyl anisol, BHA）

是3-第三丁基-4-羥基苯甲醚和2-第三丁基-4-羥基苯甲醚兩種異構體的混合物。BHA爲穩定的白色蠟狀固體，易溶於油脂，不溶於水。在有效濃度內無毒性，允許用於食品中，是一種較好的抗氧化劑，與沒食子酸丙酯、檸檬酸、丙二醇等配合使用抗氧效果更佳，限用量爲0.15%。

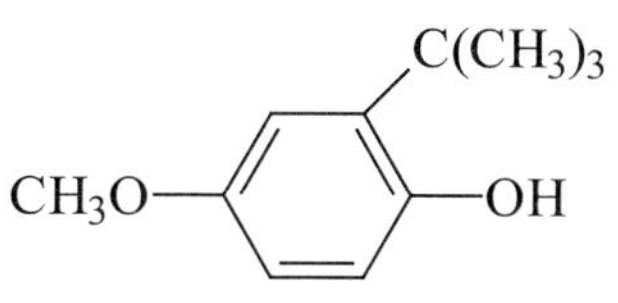

$C(CH_3)_3$　CH_3O　OH

3-第三丁基-4-羥基苯甲醚

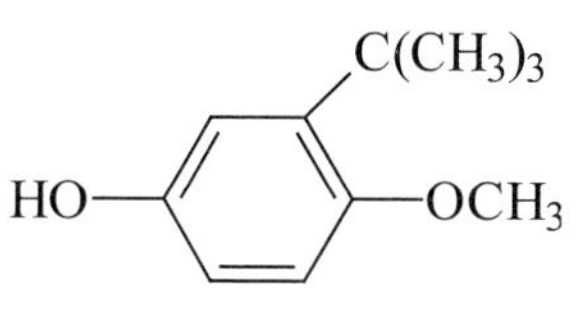

$C(CH_3)_3$　HO　OCH_3

2-第三丁基-4-羥基苯甲醚

2.二丁基羥基甲苯（dibutyl hydroxyl toluene, BHT）

化學名稱爲2, 6-二-第三丁基-4-甲基苯酚。它是白色或淡黃色的晶體，易溶於油脂，不溶於鹼，也沒有很多酚類的反應，其抗氧化效果與BHA相近，在高溫或高濃度時，不像BHA那樣帶有苯酚的氣味，也允許用於食品中。與檸檬酸、維生素 C 等共同使用，可提高抗氧化效果，限用量爲 0.15%。

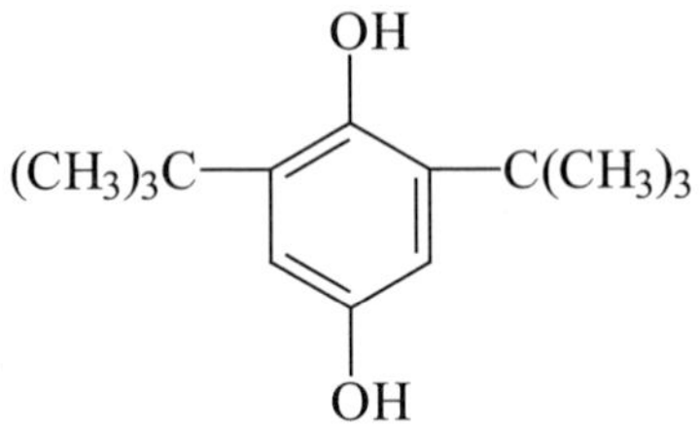

OH
$(CH_3)_3C$ $C(CH_3)_3$
OH

2, 6- 二 - 第三丁基 -4- 甲基苯酚

3.2, 5- 二 - 第三丁基對苯二酚（2, 5-di-t-butyl-l, 4-benzenediol）

它是白色或淡黃色粉末，不溶於水及鹼溶液，可適用於對苯二酚不合適的條件下作爲抗氧化劑，在植物油脂中有較好的抗氧化作用。

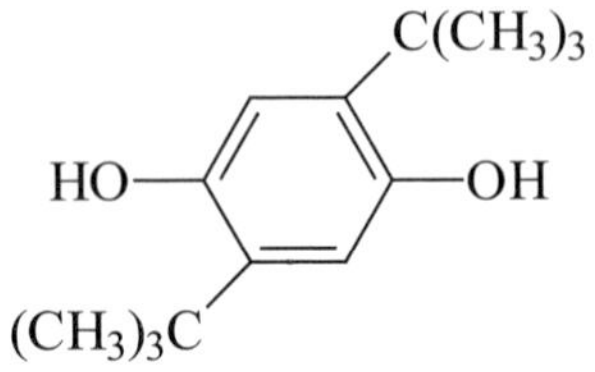

$C(CH_3)_3$
HO OH
$(CH_3)_3C$

2, 5- 二 - 第三丁基對苯二酚（2, 5-di-*t*-butyl-l, 4-benzenediol）

4.去甲二氫愈創酸（nordihydroguaiaretic acid, NDGA）

能溶於甲醇、乙醇和乙醚，微溶於油脂，溶於稀鹼液變爲紅色。對於各種油脂均有抗氧化效果，但有一最適合量，超過這個適合量，反而會促進氧化反應。與濃度低於 0.005% 的檸檬酸和磷酸同時使用，則有較好的配合作用效果。

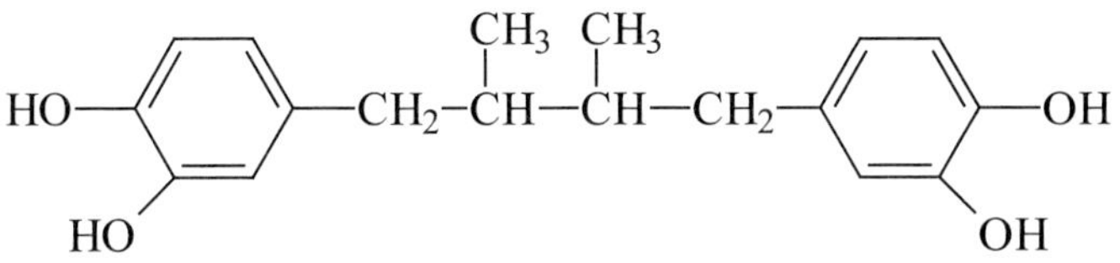

去甲二氫愈创酸（nordihydroguaiaretic acid）

5.沒食子酸丙酯（propyl gallate）

化學名稱爲 3，4，5- 三羥基苯甲酸丙酯（propyl-3，4，5-trihydroxybenzoate）。是白色的結晶粉末，溶於乙醇和乙醚，在水中僅能溶解 0.1% 左右，加熱時可溶於油脂中。單獨或配合使用都具有較好的抗氧化作用，無毒性，也可用作食品的抗氧化劑。

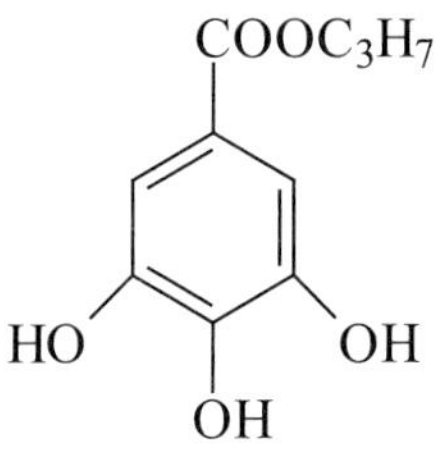

沒食子酸丙酯（propyl gallate）

6.*dl*-*α*- 生育酚（*dl*-*α*-tocopherol）

即維生素 E。是淡黃色黏稠液，無臭、無味，不溶於水，易溶於乙醇、乙醚和氯仿。大多數天然植物油脂中均含有它，是天然的抗氧化劑。

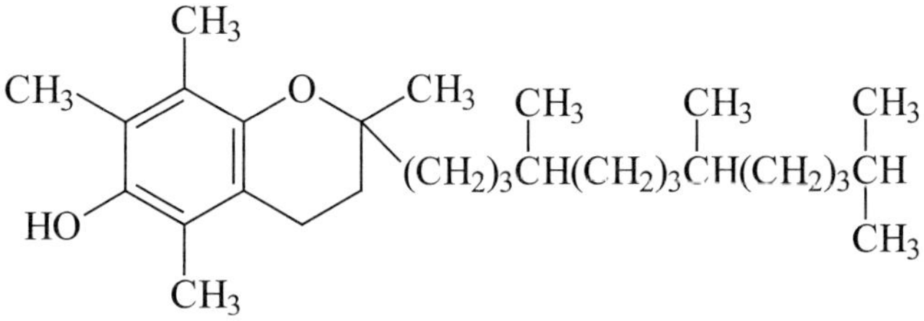

dl-α- 生育酚（dl-α-tocopherol）

習 題

1. 表面活性劑有哪些重要性質？
2. 表面活性劑的分類爲何？
3. 添加防腐劑及抗氧化劑於化妝品的目的爲何？
4. 針對以應用在化妝品的防腐劑及抗氧化劑的實例，請各舉一例。
5. 防腐劑對於微生物作用的方式有哪些？
6. 油脂酸敗的機制爲何？請簡述之。

第八章 輔助原料(二)：香料、香精及色素

輔助原料又稱爲添加劑，是對化妝品的成形、色澤、香型和某些特性產生作用。化妝品添加劑主要有表面活性劑、防腐劑、抗氧化劑、香料、香精及色素等。本章節介紹輔助原料中，香料、香精及色素的定義、分類及在化妝品中的作用。

第一節　香料

化妝品如香水、香粉等都具有一定的優雅、宜人的香氣，古人有「香妝品」之稱。同樣，化妝品與顏色有密切關係，人們選擇化妝品往往憑藉視覺、觸覺、嗅覺三方面的感覺，而顏色則爲視覺方面重要一環。

一、香料的定義

一些物質具有一定的揮發性並能散發出芳香氣味，這些芳香物質分子刺激嗅覺神經而感覺到有香氣，這些能夠使人感覺到愉快舒適的氣味稱爲香味。具有香味的物質總稱有香物質或發香物質。因此，能夠散發出香氣、並有實用性的香物質稱爲香料（perfume）。

香料所具有的香氣與香料物質的化學結構及物理性質，例如相對分子量、揮發性、溶解性等有密切關係。它們的相對分子量一般爲 26~300 道耳吞之間，可以溶於水、乙醇或其他有機溶劑。分子中通常含有醇、酮、胺、硫醇、醛、羧酸酯等官能基，這些官能基在香料化學中稱爲發香基團

（osmophore group）。香料分子具有這些發香基團並對嗅覺產生不同的刺激，才使人感到有不同香氣的存在。主要的發香基團如表 8-1 所示。

表 8-1 香料主要發香基團

有香物質	發香基團	有香物質	發香基團
醇（alcohol）	－OH	硫醚（sulfur ether）	－S－
酚（phenol）	－OH	硫醇（thiol）	－SH
醚（ether）	－O－	硝基化合物（nitro compound）	$-NO_2$
醛（aldehyde）	－CHO	腈（nitrile）	－CN
酮（ketone）	－C＝O	異腈（isonitrile）	－NC
羧酸（carboxylic acid）	－COOH	硫氰化合物（thiocyanate）	－SCN
羧酸酯（carboxylic acid ether）	－COOR	異硫氰化合物（isothiocyanate）	－NCS
內酯（lactone）	－CO－O－	胺（amine）	$-NH_2$

二、香料的分類

香料是一種使人感到愉快香氣的物質，按其來源，大致可分爲天然香料和合成香料兩大類。具體情況如下：

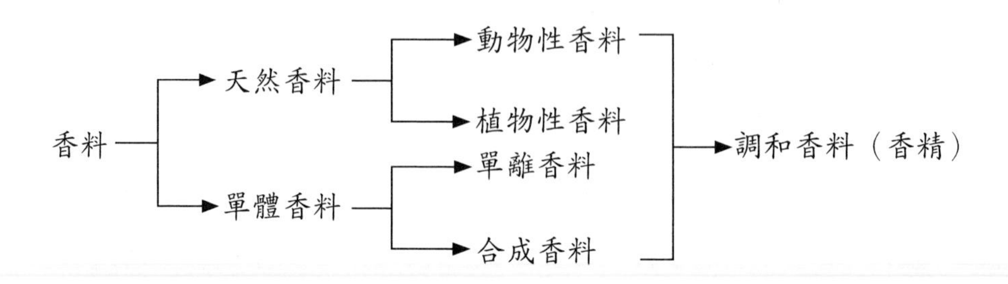

天然香料又可分爲動物香料和植物香料。而香精是由數種、數十種香料按一定比例調配混合而成的，因此香料是香精的主要原料。

(一)天然香料

1.動物性香料

(1)麝香（musk）：取自雄麝的麝香腺，是一種極名貴的香料，具有特殊的芳香，香氣持久，主要成分是麝香酮（musk ketone），結構式爲：

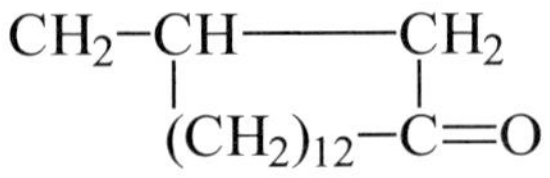

$$\begin{array}{lll} CH_2-CH & \text{———} & CH_2 \\ \quad\quad\ \ | & & \ | \\ \quad\ (CH_2)_{12} & - & C{=}O \end{array}$$

化學名稱：3- 甲基環十五酮（3-methylcyclopentadecanone）。另外，還有麝香吡啶、膽固醇、酚類、脂肪醇類等。一般用乙醇浸取製成酊劑使用，可廣泛應用於化妝品中。

(2)靈貓香（civet）：取自大靈貓的生殖器處的囊狀芳香腺，呈暗黑色樹脂狀，有不愉快的惡臭，經高度稀釋後，具有極強的麝香香氣，主要成分是靈貓酮（civetone），化學式爲：

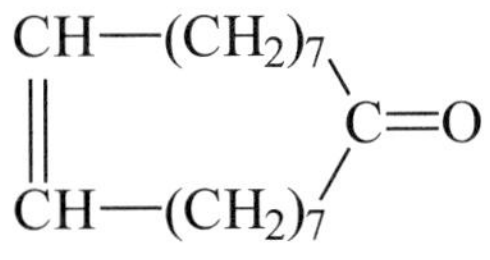

$$\begin{array}{lll} CH-(CH_2)_7 & \diagdown & \\ \| & & C{=}O \\ CH-(CH_2)_7 & \diagup & \end{array}$$

化學名稱：9- 環十七烯酮（9-cycloheptadecenone）。另有吲哚、3- 甲基吲哚、乙基苄酯、四氫喹啉等成分。香氣比麝香更爲優雅，它是名貴的定香劑，常用於配製高級化妝品的香精。

(3)龍涎香（ambergris）：是抹香鯨腸道內特有的分泌物，可從其體內或在海上漂浮時獲得。爲無色或褐色蠟狀碎塊或塊狀固體。龍涎香主要成分爲龍涎香醇（ambvein）和㽦醇（糞㽦烷-3α-醇）（coprostane-3α-ol），其化學結構式如下：

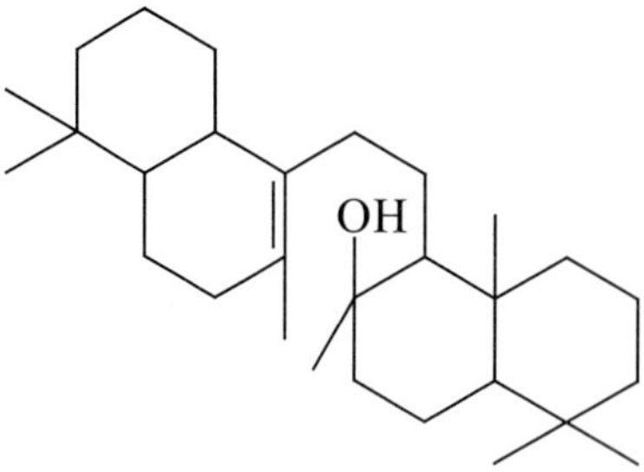

龍涎香醇（ambvein） 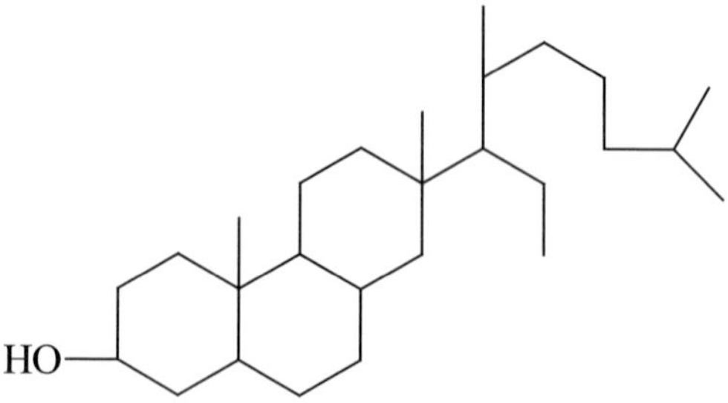　　糞㽦烷-3α-醇（coprostane-3α-ol）

龍涎香醇本身並不香，經放置自然氧化後，分解產物龍涎香醚（grisalva）及γ-紫羅蘭酮（γ-Ionone）爲主要香氣物質，化學結構式如下：

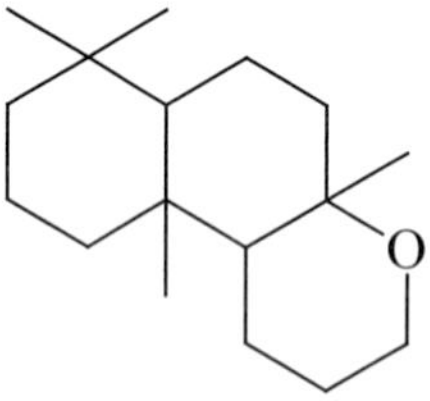

龍涎香醚（grisalva） 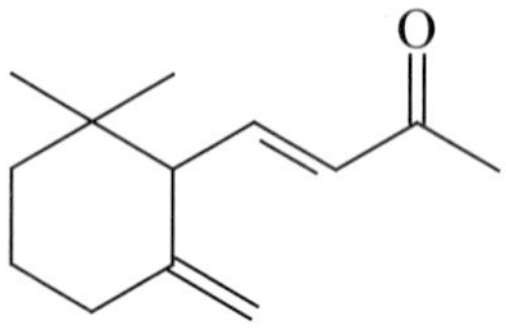　　γ-紫羅蘭酮（γ-ionone）

龍涎香是一種極爲名貴的定香劑，目前還不能人工合成。龍涎香燃燒時香氣四溢，類似麝香，被薰之物，芳香之氣能較長時間不散。在香精中加入少量龍涎香後，不但能使香氣變得柔和，且留香特別持久，顯得格外迷人。一般製成乙醇酊劑，經過 1~3 年成熟後使用，特徵香氣才能充分發揮。常用於配製高級化妝品的香精。

(4) 海狸香（castoreum）：由棲息於西伯利亞、加拿大及歐洲北部等地雌雄海狸生殖器旁的兩個梨狀囊腺中取得的分泌物，呈乳白色黏液狀，久置會變褐色樹脂狀，具有不太令人愉快的動物氣味。經高度稀釋後，香氣怡人，是一種名貴的動物香料，用於配製化妝品香精。主要作用爲定香劑，加入花精油中能提高其芳香性，增加留香時間。海狸香的成分比較複雜，主要成分是由生物鹼和吡嗪等含氮化合物構成，四種主要成分是海狸胺（castoramine）、異**喹啉**酮（isoquinolone）、四甲基**吡嗪**（2, 3, 5, 6-tetramethylpyrazine）及三甲基**吡嗪**（2, 3, 5-trimethylpyrazine）。

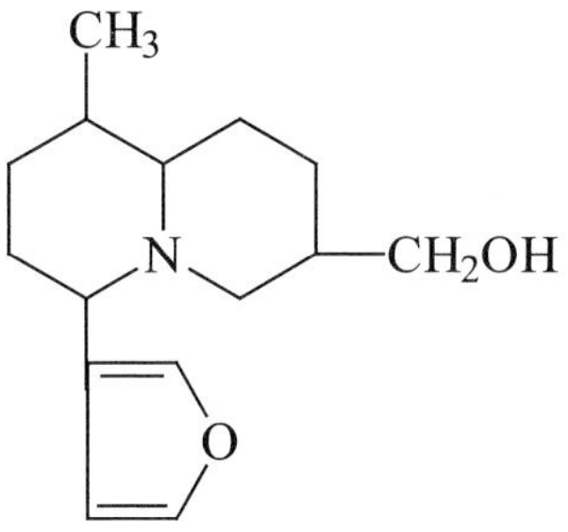

海狸胺（castoramine）

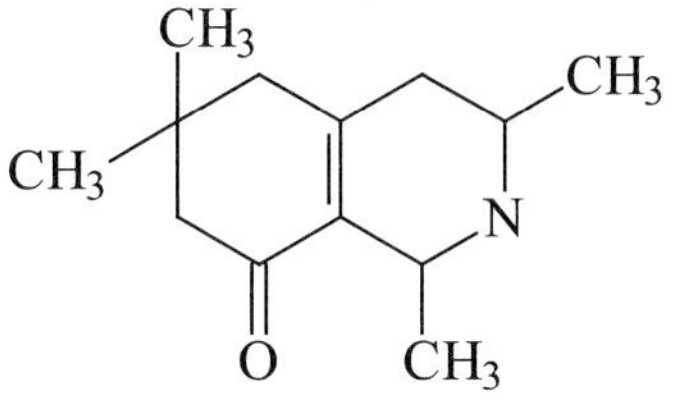

異喹啉酮（isoquinolone）

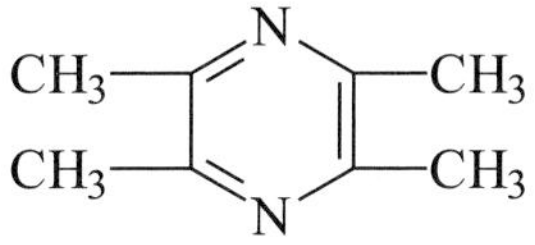

四甲基吡嗪（2, 3, 5, 6-tetramethylpyrazine）

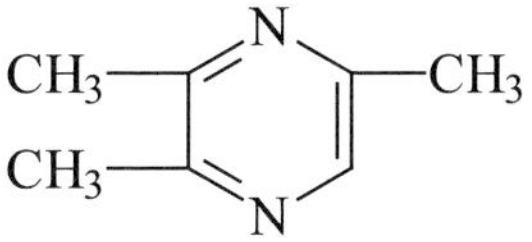

三甲基吡嗪（2, 3, 5-trimethylpyrazine）

另外，還有 40%~70% 樹脂狀物質及水揚酸內酯、苯甲醇、對乙基苯酚和酮類等。

2.植物性香料

植物香料是人類最早發現和使用最多的香料，其用途極廣。這類香料是由植物的花、葉、枝幹、皮、果皮、種子、樹脂、草類、苔衣等萃取而得到，萃取物爲具有芳香性的油類物質，稱爲「精油」（essential oil）。

植物性精油絕大多數是供調配香精使用。精油存在各種植物不同部位，如表 8-2 所示。

表 8-2　精油存在植物部位

部位	代表性植物
香花	玫瑰、茉莉、橙花、水仙、丁香、衣蘭、合歡、香石竹、薰衣草
葉子	枝葉、香茅葉、月桂葉、香葉、冬青葉、楓葉、檸檬葉、香紫蘇葉
枝幹	檀香木、玫瑰木、柏木、香樟木
樹皮	桂皮、肉桂
果皮	檸檬皮、柑橘皮、佛手皮
種子	茴香、肉豆蔻
樹脂	安息香香樹脂、吐魯香膏
草類	薰衣草、薄荷、留蘭香、百里香

植物香料的含香成分，由上述表 8-2 所示，從含香植物的不同含香部分分離萃取的芳香成分，常代表該香料植物部分的香氣。無論是用何種方法萃取的精油，都是多種成分構成的混合物。例如，玫瑰油是由 275 種芳香成分構成；從草莓果中可萃取出 160 餘種芳香成分。這些眾多的芳香成分，從化學結構上大體可以分成四大類。

(1) **萜**類化合物：植物香料中大部分有香成分是**萜**類化合物（terpenoid）。萜類化合物可看做是由若干個異戊二烯結構單位以頭尾相結合而成的低聚體。萜類化合物碳骨架結構的這種點，稱爲異戊二烯規律。

$$CH_2{=}C(CH_3){-}CH{=}CH_2$$

異戊二烯（polyisoprene）

$$\text{（頭）}C{-}C(C){-}C{-}C\text{（尾）}$$

異戊二烯單位

萜類可分為開鏈型萜和環型萜。根據分子內的異戊二烯單位的數目可分為單萜、倍半萜、二萜、三萜、四萜等。此外，萜類分子還常有碳碳雙鍵、烴基、醛基、酮基或羧基等官能基團。所以，按官能基團又可以分成萜烴類、萜醇類、萜醛類、萜酮類等。在一些精油中，某些萜類化合物含量特別高，例如表 8-3 所示。

表 8-3　某些精油中萜類化合物及含量

精油	萜類化合物	含量（%）
松節油（turpentine oil）	蒎烯（pinene）	80~90
黃柏果油（huangbai oil）	月桂烯（myrcene）	＞90
甜橙油（sweet orange oil）	檸檬烯（limonene）	＞90
芳樟油（ho camphor oil）	芳樟醇（natural linalool）	70~80
山蒼子油（litsea cubeba oil）	檸檬醛（citral）	60~80
香茅油（citronella oil）	香茅醛（citronellal）	＞35
薰衣草油（lavender oil）	乙酸芳樟（linalylacetate）	35~60

(2)芳香族化合物：在植物香料中，芳香族化合物的含量又次於萜類，例如表 8-4 所示。

表 8-4　某些香料中芳香族化合物及含量

香料	芳香族化合物	含量（%）
玫瑰油（rose oil）	苯乙醇（phenylethanol）	15
香莢蘭豆油（vanilla oil）	香藍素（vanillin）	1~3

香料	芳香族化合物	含量（%）
苦杏仁油（bitter almond oil）	苯甲醛（benzaldehyde）	85~95
肉桂油（cassia oil）	肉桂醛（cinnamaldehyde）	95
茴香油（aniseed oil）	茴香腦（anethol）	＞85
丁香油（clove oil）	丁子香酚（eugenol）	95
百里香油（thyme oil）	百里香酚（thymol）	40~60
黃樟油（yellow camphor oil）	黃樟油素（safrol）	＞95

(3) 脂肪族化合物：包含脂肪醇、醛、酮、酸、醚、酯、內酯類化合物，它們雖廣泛存在於植物香料中，但其含量和作用不及萜類及芳香族化合物。存在於植物香料中的代表性脂肪族化合物，如表 8-5 所示。

表 8-5 植物香料中脂肪族化合物及含量

植物香料	脂肪族化合物	含量（%）
茶葉及其他綠葉植物（tea and other green plant）	順式 -3- 己烯醇（*cis*-3-hexenol）	少量
黃瓜汁（cucumber juice）	2- 己烯醛（2-hexenal）	少量
紫羅蘭葉（violet Leaf）	2, 6- 壬二烯醛（2, 6-nonadienal）	少量
蕓香油（rue oil）	甲基壬基甲酮（methylnonyl ketone）	70
茉莉油（jasmin oil）	乙酸苄酯（benzyl acetate）	20
鳶尾油（iris oil）	十四碳酸（肉豆蔻酸）（myristic acid）	84
玫瑰油（rose oil）	玫瑰醚（rose ester）	少量

(4) 含氮和含硫化合物：含氮和含硫化合物在植物香料中存在及含量很少，但由於氣味極強，所以不可忽視，如表 8-6 所示。

(二)單體香料

單體香料是指具有一定化學結構的單一香料化合物，它包括單離香料和合成香料兩類。

1.單離香料

單離香料一般是指從天然香料中，用物理化學的方法分離出的一種或數種化合物，其往往是該精油的主要成分，且具有所代表的香味，此類化合物稱爲單離香料。

表 8-6　植物香料中含氮及含硫化合物及含量

植物香料	含氮及含硫化合物	含量（%）
橙花油（neroli oil）	鄰氨基苯甲酸甲酯（methyl anthranilate）	少量
茉莉花油（jasmine oil）	吲哚（indole）	2.5
花生油（peanut oil）	2- 甲基吡嗪（2-methyl pyrazine）	少量
	2, 3- 二甲基吡嗪（2, 3-dimethyl pyrazine）	少量
薑油（ginger oil）	二甲基硫醚（dimethyl sulfide）	少量
大蒜油（garlic oil）	氧化二烯丙基二硫化物（oxidated diallyl disulfide）	少量
芥子油（canola oil）	異硫氰基丙烯酸酯（allyl isothiocyanate）	少量

2.合成香料

合成香料是指利用各種化工原料或從天然香料中分離出來的單離香料爲原料，透過有機合成化學反應（例如，加成、氧化、還原、水解、酯化、縮合、鹵化、硝化、重排等反應）的方法而製備的化學結構明確的單體香料。合成香料不僅彌補了天然香料的許多不足，且品種不斷增加，已成爲香料工業的主導。屬於這一類的包括：香葉醇、β- 苯乙醇、檸檬醛、香蘭素、香芹酮、α- 紫羅蘭酮、丁子香酚及二甲苯麝香等。

合成香料若以起始原料分類，可以區分成單離香料、煤炭化工原料及石油化工原料等三類。

(1) 單離香料：是以物理化學的方法從天然香精分離出的單體物質。若針對單離香料進行結構改變或修飾，可製得價値更高或更新穎的香料化合物。例如，芳樟油中單離芳樟醇，經修飾可得乙酸芳樟酯。

(2) 煤炭化工原料：由煤焦油等得到的苯、甲苯、二甲苯、苯酚、萘等媒化工基本原料，經有機反應製得香精化合物。例如，以苯爲原料製得香蘭素；以二甲苯爲原料製得二甲苯麝香等。

(3) 石油化工原料：由石油化工得到大量有機化工原料，如乙烯、丙烯、異戊二烯、乙醇、丙酮、環氧乙烷等爲原料，可以合成脂肪醇、醛、酮、酸、酯等一般原料，還可以合成芳香族、萜類族等結構複雜的香料。

若以香型分類可以分成玫瑰香型、茉莉香型、鈴蘭香型、木香型、動物香型、百花型、酯類等七大類。若以化學結構來分類，可以區分成醇類、苯酚類、醛類、酮類、酯類、硝基化合物類、合成麝香等等。按官能基團分類，將具有代表性的合成香料列於表 8-7 所示。

表 8-7　有代表性的合成香料

化學結構分類		有代表性的合成香料及香氣		
		香料名	化學式結構	香氣
烴類		檸檬烯（limonene）		具有類似檸檬或甜橙的香氣
醇類	脂肪族醇	1- 壬醇（1-nonanol）	$CH_3(CH_2)_7CH_2OH$	具有玫瑰似的香氣
	萜類醇	薄荷腦（menthol）	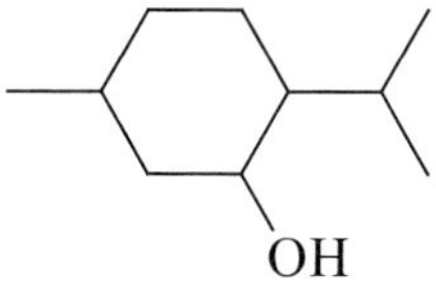 OH	具有強的薄荷香氣和涼爽的味道
	芳香族醇	*β*- 苯乙醇（*β*-phenylethanol）	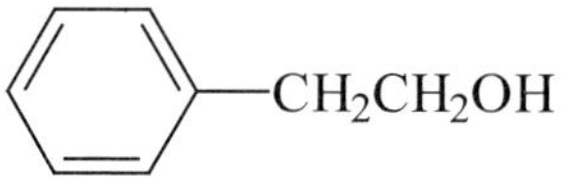 $-CH_2CH_2OH$	具有玫瑰似的香氣
醚類	芳香醚	茴香腦（anethol）	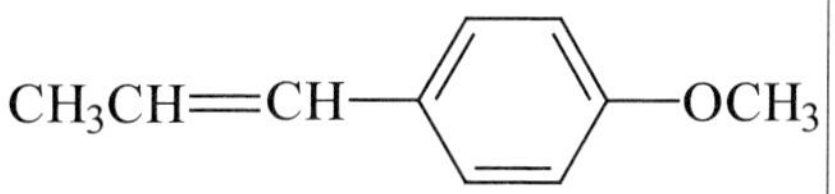 $CH_3CH{=}CH-$ $-OCH_3$	具有茴香氣
	萜類醚	芳樟醇甲基醚（linalool methylether）	 OCH_3	具有香檸檬香氣
酯類	脂肪酸酯	乙酸芳樟脂（linalylacetate）	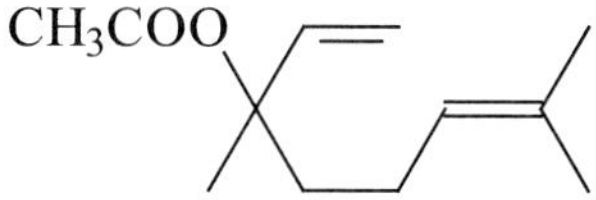 CH_3COO	具有香檸檬、薰衣草似的香氣
	芳香酸酯	苯甲酸丁酯（butylbenzoate）	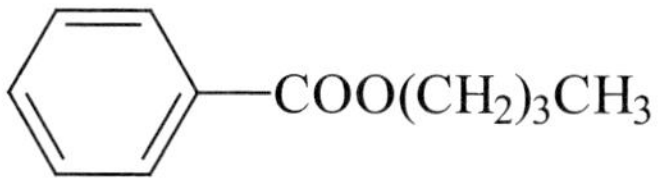 $-COO(CH_2)_3CH_3$	具有水果香氣

化學結構分類		有代表性的合成香料及香氣		
		香料名	化學式結構	香氣
內酯類	脂肪族羥基酸內酯	γ-十一內酯（γ-undecalactone）	$CH_3(CH_2)_6$— O	具有桃子似的香氣
內酯類	芳香族羥基酸內酯	香豆素（coumarin）	O O	具有新鮮甘草香氣
內酯類	大環內酯	十五內酯（unpentalactone）	$(CH_2)n$ C=O O	具有強烈的天然麝香的香氣
內酯類	含氧內酯	12-氧雜十六內酯（12-oxahexadecalactone）	$(CH_2)O(CH_2)_{10}C=O$ $(CH_2)_2$—O	具有強烈的麝香香氣
醛類	脂肪族醛	月桂醛（lauraldehyde）	$CH_3(CH_2)_{10}CHO$	具有類似紫羅蘭樣的強烈而又持久的香氣
醛類	萜類醛	檸檬醛（citral）	CHO	具有檸檬似的香氣
醛類	芳香族醛	香蘭素（vanillin）	HO— —CHO OCH_3	具有獨特的香莢藍豆香氣
醛類	縮醛	檸檬醛二乙縮醛（citral diethyl acetal）	CH OC_2H_5 OC_2H_5	具有檸檬型香氣

化學結構分類		有代表性的合成香料及香氣		
		香料名	化學式結構	香氣
酮類	脂環族酮	α-紫羅蘭酮（α-lonone）	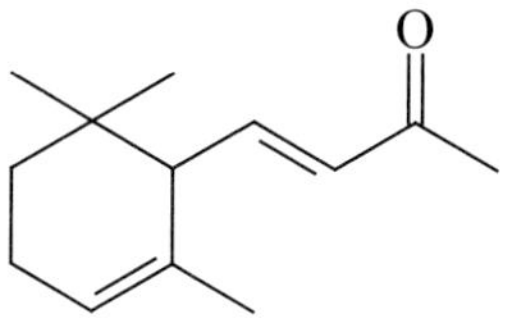 O	具有強烈的花香，稀釋時有類似紫羅蘭的香氣
酮類	萜類酮	香芹酮（carvone）	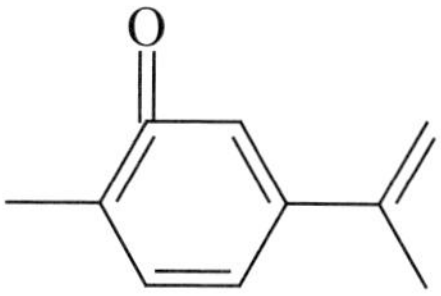 O	具有留蘭香似的香氣
酮類	芳香族酮	甲基*β*-萘甲基酮（methyl *β*- naphthyl methylketone）	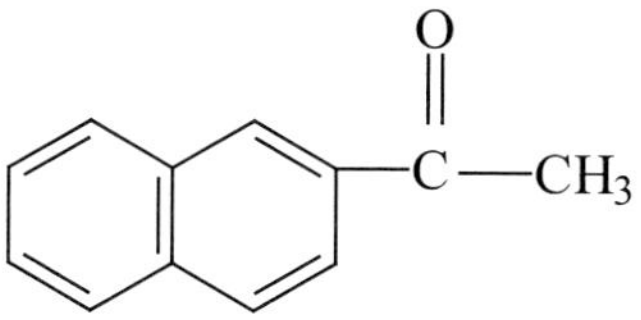 O C—CH_3	具有微弱的橙花香氣
酮類	大環酮	環十五酮（cyclopentadecanone）	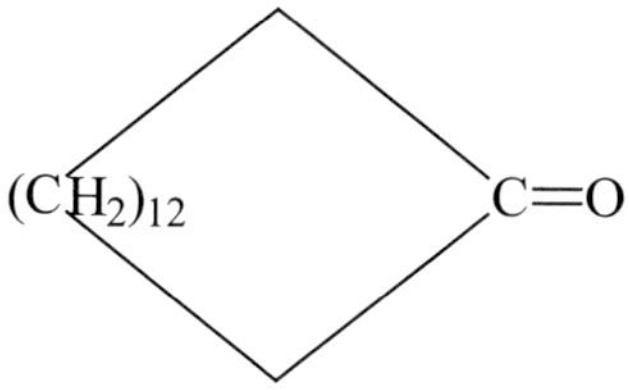 $(CH_2)_{12}$ C=O	具有強烈的麝香香氣
硝基衍生物類		葵子麝香（musk ambrette）	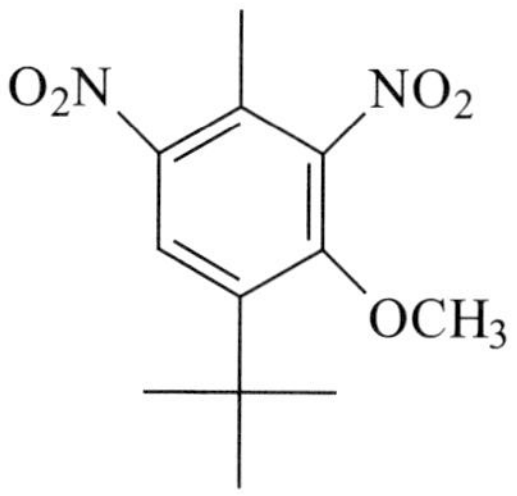 O_2N NO_2 OCH_3	具有類似天然麝香的香氣
雜環類		吲哚（indole）	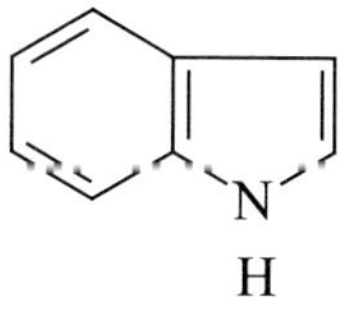 N H	在極度稀釋時，具有茉莉花樣的香氣

第二節 香精

將數種或幾十種香料（包括動植物香料、合成香料和單離香料）。按一定的配比和加入順序調和成具有某種香氣或香型及一定用途的調和香料的過程稱爲調香（blending of flavor），得到的調和香料稱爲香精（fragrance essence）。可見，香精是典型的混合物。香精不僅應用於化妝品也廣泛應用於食品、藥物、菸酒等。

一、香精的分類

化妝品用香精根據其香氣或香型、用途及形態的不同，可以有如下幾種分類方法：

1.根據香型分類

經調配而製得的香精所具有的香型是其整體的香氣綜合的結果，因此香精也依據其香型分類，主要分爲：

(1)花香型香精：是模擬天然鮮花的香味，酷似自然界的各種花香而調合成的香精。例如，玫瑰、茉莉、桂花、橙花、合歡、康乃馨、紫羅蘭、丁香、水仙、玉蘭、鈴蘭等花香型香精。

(2)水果型香精：是模仿水果的香味而調合成的香精。例如，香蕉、檸檬、蘋果、菠蘿、楊梅、橘子、櫻桃、梨等水果型香精。

(3)創意型香精：這類香精既不是花香，也不是果香。它可能是模仿某一種芳香物質的香氣而調配成的香精，例如琥珀香、草香、木香、青滋香等香型香精。另一種可能是想像或幻想中的香味而調合成的香精，例如用東方、國際、幻想、少女、巴黎之春等命名的香精。這些香型的香精主要用於香水類化妝品。

2.根據用途分類

根據香精添加於不同用途化妝品來分類，通常分爲營霜類化妝品用香精、油蠟類化妝品用香精、粉類化妝品用香精、洗滌化妝品用香精、牙膏用香精等。

3.根據形態分類

爲了能使添加的香精與化妝品的形態保持一致性，將香精也調配成不同的形態。因此根據香精的形態可分爲：

(1)乳化體香精：在界面活性劑的作用下使香精和水形成乳化體型香精，使其更容易添加於膏霜、乳蜜類等乳化體化妝品中。

(2)水溶性香精：採用水溶性的香料調合成水溶性香精，水溶性溶劑一般爲 40%~60% 的乙醇水溶液或易溶於水的醇類，如丙醇、丙二醇等。可以添加於香水、化妝水、古龍水、牙膏或乳化體化妝品。

(3)油溶性香精：將油溶性的香精溶於油性溶劑中而調合成的香精，常用酯類如鄰苯二甲酸二乙酯、苯甲酸酯類等作爲溶劑，也可用香料自身的互溶性調配而成。可以添加於膏霜、唇膏、髮油、髮蠟等含油蠟的化妝品中。

(4)粉末香精：將香精製成固體粉末狀或分散於粉類物質中，也有將香精包覆成微膠囊粉末形式添加於化妝品中。主要用於粉類化妝品中。

二、香精的組成

1.按香料的作用

香精是多種香料調和而成的，每種香料在香精中均有一定的作用。按香料在香精中所產生的作用，香精包括如下幾個部分香料：

(1)主體香料（main note perfume）：也稱爲主香劑或主香香料。是該香精的香型主體，是構成各種類型香精香氣的主要原料，一般用量較多。香型必須與所要調配的香精香型一致。

(2) 和合香料（blander perfume）：也稱爲和香劑或協調劑。作用是用以調和各種成分的香氣，突出主體香料香氣，使之不至於過分的濃烈刺激而變得圓潤。香型也應和主體香料的香型相同。

(3) 修飾香料（modifier perfume）：也稱修飾劑或變調劑。作用是使香料變化格調，補充香氣上的某些不足或增添新的香韻，使香氣更爲柔和。修飾香料的香型與主體香料的香型不同，用量較少，一般用花香－醛香型、花香－醛香－青香型等香料。

(4) 定香香料（fixative perfume）：也稱定香劑或保香劑。本身不易揮發，並且能抑制其他易揮發香料的揮發速度，使香精的香氣特徵或香型保持穩定、持久。定香香料一般多爲天然動植物香料，或者是相對分子質量較大或分子間作用力較強、沸點較高、蒸氣壓較低的合成香料。

(5) 香花香料（floral perfume）：也可增加天然感的香料。作用是使香精的香氣甜悅。更接近天然花香。主要是用香花精油作爲香花香料。

(6) 醛類香料（aldehyder perfume）：用來增強香氣的擴散性。加強頭香、突顯強烈的醛香香氣。有的將其巧修飾香料歸爲一類。

2.按香料揮發度及留香時間

根據香精配方中所用香料的揮發度和留香時間的不同而區分。香精是由頭香、體香及基香三個部分香料組成的，而這三個部分又是相互影響或作用。這三個部分香料的確定或區分依據對它們散發出的香氣感覺，即嗅辨後的香氣印象。

(1) 頭香：又稱頂香，是最先聞到的香氣。用於頭香的香料稱爲頭香香料，一般是由揮發快、留香時間短（在評香紙上的留香時間在 2 小時之內）、擴散性強的香料組成。例如，醛類、酮類、酯類香料。

(2) 體香：是香精香氣的主要特徵，它緊跟在頭香後面，能夠在較長的時間內保持穩定一致的香氣，通常由沸點適中、揮發度適當的香料所組成。在留香紙上的留香時間爲 2~6 小時。體香香料是組成該香精的主體部分，代表該香精的主體香氣。

(3) 基香：又稱尾香，是香精中的「殘留」香氣，是在頭香及體香之後，留下來的最後香氣，也是香氣中的很重要的部分。用於基香的香料稱爲基香香料。在評香紙上的留香時間爲 6 小時以上。主要由高沸點、低揮發度的香料組成，如動物、苔蘚、樹脂等香料。基香是香精的基礎，代表著該香精的香氣特徵。

三、調香過程

設計香精配方和調製香精叫做「調香」。調香就是將數種甚至數十種天然與合成香料調配成香精的一個過程。一般調香的過程爲：擬定配方、調配、聞香修改、加入產品中觀察等步驟，並需經過反覆實踐才能完成。香精的配方除按上述步驟外，還需從香氣的組成來協調。

具體的調配步驟如下：

(1) 明確配製香精的香型和香氣，此爲調香的目標。

(2) 按香精的應用要求，選擇質量等級相應的頭香、體香和基香香料。

(3) 確定香型和用量之後，調香從基香部分開始。這是最重要的一步，完成了基質，即爲香精香型的骨架結構已基本確定。

(4) 加入組成體香的香料。體香爲連接頭香和基香的橋梁作用。

(5) 加入頭香的部分，使香氣輕快、新鮮、香感活潑，隱蔽基香和體香的不佳氣味，取得良好的香氣平衡。

(6) 調整，可以得到香氣的和諧、持久和隱定。

(7) 經過反覆試配和香氣品質評價，加入加香介質中作爲應用參考，觀察並評估其持久性、穩定性及安全性等。也可以做出必要的調整，最後確定香精配方和調配方法。

調香師所擬定的配方，很重要就是要使上述各段香氣平衡、和諧，使香精自始至終都散發出美妙芬芳的香氣。調和好的香水要靜置在密閉容器中經過至少 1~3 個月左右的低溫陳化，使香氣變得甜潤而更芳馥了，這個過程稱爲「陳化」（maturation）。在陳化過程（maturation process）中，香水的香氣會漸漸由粗糙轉爲醇和芳醇、酸、醛、酮、胺、內酯等化合物。在陳化過程的化學作用是酸和醇能化合成酯，酯又可能分解爲酸和醇，醇和醛能生成縮醛和半縮醛等化合物，以及其他氧化、聚合等作用。目前利用微波、超聲波等處理方法，可在較短時間內達到成熟效果，以縮短陳化過程的時間。在陳化過程中，有一些不溶性物質沉澱出來，應過濾除去以保證香水透明清晰。

四、香精的添加

化妝品用香精添加於各種化妝品中，稱爲化妝品的加香。加香常受到許多因素制約。因此，應考慮這些因素的影響，選擇適合的香精，以保證化妝品的品質和香精的作用是非常重要的。爲此，應考慮如下因素：

(1) 根據化妝品的類型、用途等，選擇合適的香型香精，使其對產品質量和使用效果無影響。

(2) 香精的成分應與化妝品的組分成分有較好的伍配性。

(3) 香精中許多不穩定成分，易受空氣、陽光、溫度和酸鹼度等影響，而可能發生水解、氧化、聚合等反應，結果導致產品變色或產生異味等。

(4) 香精中的某些成分或因上述反應產生的副產物，對人體產生毒性、刺激性、過敏性等問題。

針對不同化妝品用添加的香精香型、香精的要求、添加量及注意事項等，如表 8-8 所示。

表 8-8　不同化妝品加香要求

化妝品	香精要求	香型	添加量
雪花膏（vanishing cream）	香氣文靜、高雅、留香持久、不宜強烈、遮蓋基質的臭味	茉莉、玫瑰、三花、鈴蘭、桂花、白蘭等	0.5~1.0
冷霜（cold cream）	能夠遮蓋油脂的臭味、不宜變色	玫瑰、紫羅蘭等	1.0~1.5
奶（蜜）液（milk lotion）	淡雅、易溶於水、輕型花香、果香	杏仁、玫瑰、檸檬等	0.5 左右
清潔霜（cleaning cream）	與冷霜相同，並有清新爽快的感覺	樟油、迷迭香油、薰衣草油等	0.5~1.0
香粉（face powder）	香氣沉厚、甜潤、高雅而花香持久，含見光不宜變色和不易氧化的成分	花香、百花型	2.0~5.0
胭脂（rouge）	與香粉相同	與香粉相同	1.0~3.0
爽身粉（baby powder）	不易與酸反應或皂化的香精	薰衣草及與薄荷、龍腦相協調	1.0 左右
唇膏（lipstick）	芳香甜美適口、無毒、無刺激性	玫瑰、茉莉、紫羅蘭、橙花等	1.0~3.0

化妝品	香精要求	香型	添加量
髮油、髮蠟（pomade, hair wax）	香氣濃重、遮蓋油脂氣息，油溶性好	玫瑰、薰衣草、茉莉	0.5 左右
香水（perfume）	含蠟少、質量高，香氣幽雅、細緻而協調，擴散性好	花香、幻想、東方等	15~25
古龍水（cologene water）	香氣清淡、用量較少	香檸檬、薰衣草、橙花、迷迭香等	2~8
花露水（toilet water）	易揮發、溶解性好，有殺菌、止癢等作用	薰衣草、麝香、玫瑰等	2~5
洗髮精（shampoo）	對鹼性穩定、色白、水溶性好，對眼睛、皮膚刺激性小	果香、草香、清香、清花香等	0.2~0.5
香皂（soap）	對鹼性穩定、顏色適宜、香氣濃厚、和諧、留香持久	檀香、茉莉、馥奇、桂花、白蘭、力士、香石竹、薰衣草等	1.0~2.0
牙膏（toothpaste）	無毒、無刺激性，香氣清涼感好	留香、薄荷、果香、茴香、豆蔻	1.0~2.0
化妝水（lotion）	掩蓋原料不愉快氣味、芳香適宜	玫瑰	1.0 以下

第三節　色素

化妝品與顏色有密切的關係，化妝品不僅具有清潔、保護等作用，而且美化、修飾作用也占有十分重要的地位，爲了達到美化、修飾作用，通常在化妝品中添加各種色素。使其色彩鮮艷奪目。同時，添加色素的作用也是爲了掩蓋化妝品中某些有色成分的不悅色感，以增加化妝品的視覺效果。所以，色素是化妝品不可缺少的原料。

本節將介紹色素的定義和分類及化妝品用色素所包括的合成色素、無機色素、動植物天然色素及珠光顏料等方面內容，並舉例介紹各類色素的代表物。

一、色素的定義及分類

色素也稱著色劑或色料，既可以用來改變其他物質或製品顏色的物質的總稱。在化妝品中添加各種色素的作用是使化妝品達到美化、修飾的作用，或為了掩蓋化妝品中某些有色組成的不悅色感，以增加化妝品產品的顏色美感。

通常化妝品用色素根據其作用、性能和著色方式可分為染料和顏料兩大部分。

1.染料（dye）

染料是色素的一種，它是指那些溶解於水或醇及礦物油，並能以溶解狀態使物質著色的色素。染料可分為水溶性染料和油溶性（溶於油和醇）染料。兩者在化學結構上的差別是前者分子中含有水溶性基團，如羧酸基、磺酸基等，而後者分子中則不含有水溶性基團。

2.顏料（pigment）

顏料也是色素的一種，是指那些白色或有色的化合物，一般是不溶於水、醇或油等溶劑的著色粉末（沉澱）性色素。通常，顏料具有較好的著色力、遮蓋力、抗溶劑性等特點。

二、調色劑和色澱

1.調色劑（toner）

指不含吸收劑或稀釋劑組分的較純粹的有機顏料，它們多是在高濃度下使用的顏料。

2.色澱（lake）

指不溶於水的染料和顏料。它是將可溶性有機染料透過反應生成不溶性金屬鹽而沉澱出，將其吸附於抗水性顏料而形成色澱。其中，可以使可溶性酸性染料轉變成不溶性酸性鹽染料沉澱出，或使這些金屬鹽吸附於抗水性顏料，都能形成色澱。這時沉澱劑已是色澱的組成部分。例如，某種水溶性染料使其生成難溶於水的鈣鹽、鋇鹽等是色澱形成的方法之一；另一種是利用硫酸鋁、硫酸鋯等沉澱劑使易溶性染料成爲不溶於水，並使之吸附於硫酸鋁、硫酸鋯的染料色澱。顏料通常是粉末狀物，必須與稀釋劑共同混合均勻才能使用。所以，它也稱爲色澱顏料。

染料色澱與色澱顏料在使用上沒有嚴格的界限，有時將染料色澱、色澱顏料及難溶於水、醇、油等的粉末性顏料統稱爲顏料。但染料色澱耐酸性、耐鹼性較差。

三、化妝品用色素分類

化妝品用色素按其來源分類可分爲合成色素、無機色素和動植物天然色素三大類。

合成色素也稱有機合成色素或焦油色素。這是由於這類色素是以石油化工、煤化工得到的苯、甲苯、二甲苯、萘等芳香烴爲基本原料，再經一系列有機合成反應而製得。合成色素按其化學結構可分爲偶氮系、三苯甲烷系、呫吨系、喹啉系、蒽醌系、硝基系、靛藍系等色素（有機染料和顏料）。

無機色素也稱礦物性色素，它是以天然礦物爲原料製得的。因對色素的純度的要求，現多以合成無機化合物爲主。用於化妝品的主要有白色顏料，如滑石粉、鋅白（氧化鋅）、鈦白粉（二氧化鐵）、高嶺土、碳酸鈣、碳酸鎂、磷酸氫鈣等；有色顏料，如氧化鐵、碳黑、氧化鉻氯、氫氧化鉻氯、群青等。

另外，廣泛用於化妝品的珠光顏料，如合成珠光顏料、天然魚鱗片、無機合成珠光顏料，如氯氧化鉍、二氧化鈦 - 雲母等。

四、合成色素

合成色素也可以稱爲有機合成色素或焦油色素，它是以石油焦油、煤焦油中得到各種芳香烴類爲基本原料，根據發色基團和助色基團的結構，進行一系列的化學反應而製得的。合成色素按照化學結構可以分成下列幾類：

1.偶氮染料（azo dye）

在分子結構中含有偶氮基（－N ＝ N－）的染料稱爲偶氮染料。顏色從黃色到黑色俱全，尤以紅色、橙色、黃色、藍色居多，綠色較少。製作方法是先以芳香二級胺與硝酸發生重氮反應生成芳香重氮鹽，再以芳香重氮鹽與相應的酚、芳香胺等進行偶合反應，生成具有偶氮基的化合物。偶氮系色素可以分成未磺化偶氮型顏料、未磺化偶氮型染料、不溶性磺化偶氮型顏料、可溶性磺化偶氮型染料。

(1) 未磺化偶氮型顏料：不易溶於水或乙醇等有機溶劑及礦物油。例如：永久橙，代號 D&C 17 號橙，呈亮橙色。結構式如下：

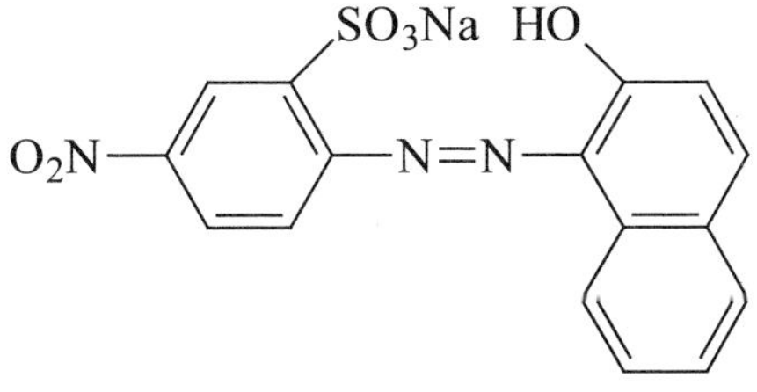

SO_3Na　HO

O_2N—⟨苯環⟩—N=N—⟨萘環⟩

永久橙（亮橙色）
（permanent orange, bright orange）

(2) 未磺化偶氮型染料：不溶於水，但能溶於乙醇、乙醚等有機溶劑及礦物油等。例如：蘇丹紅 III 號，代號 D&C 17 號紅，呈微暗藍紅色。結構式如下：

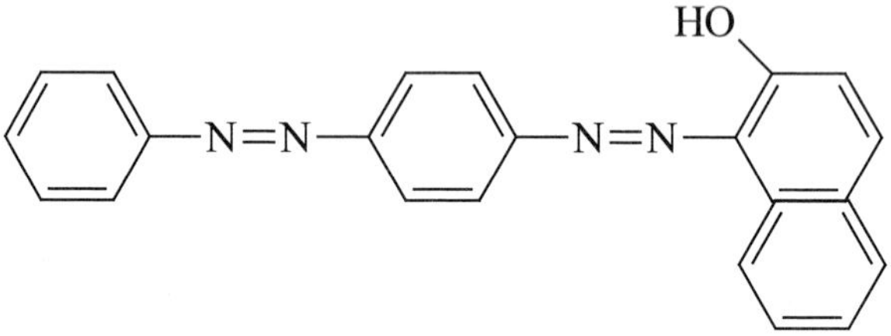

蘇丹紅III號（微暗藍紅色）
（sudan red III, slight dark blue-red）

(3) 不溶性磺化偶氮型顏料：不溶於水、乙醇、乙醚等有機溶劑及礦物油等。例如：色澱棗紅，代號 D&C 34 號紅，為鈣調色劑，呈褐紅色。結構式如下：

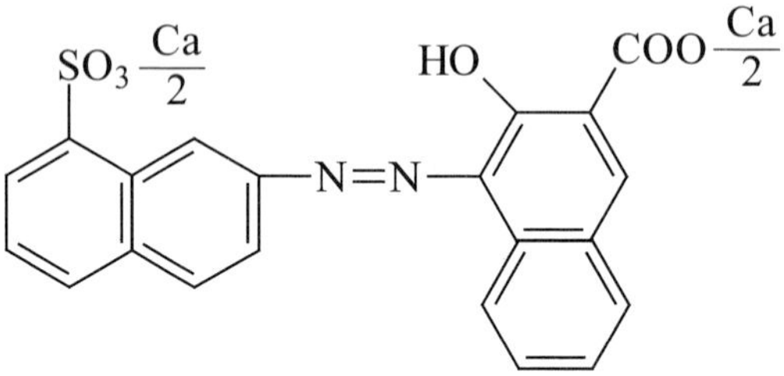

色澱棗紅（褐紅色）
（lake claret, brown-red）

(4) 可溶性磺化偶氮型染料：溶於水，不溶於乙醇、乙醚等有機溶劑及礦物油等。例如：落日黃 FCF，代號 FD&C 6 號黃，呈紅黃色，為食用色素。結構式如下：

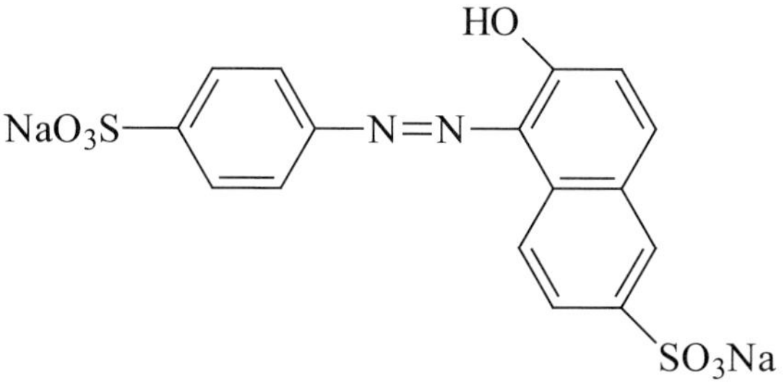

落日黃FCF（紅黃色）
（sunset yellow FCF, Red-yellow）

2.呫吨染料（xanthene dye）

呫吨系色素的分子結構中有呫吨基或稱爲夾氧雜蒽基。這類色素均以螢光素染料的衍生物爲代表，它們在酸、鹼中可以兩種互變異構的狀態存在，即酚型及醌型。酚型微溶於水，而醌型易溶於水，色彩鮮豔強烈。呫吨染料色澤鮮艷而有螢光，常用於不褪色唇膏。例如：四溴螢光素，代號 D&C 21 號紅，呈藍粉紅色，爲非食用色素，用於不褪色唇膏。結構式如下：

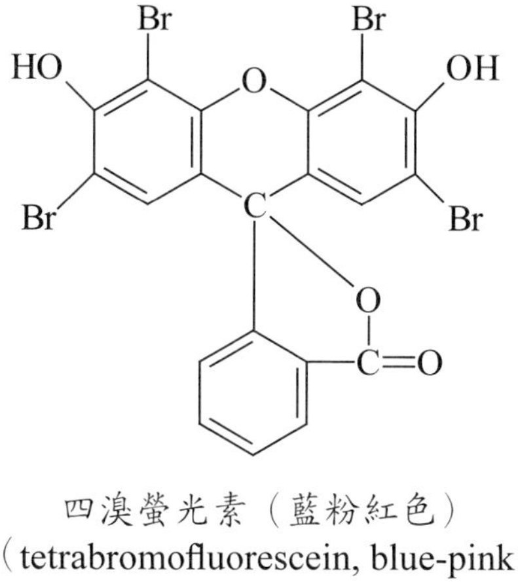

四溴螢光素（藍粉紅色）
（tetrabromofluorescein, blue-pink）

3.三苯甲烷染料（triarylmethane dye）

三苯基甲烷系色素可以分成鹽基性染料和磺酸鹽染料，後者適用於化妝品。一般含有多個磺酸鹽基，易溶於水，不易溶於非極性有機溶劑或礦物油。三苯甲烷染料具有色澤濃艷的特點，色澤有紅色、紫色、藍色、綠色，以綠色居多。耐光牢度較差，易變色，不耐酸鹼，多用於香皂、化妝水等產品中。例如：光藍 FCF，代號 FD&C 1 號藍，呈亮綠藍色，易溶於水；堅牢綠 FCF，代號 D&C 3 號綠，呈微藍綠色。結構式如下：

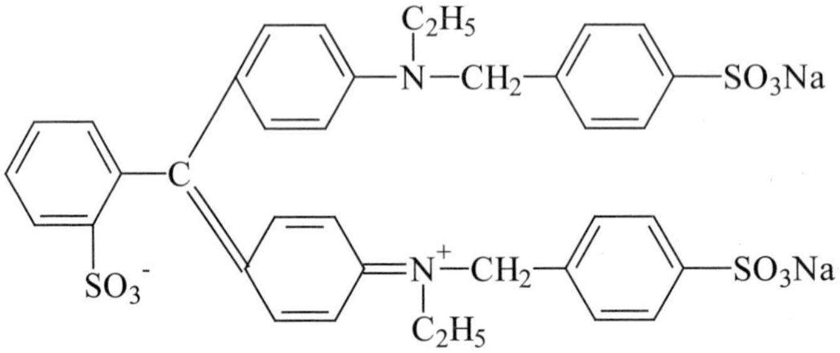

C_2H_5, N, CH_2, SO_3Na, C, SO_3^-, N^+, CH_2, SO_3Na, C_2H_5

光藍FCF（亮綠藍色）
（light blue FCF, bright green-blue）

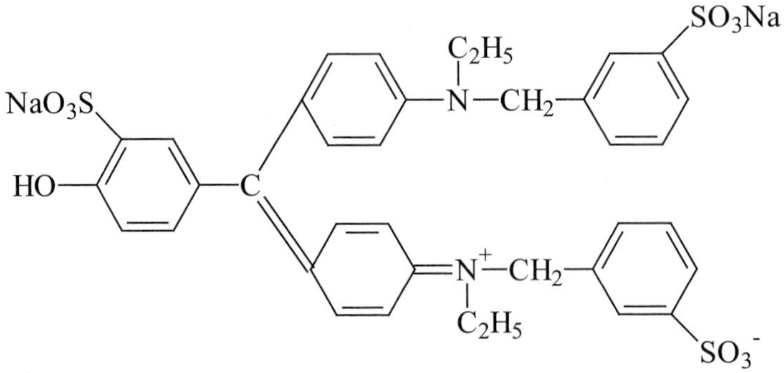

SO_3Na, C_2H_5, NaO_3S, N, CH_2, HO, C, N^+, CH_2, C_2H_5, SO_3^-

堅牢綠FCF（微藍綠色）
（fast green FCF, slight blue-green）

4.蒽醌染料（anthraquinine dye）

蒽醌染料色澤鮮艷，耐光性能優良，以深色居多。可以分成未磺化蒽醌型（油溶性）及磺化蒽醌型（水溶性）兩類。水溶性的用於化妝水、香皂中；而油溶性的多用於髮油等產品中。

(1)**未磺化蒽醌型染料**：不易溶於水，易溶於乙醇、乙醚及礦物油等溶劑，主要是由1, 4-二羥基蒽醌與一分子或二分子對甲苯胺縮合生成的。例如：茜素青綠，代號D&C6號綠，呈微暗藍綠色。

(2)**磺化蒽醌型染料**：易溶於水、乙醇，不易溶於其他有機溶劑和礦物油，是由未磺化蒽醌型染料經磺化後得到。例如：茜素花青綠CG，代號D&C 5號綠，呈微暗藍綠色。

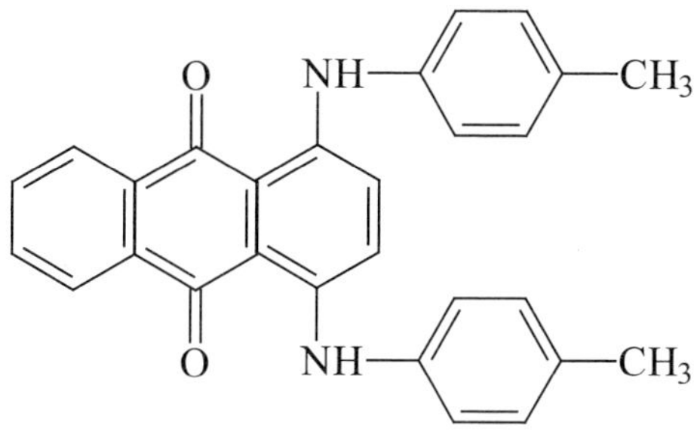

茜素青綠（油溶性）
（alizarin viridine, alcohol-souble）

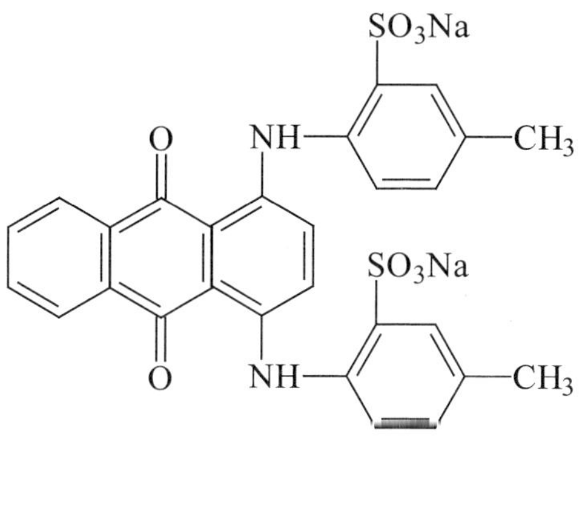

茜素花青綠CG（水溶性）
（alizarin cyaninegreen CG, water-souble）

5.喹啉色素（quinoline dye）

喹啉系色素只有兩種可以適用於化妝品，即水溶性喹啉黃和醇溶性喹啉黃。前者是喹啉黃的二磺酸鈉鹽，皆呈綠黃色。例如：酸性黃 3，代號 D&C 10 號黃，爲水溶性喹啉黃；溶劑黃 33，代號 D&C 11 號黃，爲醇溶性喹啉黃。結構式如下：

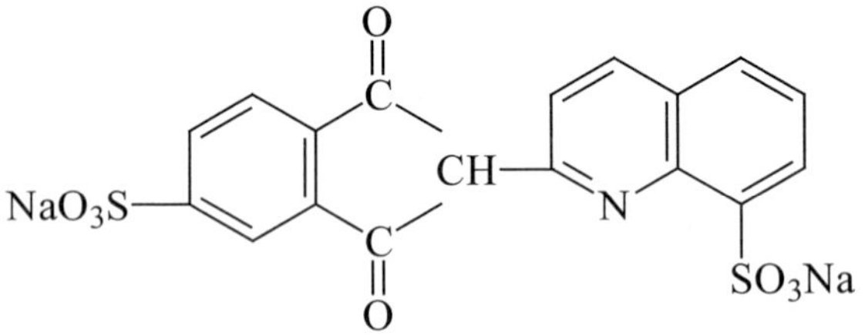

酸性黃3（水溶性喹啉黃）
（acid yellow 3, water-soluble quinoline yllow）

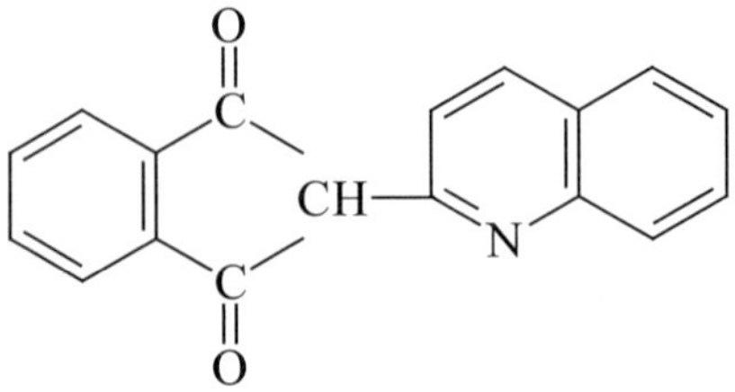

溶劑黃33（醇溶性喹啉黃）
（solvent yellow 33, alcohol-souble quinoline yllow）

6.硝基系色素（nitro-dye）

該類色素適用於化妝品的只有 2, 4- 二硝基 -1- 萘酚 -7- 磺酸二鈉鹽，溶於水和乙醇，可與氯化鋁沉澱於凡土吸收基而得到不溶性色澱。例如：萘酚黃 S，代號 D&C 7 號黃，呈微綠黃色。結構式如下：

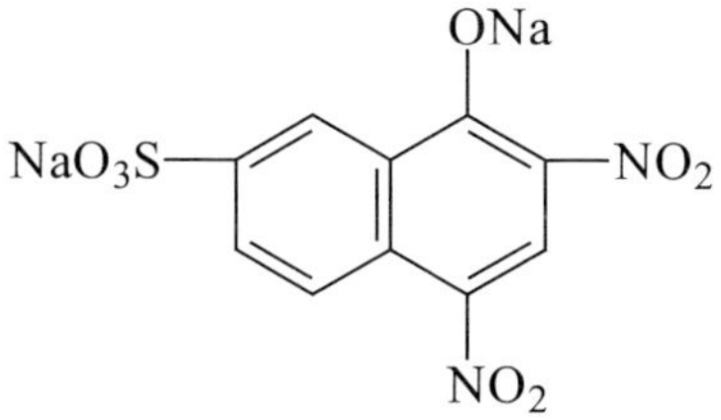

萘酚黃S（綠黃色）
（naphthol yellow S, slight green-yellow）

7.靛藍系色素（indigoid dye）

該類色素適用於化妝品中，只有靛藍染料是一種磺酸鹽溶於水和乙醇中。例如：靛藍，代號 FD&C 2 號藍，呈靛藍色。結構式如下：

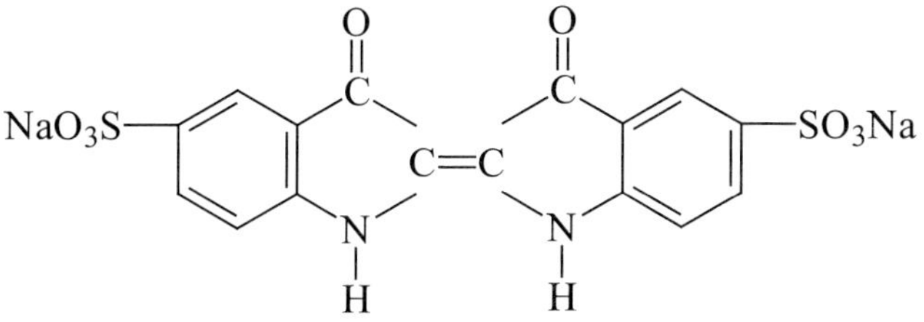

靛藍（靛藍色）
（indigotin, indigo）

五、無機色素

無機色素也稱爲礦物性色素。它是以天然礦物爲原料而製得的，如將氧化鐵製成不同顏色的色素。但因它們純度不夠，不能製得色澤鮮艷的製品。所以，現在則多以合成無機化合物爲主要的形式。從色素的分類上，無機色素應該屬於無機顏料。因不易溶於水或有機溶劑，而是藉助於油性溶劑分散後，將其塗於物體表面，使之產生顏色。無機色素還具有遮蓋力強、耐光、耐熱、耐溶劑性等特點。下面介紹按規定允許在化妝品中使用的無機色素。

1.白色顏料

化妝品中使用白色顏料，其目的是利用它的強遮蓋能力，並使化妝品具有潤滑感或稀釋有色顏料的作用。

(1)鈦白粉（titanium dioxide, TiO_2）：鈦白粉即二氧化鐵。由鈦鐵礦用硫酸分解製成硫酸鐵，再進一步處製得二氧化鐵。是白色、無臭、無味的細粉末，它的遮蓋力是白色顏料中最強的，是鋅白的4倍。當粒徑爲0.2 μm時，對於光的散射力很強，故看起來非常潔白，主要應用在香粉等化妝品中。化學穩定性好，又因含鉛的氧化物等禁用於化妝品，故被廣泛地的應用。近年來，已製得了具有極細粒度（奈米級）的鈦白粉，分散性和耐光性都非常好，尤其防紫外線能力非常強，多用於防曬化妝品。

(2)鋅白（zinc oxide, ZnO）：鋅白即氧化鋅，是由鐵鋅礦經酸處理，再精製而得。是白色、無臭、無味的非晶形粉末。特點是著色力強，並有收斂和殺菌作用，也有較強的遮蓋力。主要用於香粉、痱子粉等粉質化妝品。

(3)滑石粉（talc）：滑石粉是一種含水矽酸鎂鹽，化學式爲 $Mg_3SiO_{10}(OH)_2$ 或 $3MgO \cdot 4SiO_2 \cdot 2H_2O$。滑石粉性質柔軟、極易粉碎成粉狀，具有良好的伸展性和滑潤性。色白、有滑潤性的滑石粉是質量高的產品。主要用於香粉類化妝品，當作粉質原料。

(4)高嶺土（kaolin）：高嶺土是天然的矽酸鋁鹽，化學式爲 $Al_2Si_2O_5(OH)_4$ 或 $Al_2O_3 \cdot 2SiO_2 \cdot 2H_2O$。高嶺土是經黏土煅燒、再經由淘洗而製成。特性爲白色、質地細致的細粉，對於油、水具較好的吸收性，對皮膚的附著力好，以及可以緩和或消除滑石粉光澤性等特點，用於香粉類化妝品。

(5) 碳酸鈣（calcium carbonate, $CaCO_3$）：碳酸鈣是將天然石灰石煅燒成氧化鈣，將其製成石灰乳，然後通入二氧化碳而得到白色細粉狀沉澱碳酸鈣。用於化妝品的沉澱碳酸鈣分為輕質和重質碳酸鈣。利用其吸附、摩擦等性能應用於香粉、牙膏等化妝品中。

(6) 碳酸鎂（magnesium carbonate, $MgCO_3$）：碳酸鎂是白色、無臭、無味輕質粉末，常以鹼式碳酸鎂形式存在 $(MgCO_3)_4 \cdot Mg(OH)_2 \cdot 5H_2O$。它是由天然菱鎂礦，經與碳酸鈉反應，然後煮沸、過濾、洗滌和乾燥等工序而製得。它具有色澤極白、吸收性強的特點，用於香粉、牙膏等化妝品。

(7) 磷酸氫鈣（calcium hydrophosphate dihydrate, $CaHPO_4 \cdot 2H_2O$）：磷酸氫鈣是白色、無臭和無味的結晶粉末，以磷酸氫鈉與氯化鈣作用後經精製得到的結晶性二水合物，是牙膏中常用的性能溫和的摩擦劑。

2.有色顏料

(1) 氧化鐵（iron oxide）：用於化妝品色素的氧化鐵是以不同形式而製得的各種顏色的氧化鐵，需要在嚴格控制的條件下製備。

①黃色氧化鐵（Iron oxide yellow, $Fe_2O_3 \cdot H_2O$）：是由硫酸亞鐵與鹼反應生成沉澱後，再經氧化而製得。根據沉澱和氧化時條件的不同，可以得到淺黃到橙色的各種不同色度的色素，Fe_2O_3 約 85% 和 H_2O 約 15%。

②棕色氧化鐵（Iron oxide brown, $Fe_2O_3 \cdot H_2O$、Fe_2O_3 和 Fe_3O_4 的混合物）：可以由黃色、紅色和黑色氧化鐵混合而成；也可由硫酸亞鐵與鹼反應生成沉澱後，再使沉澱局部氧化而製得。

③紅色氧化鐵（Iron oxide red, Fe_2O_3）：通常是將上述所得黃色氧化鐵沉澱，經煅燒而製得。形成的顏色由淺紅到深紅，這由原來的黃色氧化鐵及煅燒條件所決定。

④黑色氧化鐵（Iron oxide black, Fe_3O_4）：製備反應如黃色氧化鐵，

但要求嚴格控制反應條件才可以得到。

(2) 炭黑（carbon black）：是很穩定、不溶解的顏料，主要用於眉筆、睫毛膏等化妝品，化妝品用炭黑多是以木材炭化或煤煙沉積製得。

(3) 氧化鉻綠（chromium oxide green, Cr_2O_3）：是純的無水氧化鉻（Cr_2O_3），經由重鉻酸鉀、鹼、還原劑按一定比例混合後煅燒，再經酸性水洗去可溶性鉻酸鹽類，並使鉛含量低於 20×10^{-6}，砷的含量低於 2×10^{-6}（以 As_2O_3 計算），以達到化妝品的要求。氧化鉻綠色度較暗，對光、熱、酸、鹼和有機溶劑的穩定性好。

(4) 氫氧化鉻綠（chromium hydroxide green, $Cr(OH)_3$）：是具有像有機顏料那樣鮮艷、呈綠色的顏料，各種特性與氧化鉻綠相同。與氧化鉻綠製法相似。

(5) 群青（ultramarine blue）：是由硫磺、純鹼、高嶺土、還原劑（木炭或松香等），將各種原料按比例配製混合後，在 700~800℃煅燒 24 小時，緩慢冷卻後，經洗滌精製而得到的顏料，根據所用原料配比不同，以及煅燒的溫度等可以製得從綠色到紫色等各種色調的群青顏料。群青的化學結構尚不完全清楚。群青對光、熱、鹼及有機溶劑穩定性好，但對酸敏感，易褪色和產生硫化氫氣體，著色力和遮蓋力較差，主要用於眼影膏、睫毛膏和眉筆等化妝品。

六、天然色素

天然色素主要來源於自然界存在的動植物，亦稱爲動植物性色素，因爲其來源少、萃取過程複雜、價格昂貴等原因，現已大部分被合成色素所代替。但是某些性能優良而穩定的天然色素仍被用於食品、藥品和化妝。近年來，因合成色素的安全性問題，又使天然色素廣泛興起，尤其是萃取、分離、純化技術的發展，並應用於天然色素的製備，又有許多新的天然色素出現。以下而針對部分的天然色素進行介紹。

1.*β*- 葉紅素（*β*-carotene）

即 *β*- 胡蘿蔔素，結構式爲：

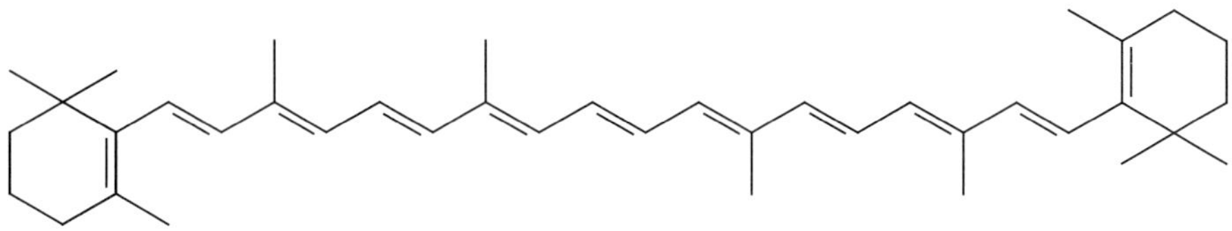

是一種黃色或橙黃色色素，廣泛存在於動植物中。容易被氧化而褪色，也容易受金屬離子的離子影響。需要與抗氧化劑及螯合劑一起使用。

2.胭脂紅（carmine）

也稱胭脂紅酸，是由寄生於仙人掌上的胭脂蟲乾燥粉中萃取的紅色色素。顏色因 pH 值不同而異。在酸性中呈現橙色至紅色。在鹼性中則呈現紫紅色。對於酸、光和熱較爲穩定。胭脂紅酸是蒽醌型的結構，結構式如下：

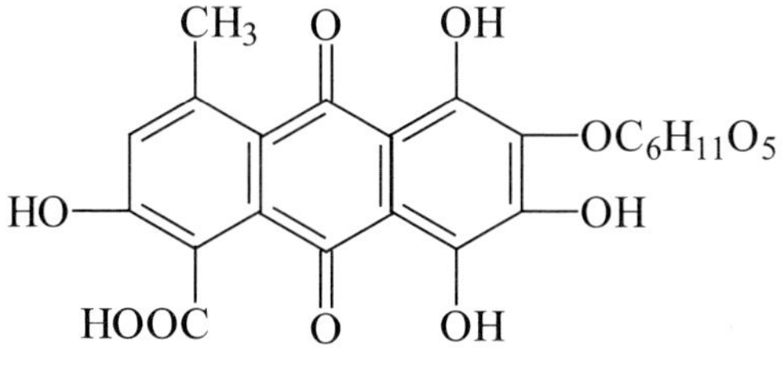

CH_3　O　OH

$OC_6H_{11}O_5$

HO　OH

HOOC　O　OH

3.葉綠酸鉀鈉銅（potassium sodium copper chlorophyllin）：

稱天然綠（natural green），是從綠色植物中先萃取出葉綠素 A（結構式如下），再經過一系列化學反應和處理而製得的水溶性葉綠酸鉀鈉銅綠色色素。除具有色素作用外，還有抑菌、除臭等作用，可以用於牙膏、漱口水等民生用品。

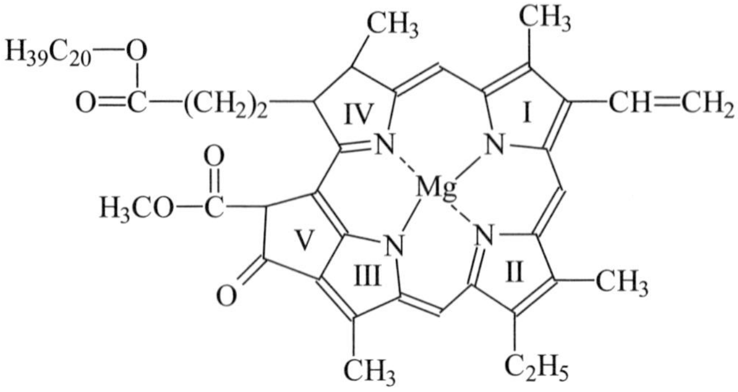

葉綠素 A（chlorophyll A）

4.其他動植物色素

(1) 類胡蘿蔔色素（carotenoid）

①紅木素（bixin）：以紅木種子爲原料製得的油溶性黃色至橙黃色的色素。

②辣椒黃素（capsanthin）：以辣椒粉爲原料製得的橙黃色至橙紅色的色素。

③菌脂色素（lycopin）：以番茄爲原料製得的紅色至紅橙色的色素，即茄紅素（lycopene）。

④番紅花苷（saffroside）：以茜草科槴子的果實爲原料製取的橙黃色的色素。

(2) 蒽醌色素（anthraquinone）：例如，蟲漆酸（laccaic acid），是將蟲膠介殼蟲分泌的汁液經乾燥而製得的紅色色素。

(3) 黃酮類色素（flavonoid）

①紫蘇紅（perilla eed）：以紅紫蘇的葉莖爲原料萃取的紅色（酸

性溶液）色素。

②紅南瓜色素（redpumpkin pigment）：從紅色南瓜萃取而得到的紅色至紫紅色的色素。

(4) 二酮類色素（diketone）：例如薑黃素（curcuma），是從薑科鬱金的根莖萃取得的黃色色素。

七、珠光顏料

能使化妝品產生珍珠般色澤效果的物質稱爲珠光顏料（pearl pigment）。產生珠光的原理是由於同時發生光干擾和光散射的多重反射的結果。珠光顏料因能加強色澤效果，現在已廣泛應用於膏霜、乳液、乳化香皀、唇膏和指甲油等化妝品。廣受人們喜歡，所以越來越重要。

1.天然魚鱗片

天然魚鱗片是由帶魚或鯡魚的鱗片（主要成分是鳥腺嘌呤，guanine）經有機溶劑精製而成，結構式如下：

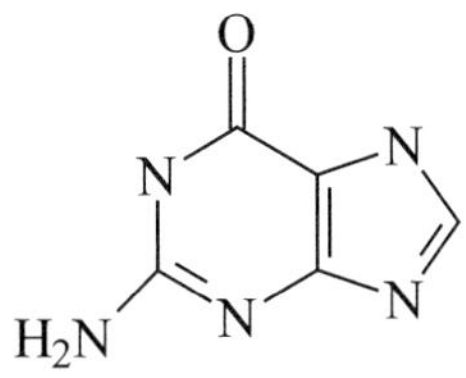

由於魚的種類及大小不同，粒徑和晶型也不同，難得到質量穩定的產品，且價格較高。珍珠光澤比較凝重，所以適用於唇膏、指甲油和化妝品等。

2.氯化亞鉍（bismuth oxychloride, BiOCl）

氯化亞鉍是由硝酸鉍的稀硝酸溶液與氯化鈉反應而製得，其顆粒大小各不相同，結晶是不規則的，但具有較好的不透光性和柔和的珍珠光澤，光照時間過長，色澤會變深。可溶於酸，不溶於水。也可在雲母粉表面覆蓋上氯化亞鉍，製成珠光顏料，使其在溶劑中的分散性更好，擴大其應用範圍。

3.二氧化鈦 - 雲母（titanium dioxide-mica）

雲母是一種白色、質地輕，略有珠光的片狀粉末。因爲具有一定的黏附性和遮蓋性，易於著色。利用其特點，將片狀雲母粉的表面用化學方法塗上二氧化鈦薄膜，得到二氧化鈦 - 雲母珠光顏料。該顏料是一種夾心結構的物質，具有銀白色光澤和潤滑感覺。現在還研製出在雲母粉表面塗上二氧化鈦薄膜層後，再覆上 Fe 、Cr 、Ni 、Co 、Al 、Sn 、Bi 等金屬氧化物薄膜，而使之具有不同顏色的珠光顏料。

4.合成珠光顏料（synthetic pearl luster）

利用有機合成反應製得合成珠光顏料，其中代表性的是乙二醇單硬脂酸酯，反應式如下：

$$HOCH_2-CH_2OH + C_{17}H_{35}COOH \xrightarrow[\triangle]{H^+} C_{17}H_{35}COOCH_2-CH_2OH + H_2O$$

八、化妝品用色素要求

根據化妝品的性能和作用，對化妝品色素的要求，主要有下列幾點：

(1)顏料鮮艷、美觀、色感好。

(2)著色力強，透明性好或遮蓋力強。

(3)與其他組分相容性好、分散性好。

(4)耐光性、耐熱性、耐酸性、耐鹼性和耐有機溶劑性強。

(5)安全性高，在允許使用範圍及限制條件下無毒、無刺激性、無過敏性等。

習　題

1. 什麼是香料？什麼是香精？香料與香精的關係為何？
2. 請說明合成香料的種類，並舉一合成香料的實例。
3. 調香是指什麼？
4. 什麼叫陳化？為什麼要陳化？
5. 染料、顏料及色澱有何差異？
6. 有機合成色素和無機顏料各有什麼特點？
7. 化妝品中常用色素可分為哪幾類？

第九章　機能性原料

現代的化妝品除了要求安全性高外，對化妝品的功效性更是在意。能賦予化妝品特殊功能的一類原料及強化化妝品對皮膚生理作用一類的原料，將會廣泛地添加在化妝品中。在眾多的功效性原料中，本章節從生物工程製劑、天然植物萃取物、特殊用途添加劑等三個方面進行介紹。

第一節　生物工程製劑

隨著生物科技的發展，一些可以參與皮膚細胞代謝，改善皮膚組織結構，具有特定功效的生物製劑已逐漸應用在化妝品的領域。

1.玻尿酸（hyaluronic acid）

玻尿酸即透明質酸，是一種具有高分子量之生物多醣體，普遍存在動物組織及組織液中，因常與組織中其他的細胞外間質結合而形成一具有支撐及保護性的立體結構存在於細胞周圍，因此被歸類爲結締組織多醣體。其結構爲由乙醯葡萄糖胺（*N*-acetylglucosamine）與葡萄糖酸（glucuronicacid）以 β-1, 4 鍵結成爲一單元體，再以 β-1, 3 鍵結成高分子之聚合物。現今已可利用鏈球菌（*Streptococcus* sp.）酸酵生產之（Kim et al., 1996）。玻尿酸存在眞皮層，爲人體皮膚主要的保濕因子，理論保水值高達 500 ml/g 以上，在結締組織中實際保水值約爲 80 ml/g。適當的補充能幫助肌膚從體內及皮膚表皮吸得大量水分，且能增強皮膚長時間的保水能力（Matarasso, 2004）。

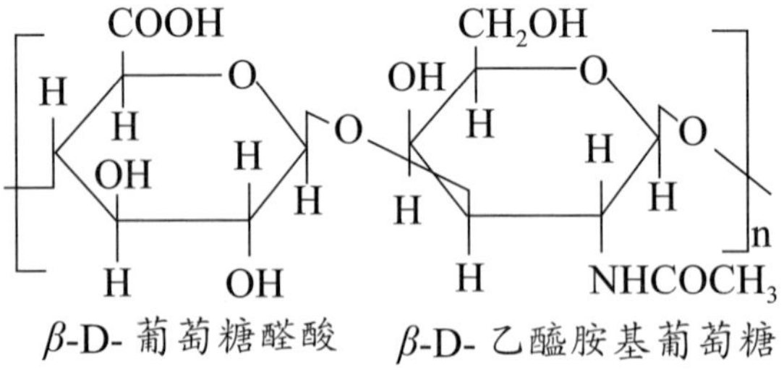

β-D-葡萄糖醛酸　β-D-乙醯胺基葡萄糖

玻尿酸（hyaluronic acid）

2.表皮生長因子（epidermal growth factor, EGF）

EGF是一種多功能的細胞促進因子，由53個胺基酸組成的多胜肽，分子量為6000~7000道耳呑，是生物活性蛋白中分子量較小的一種，因此容易被吸收。EGF胺基酸一級結構中含有三對雙硫鍵，可使整個分子形成一個緊密的似球狀結構，故具有較好的熱穩定性。在化妝品中，是活化細胞的添加劑，能參與皮膚新陳代謝，刺激玻尿酸、核糖核酸、脫氧核糖核酸和蛋白質等大分子的生物合成，促使皮膚上皮組織的增殖與分化，改善皮膚的免疫功能，增強細胞活力，防止皮膚老化。目前，已應用基因工程醱酵萃取重組人類細胞生長因子，包括表皮細胞生長因子（rhEGF）、酸性纖維生長因子（aFGF）及鹼性纖維生長因子（bFGF）。

3.酶（酵素）製劑

酶（酵素）是令人感興趣的化妝品生化原料之一，透過酶和老化機理之間的研究，可以很快配製出阻止或逆轉老化對皮膚影響的化妝品。例如，**超氧化歧化酶**（superoxide dismutase, SOD），它是一種「抗氧化酶」，能特異性地清除體內生成過多的-超氧自由基，具有調節體內的氧化代謝和防止皮膚衰老、抗皺和減輕色素沉澱作用。近年來，應用生物工程技術將SOD分子進行化學修飾（例如月桂酸SOD），可以克服SOD易失活的缺點，且其在體內半衰期、穩定性、經皮吸收、抗衰老及消除免疫原特性等方面均有顯著提升。

4 膠原蛋白（collagen）

膠原蛋白主要由三種胺基酸（甘胺酸 glycine、脯胺酸 proline、氫基脯胺酸 hydroxyproline）所構成之大分子聚合物。在人體內有各種不同形態之膠原蛋白，又以第一型（type-I）含量最高。膠原蛋白可由動物皮膚、骨骼、軟骨、韌帶、血管等各種組織中抽取得到，再藉由生化科技處理修飾後，就可得到各種不同規格與用途的膠原蛋白，例如，從魚皮中所萃取的 collagen tripeptide F（CTP-F）。平均分子量約爲 280 道耳吞，而經由實驗證實，CTP-F 可順利滲透至角質層及眞皮層，且經由纖維母細胞培養試驗，發現 CTP-F 可促進膠原蛋白產生、促進玻尿酸生成。在使用者之皮膚試驗發現，使用 CTP-F 之乳液四週後，受測者皮膚之彈性有改善之現象，且角質層水分明顯優於對照組（Kikuta et al., 2003）。

5.微量元素

生物體內的微量元素多以結合態形式參與生物體內的生物活性及催化反應的反應，當人體缺乏某些微量元素時，會影響健康與美容。例如，缺乏鋅時，會出現生長發育遲緩、皮膚粗糙及色素增多等現象；缺乏鐵時，會引起皮膚角質不正常脫落，導致皮屑症；缺乏銅時，會導致黑色素生成障礙，毛髮脫色；缺乏硒時，會降低硒金屬酶活性、影響雙硫鍵的形成及使毛髮角化不完全，導致脫髮、減少毛髮再生作用及增加頭皮脂溢；缺乏錳時，會造成微循環障礙，影響毛髮的營養供給，導致脫髮。微量元素在化妝品中的應用，對維護皮膚健康很有益處，但在應用時應注意選擇微量元素的存在形式和用量。例如，鉻與蛋白質、胺基酸或是去氧核糖核酸的錯合物，能更有利於被皮膚、毛髮、指甲吸收和利用。鐵與蛋白的錯合物，能增加溶解度，易於伍配到皮膚、毛髮指甲用化妝品中。目前，已有利用生物工程技術獲取與肌膚細胞結構相當接近的礦物泉有機活性因子，富含微量元素、礦物鹽和蛋白質成分，並成功地應用在化妝品中。

第二節　天然植物萃取物

近年來，藥妝品中含草藥植物或酵素的有效成分是最主要的發展方向。而藥妝業者爲保持植物和草藥植物的完整活性物質則需更嚴謹的管控，故植物和草藥植物的有效活性成分萃取需以稍微更複雜的製造要求。在化妝品中添加植物萃取物是因消費者要更好的生活品質及預防皮膚疾病的認知，故以天然爲基礎的產品需求日漸增多。藥妝品又較個人保養產品更會添加這類有功效的萃取物質，如抗皺、抗氧化、皮膚調節、止痛、防曬及刺激頭髮生長等。

植物萃取物之應用於全球市場中具有極大之開發潛力，藥妝品常見的植物萃取物中，蘆薈是較早普遍使用在皮膚保養藥妝品的成分，但1997年後，其他植物萃取物如洋甘菊（chamomile）、綠茶、荷荷芭、薰衣草⋯等開始廣泛被應用，現今則以草藥植物成分如人參（ginseng）、銀杏（gingko biloba），因其抗氧化及水合特性，普遍被使用在化妝品中。全球植物萃取物市場最暢銷的植物萃取物產品包括：銀杏（ginkgo biloba）、紫錐花（echinacea）、人參（ginseng）、綠茶（green tea）、Kava kava、鋸棕櫚（saw plametto）、聖約翰草（St. John's wort）等等。中草藥已有數千年的使用經驗，除了應用在疾病的治療外，在化妝保養品上亦有相當多的應用性。中草藥的化妝品，多要求具有防曬、增強皮膚營養、防止紫外線輻射等功能；對乾燥、色斑、粉刺、皺紋等皮膚缺陷有修飾作用。這些天然植物或中草藥之有效二次代謝成分主要有三萜皂苷（triterpenoid saponins）、甾體皂苷（steroidal saponins）、香豆素

（coumarin）、黃酮類化合物（flavonids）、醌類化合物（quinones）、木脂素（lignans）、鞣質（tannins）、萜類化合物（terpenoids）及生物鹼（alkaloids）等。目前應用在中草藥還是以植物類爲主，常用的有人參、當歸、甘草、薏苡、白芍、白芷、蘆薈、玉竹、白及、桑白皮、山藥、黃連、黃柏、黃芩、薄荷、地黃、益母草、茯苓、何首烏、枸杞子、牡丹皮、防風、枳實、菊花、杏仁、麻黃、山楂、黨參、槐花、升麻、丁香、紫草、荊芥、生薑、大棗、冬蟲夏草等。

無論是植物萃取物應用在化妝品的種類眾多，在化妝品中的應用如表9-1所示。在此挑選數種暢銷或經常被添加至化妝品的植物萃取物或中草藥萃取物進行介紹。

表 9-1　天然植物、中草藥的功效

天然植物及中草藥名稱	功效
人參、靈芝、當歸、蘆薈、沙棘、絞股藍、杏仁、茯苓、紫羅蘭、迷迭香、扁桃、桃花、黃芪、益母草、甘草、蛇麻草、連翹、三七、乳香、珍珠、鹿角膠、蜂王漿	保濕、抗皺、延緩皮膚老化
當歸、丹參、車前子、甘草、黃芩、人參、桑白皮、防風、桂皮、白及、白朮、白茯苓、白鮮皮、苦參、丁香、川芎、決明子、柴胡、木瓜、靈芝、菟絲子、薏苡仁、蔓荊子、山金車花、地榆	美白、去斑
蘆薈、蘆丁、胡蘿蔔、甘草、黃芩、大豆、紅花、接骨木、金絲桃、沙棘、銀杏、鼠李、木樨草、艾桐、葫芘、龍須菜、燕麥、胡桃、烏岑、花椒、薄海菜、小米草	防曬
人參、苦參、何首烏、當歸、側柏葉、葡萄籽油、啤酒花、辣椒酊、積雪草、墨旱蓮、熟地、生地、黃芩、銀杏、川芎、蔓荊子、赤藥、女貞子、牛蒡子、山椒、澤瀉、楮實子、蘆薈	育髮
金縷梅、長春藤、月見草、絞股藍、山金車、銀杏、海藻、綠茶、甘草、辣椒、七葉樹、樺樹、繡線菊、問荊、木賊、胡桃、牛蒡、蘆薈、黃柏、積雪草、椴樹、紅藻、玳玳樹、鶴風	健美

1.銀杏葉萃取物（ginkgobiloba extract）

銀杏萃取物所含的有效成分包括銀杏黃酮（ginkgetin）和銀杏內酯（bilobalide）。

- **銀杏黃酮**：是強而有力的氧自由基清除劑，對於不同類的氧自由基不同結構的化合物可以達到不同清除效果，存在銀杏科銀杏的葉中，秋天的未黃的葉中含量最高，雙黃酮含量爲 1.7%~1.9%。
- **銀杏內酯**：屬於雙環二萜類化合物，萃取自銀杏的葉和枝皮，可保護谷胺酸鹽引起的神經元損傷、促進星形膠質細胞的神經細胞系神經營養因子和血管內皮生長因子的表達、促進腦內 GABA 濃度及緩解藥物誘發的痙攣，是銀杏抗衰老主要的成分。

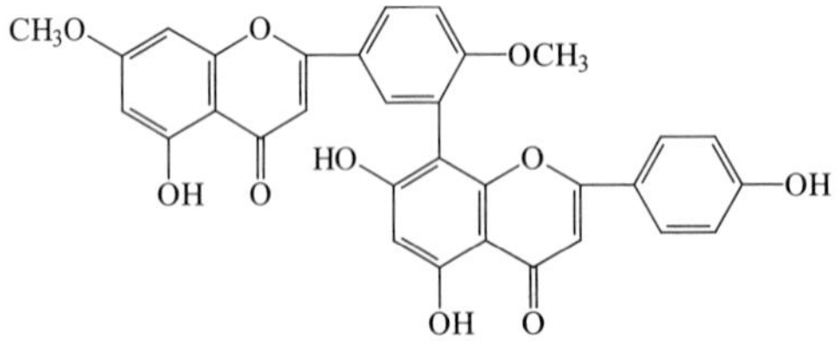

銀杏黃酮（ginkgetin）

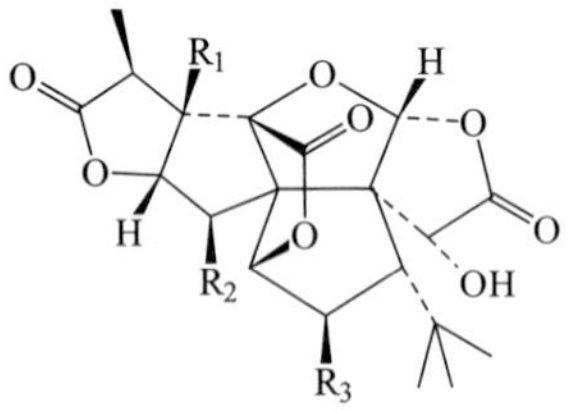

	R1	R2	R3
銀杏內酯 A	-OH	H	H
銀杏內酯 B	H	-OH	H
銀杏內酯 C	-OH	-OH	-OH
銀杏內酯 M	H	-OH	-OH
銀杏內酯 J	-OH	H	-OH

2.紫錐花萃取物（echinacea extract）

又稱紫松毬菊，外用可以治理損傷、燒傷、潰瘍、蚊蟲咬傷等，內服有助於減輕感染、牙患及蛇咬等作用。德國草藥專論中，紫錐花被建議使用於傷風感冒、呼吸道和尿道等長期感染的輔助藥物，是國際公認的免疫系統強化劑。紫錐花萃取物主要成分有多醣類——阿拉伯半聚乳糖（arabinoglactan）、黃酮素（flavonids）、咖啡酸（caffeic acid）、精油、聚乙炔（polyacetylenes）、烷醯胺（alkylamide）等。

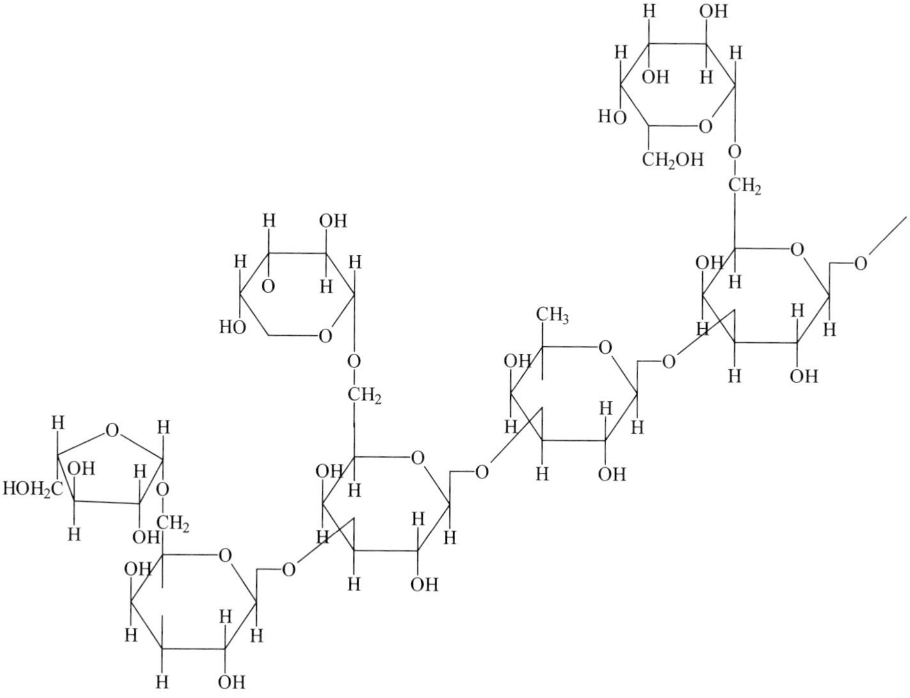

阿拉伯半聚乳糖（arabinoglactan）

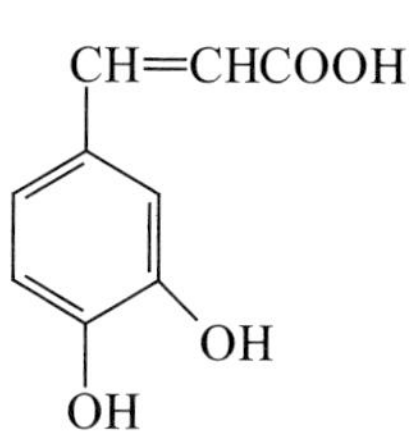

咖啡酸（caffeic acid）

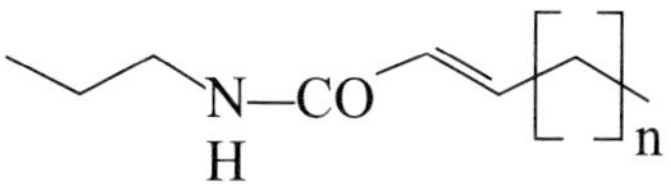

烷醯胺（alkylamide）

- 阿拉伯半聚乳糖：爲L-阿拉伯糖與D-半乳糖以1:5-6組成的中性多糖，在β-1, 3或β-1, 6鍵的半乳糖鍵中接有β-1, 3鍵的阿拉伯糖側鏈。可刺激人體的免疫能力。
- 咖啡酸：爲常見酚類化合物，爲黃色結晶，微溶於水，易溶於熱水和冷乙醇。可在化妝品中安全使用，具有廣泛的抑菌和抗病毒活性。低濃度即具抑制皮膚黑色素生成效果。
- 烷醯胺：可誘導生物體內重要具有細胞保護作用的第一型血紅素氧化酶（HO-1）蛋白質表現並有降低肝損傷指標GOT和GPT的數值。

3.人參萃取物（ginseng extract）

人參爲植物五加科人參屬，人參的根，其葉也入藥叫做參藥。人參根中含有人參皂苷0.4%，少量揮發油，油中主要成分爲人參烯（$C_{15}H_{24}$）0.072%。從根中分離皂苷類有人參皂苷A、B、C、D、E和F等。人參皂苷A（$C_{42}H_{72}O_{14}$）、人參皂苷B和C水解後會產生人參三醇皂苷元。還有單醣類（葡萄糖、果糖、蔗糖）、人參酸（爲軟脂肪、硬肪酸及亞油酸的混合物）、多種維生素（B_1、B_2、菸鹼酸、菸醯胺、泛酸）、多種胺基酸、膽鹼、酶（麥芽糖酶、轉化酶、酯酶）、精胺及膽胺。人參地上部分含黃酮類化合物稱爲人參黃苷、三葉苷、山奈醇、人參皂苷、β-各甾醇及醣類。用於對人體神經系統、內分泌和循環系統具有調節作用，可作爲滋補性藥品，可廣泛用於膏霜、乳液等護膚性化妝品中作爲營養性添加劑。因其含有多種營養素可增加細胞的活力並促進新陳代謝和末梢血管流通的效果。用於護膚產品中，可使皮膚光滑、柔軟有彈性，可延緩衰老，也可抑制黑色素生成。用在護髮產品中可提高頭髮強度、防止頭髮脫落和白髮再生的功能，長期使用頭髮烏黑有光澤。

(1) **人參皂苷**（ginsenosides）：是一種固醇類化合物 - 三萜皂苷，是人參中的活性成分。人參皂苷都具有相似的基本結構，都含有由 17 個碳原子排列成四個環的 gonane 類固醇核。依照醣苷基架構的不同，可分爲 3/4 爲達瑪烷型和 1/4 爲齊墩果烷型。達瑪烷類型包括兩類：人參二醇類和人參三醇類。

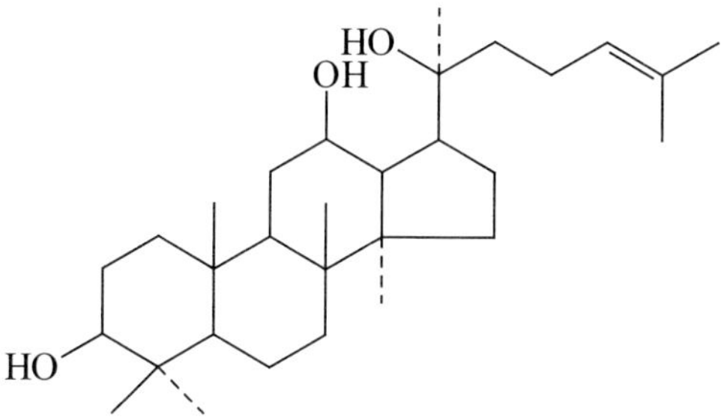

20(S)- 原人參二醇（20(S)-protopanaxadiol）

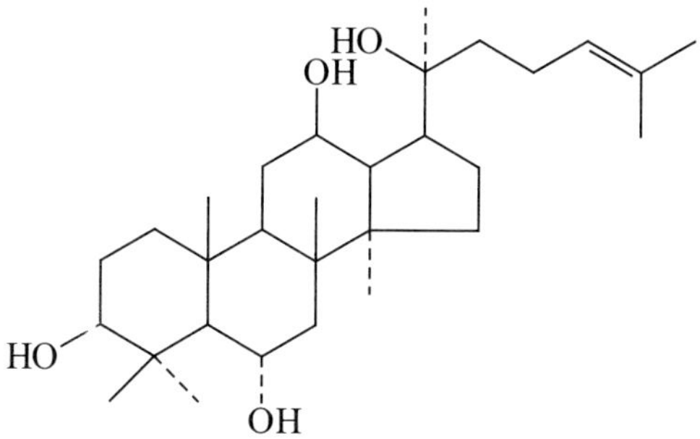

20(S)- 原人參三醇（20(S)-protopanaxatriol）

a. **人參二醇類**：包含了最多的人參皂苷，如人參皂苷 Rb1、Rb2、Rb3、Rc、Rd、Rg3、Rh2 及醣苷基 PD，二醇類皂苷 Rh2、CK 及 Rg3 與癌細胞的增生和轉移的抑制有關，已在臨床上應用。

- **Rb1**：具影響動物睪丸的潛力，亦會影響小鼠的胚胎發育。抑制血管生成。

- Rb2：有 DNA、RNA 的合成促進作用、腦中樞調節。
- Rc：人參皀苷 -Rc 是一種人蔘中的固醇類分子，具有抑制癌細胞的功能，也可以增加精蟲的活動力。

b. 人參三醇類：包含了人參皀苷 Re、Rg1、Rg2、Rh1 及醣苷基 PT，其中 Re 及 Rg1 可促進 DNA 和 RNA 的合成，包括癌細胞的遺傳物質。人參皀苷亦被用於癌症、免疫反應、壓力、動脈硬化、高血壓、糖尿病以及中樞神經系統反應的研究。

- Re：具有腦中樞調節、DNA、RNA 的合成促進作用、加強血管新生作用、抗高血脂。
- Rg1：可增進小鼠的空間學習和海馬突觸素的濃度，亦有類似雌激素的作用。
- Rg2：在有血管型失智症的小鼠上實驗發現，Rg2 可經由抗凋亡的機制，保護記憶損傷。Rg2 作用在肝臟，可降低 GOT、GPT，降低肝臟負擔、恢復肝臟機能。

(2) 人參多醣（ginseng polysaccharides）：目前已從人參中分離到幾十種多醣類物質，人參多醣主要含有酸性雜多糖和葡聚糖。雜多糖主要由半乳糖醛、半乳糖、鼠李糖和阿拉伯糖構成，它們的結構十分複雜，而且含有部分的多醣體，分子量爲 10,000~100,000 道耳吞。該類化合物具有調整免疫、抗腫瘤、抗潰瘍及降血糖等藥理作用。

(3) 其他：紅參中含有麥芽醇（maltol），該化合物具有強抗氧化作用。

4.綠茶萃取物（green tea extract）

綠茶萃取物含有多酚，是有效的抗氧化生物類黃酮。化學名稱爲多羥基黃烷 -3- 酚之總稱，分子式爲 $C_{15}H_{14}O_6 \cdot H_2O$，分子量爲 308.28。有效成分包括表兒茶素 3-O- 沒食子酸鹽（epicatechin 3-O-gallate, ECG）、倍兒茶素 3-O- 沒食子酸鹽（gallocatechin 3-O-gallate, GCG）及表倍兒茶素 3-O- 沒食子酸鹽（epigallocatechin 3-O-gallate, EGCG）。廣泛應用於食品、化妝品、醫藥、保健食品等。具有清除自由基、抗氧化、抗菌消炎、抗病毒、改善心血管疾病和調節免疫系統等作用。

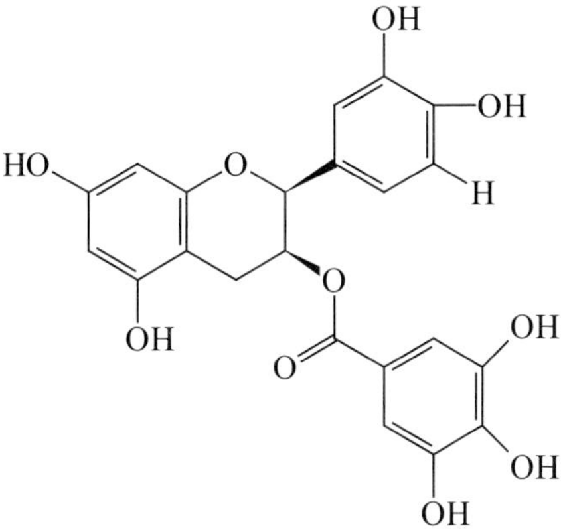

表兒茶素 3-O- 沒食子酸鹽（ECG）

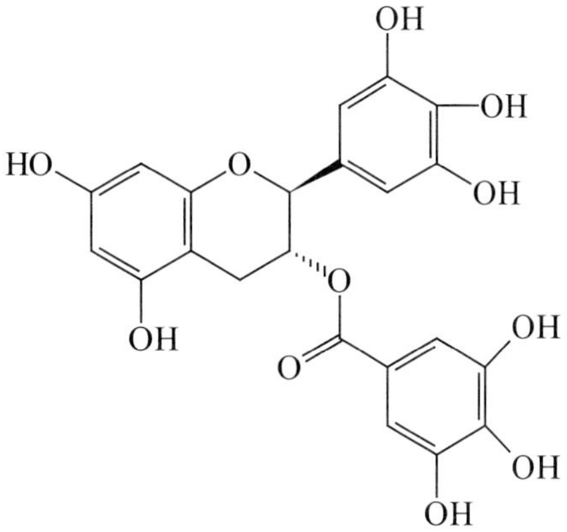

倍兒茶素 3-O- 沒食子酸鹽（GCG）

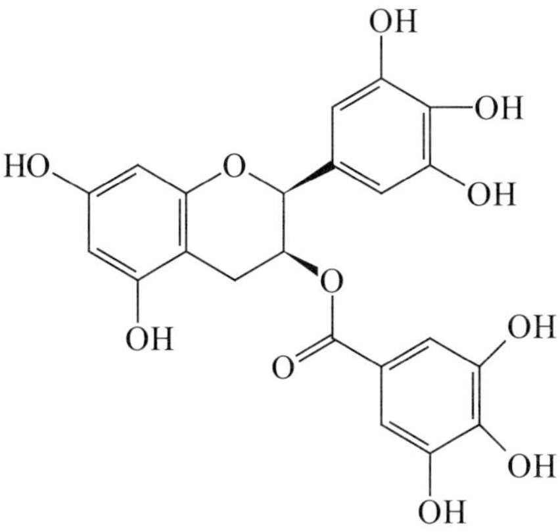

表倍兒茶素 3-O- 沒食子酸鹽（EGCG）

5.聖約翰草（St. John's wort）

屬於藤黃科植物，即中草藥——貫夜連翹（*Hypericium perforatum L.*），又稱貫葉金絲桃。味苦、辛、性平，可清熱解毒、調經止血。我國用來治創傷出血、痛癧腫毒和燒燙傷等，德國用來作抗抑鬱症藥。有效成分爲金絲桃素（hypericin）和偽金絲桃素（pseudohypericin）爲萘並二蒽酮類衍生物，具有抑制中樞神經的作用，近年研究發現具有抗 HIV 病

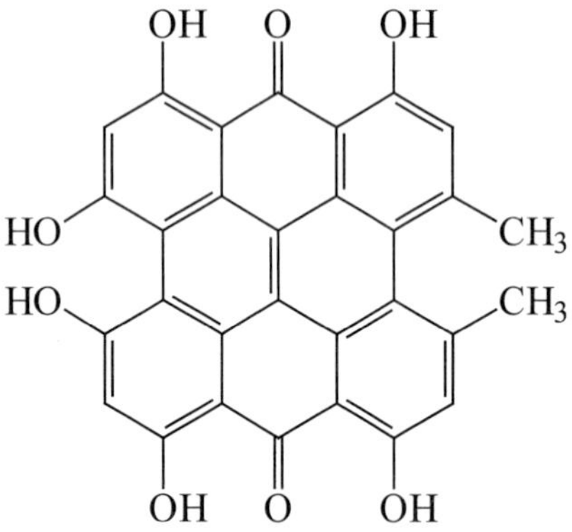

金絲桃素（hypericin）

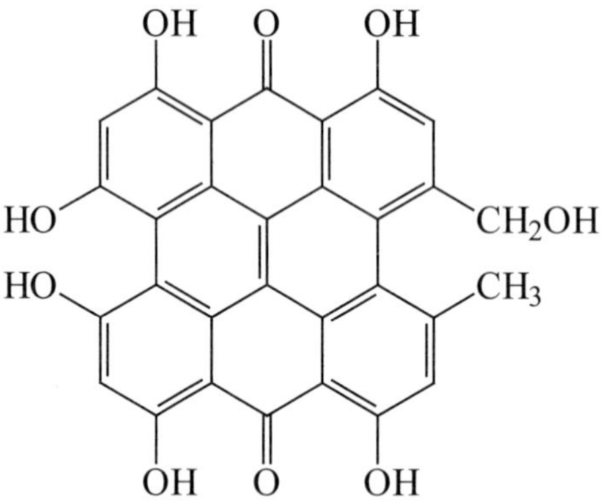

偽金絲桃素（pseudohypericin）

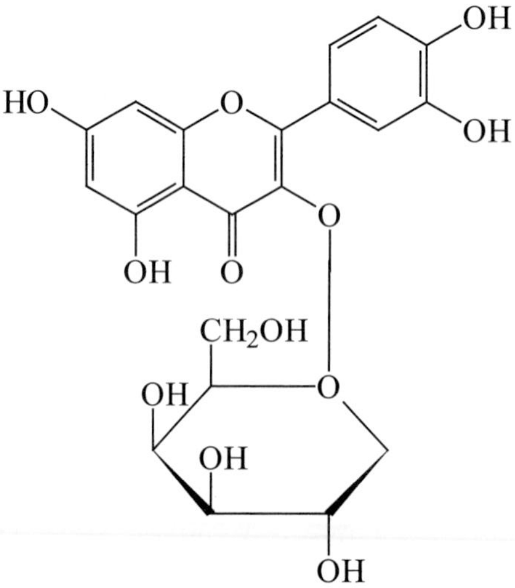

金絲桃苷（hyperoside）

毒活性的作用。**金絲桃苷**（hyperoside）具有鎮痛、抗氧化及抗發炎作用。

6.洋甘菊萃取物

洋甘菊即爲母菊（*Matricaria chamomilla L.*）爲菊科（*Compositae*）植物。母菊的花序含有 0.2~0.8% 揮發油，呈暗藍色，主要成分爲**母菊薁**（chamazulene）和**母菊苷**（matricin）。母菊含有黃酮苷、芹菜苷（白花）、槲皮苷（quercimeritrin）（黃花）、蕓香苷、金絲桃苷、萬壽菊苷（patulituin）、大波斯菊苷等。母菊揮發油可以製成油膏和乳脂香皀，具有抗皮膚發炎作用。母菊中各種黃酮苷對紫外線有吸收作用，可以製成防曬化妝品。母菊苷具有保護皮膚作用，母菊增白霜具有良好增白效果。

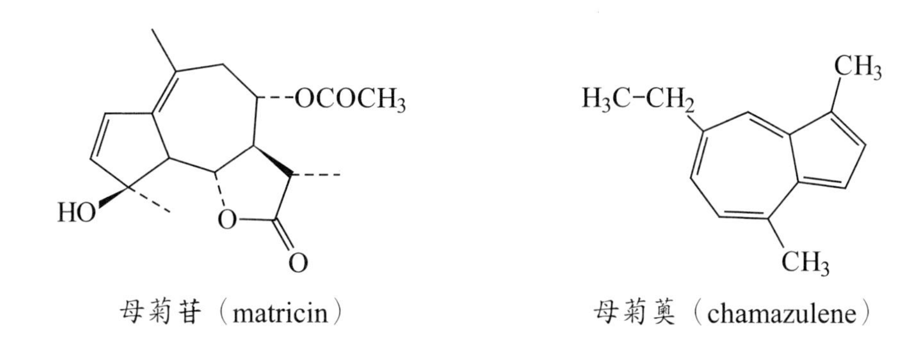

母菊苷（matricin）　　母菊薁（chamazulene）

7.蘆薈（aloe）

蘆薈是一種多年生白合科肉質草本植物。蘆薈萃取物主要成分有**蘆薈液、蘆薈油、蘆薈凝膠、蘆薈素**（aloin）等。蘆薈液凝膠、凝膠和蘆薈素用作化妝品添加劑用於護膚護髮製品，有防曬、保濕、調理皮膚的功效。蘆薈油作化妝品護膚、護髮添加劑外，也可作液體載體，可容納多量顏料。也用蠟和樹脂摻合劑及增溶劑。

- **蘆薈液**：爲半透明、灰白色至淡黃色液體，有特殊氣味能與甘油、丙二醇和低分子量的聚乙醇相容。

- **蘆薈油**：是萃取蘆薈葉的類脂部，酸值 < 1，酯值 192~201，水分 < 0.25% ，類脂物質含有三萜化合物、羽扇醇和三種甾醇（膽甾醇、菜油甾醇和 *β*- 谷甾醇）。
- **蘆薈凝膠**：是蘆薈葉內中心區的薄壁管狀細胞生成的透明黏膠，內含聚己糖、微量半乳糖、阿拉伯糖、鼠李糖和木糖、6 種酶和多種胺基酸等。
- **蘆薈素**：是蘆薈的成分之一，是由三環蒽和薈大黃素 - 蒽酮衍生而成，化學名稱為 10-*β*-D- 葡萄吡喃糖 -1, 8- 二羥基 -3- 羥甲基 -9（10H）- 蒽醌 [10-*β*-D- glucopyranosyl-1, 8-dihydroxy-3-(hydroxymethyl)-9(10H)-anthracenone]。

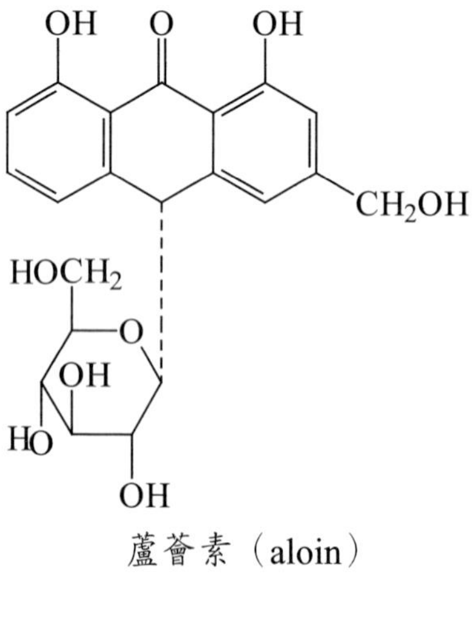

蘆薈素（aloin）

8.燕麥萃取物（oat extract）

燕麥（*Avena sativa L.*）為禾本科（*Gramineae*）植物。全草含有甾體皂苷（steroidal saponins），種子含有多種維生素（阿魏酸酯、維生素複合體（A、C、E））、胺基酸、多種脂肪酸、*β*- 葡聚醣等。燕麥萃取物具有抗氧化性、游離基抑制性，可用於護膚、護髮、保濕柔軟劑，以降低過敏性皮膚、緩解頭皮發癢、調理頭髮功能。

- 阿魏酸酯（即谷維素）：是燕麥萃取物主要的抗氧化劑，能穩定飽和及不飽和脂肪酸。對皮膚也具有安撫、抗皺效果。
- ***β*- 葡聚醣**：可增加膽酸及膽固醇代謝，可降低地密度脂蛋白（LDL）與高密度脂蛋白（HDL）比例。
- 燕麥萃取物所含脂肪酸：有亞麻油酸（C18:2）、油酸（C18:1）及棕櫚酸（C16），其中亞麻油酸及油酸占所有脂肪酸含量的 38~42%，棕櫚酸則占 14~17%，自由脂肪酸占 8%，這種飽和／不飽和脂肪酸是一些肌膚皮脂質的主要成分，能加強皮脂膜的完整功能兼具滋潤保濕肌膚，進而改善過敏肌膚或異位性皮膚發炎症狀。

第三節　特殊用途添加劑

此類型爲可賦予化妝品特殊功能的一類原料如防曬劑、除臭劑、脫毛劑、染髮劑、燙髮劑等，或是強化化妝品對皮膚生理作用一類的原料如保濕、抗皺、去斑、美白、育髮作用的添加劑。

一、賦予化妝品特殊功能的原料

1.育髮劑

育髮劑是指能有助於毛髮生長，減少脫毛和斷髮的一類物質，該類物質具有增強頭皮毛根血液循環，改善毛囊的營養供給，或兼具抗菌、消炎及抑制皮脂與雄激素過渡分泌的生理作用。具有育髮的添加劑有下列三種：

(1)化學合成物：如鹽酸奎寧、樟腦、泛醇、*α*- 生物素、維生素 B_6、煙酸芐酯及水揚酸脂硅烷醇等。

(2) **天然植物及中草藥**：如葡萄籽等諸多中草藥（如表 9-1），青科屬的斑蝥其主要成分斑蝥素，具有局部刺激毛囊、毛乳頭，促進新陳代謝的作用，它在育髮化妝品中最大允許添加量為 1%。

(3) **生物工程產品**：由許多生長因子複合組成的修復因子 FCP，它可促進毛髮再生；輔酶 -*d* 生物素可以替代雌激素，令雄激素與脂肪酵素不能形成錯合物，從而抑制雄激素對毛囊的破壞，達到防止脫毛髮的目的。

2.染髮劑

氧化染料是合成染料中，最早用於毛髮染色，也是目前應用最廣泛的持久性染髮劑原料。氧化染料的主原料是以苯胺類衍生物作為呈色劑，在染髮顯色過程，在氧化劑的作用下被氧化成染料中間體，該中間體又在偶合劑的作用下發生偶合反應產生顏色而達到染髮。

(1) **呈色劑**：對苯二胺經氧化生成苯醌二並胺，是一種棕黑色不溶物質，是化妝品中應用最廣泛的一種染黑髮顯色劑。對苯二胺有較強的致敏性，對皮膚甚至對人體均可致敏，致敏作用主要是由在體內生成的苯醌二並胺引起。依規定對苯二胺用作染髮用氧化著色劑最大允許濃度為 6%（以自由基計算），並規定在化妝品仿簽上必須標識「會引起過敏反應」；含二胺類，不可用於染睫毛或眉毛使用。

(2) **偶合劑**：對苯二酚（氫醌），常用做染髮劑的偶合呈色劑，它著色較牢固。氫醌為化妝品組成分中限用物質，最大允許濃度為 0.3%。在化妝品標識上必須印製「含有氫醌」，不得用於染睫毛或眉毛，如果產品不慎進入眼睛，應立即沖洗。以對苯二胺、對苯二酚的衍生物如甲苯基胺類、間苯二酚、二胺基酚類和 *α*- 萘酚等作氧化染髮劑原料時，最大使用允許濃度和注意事項需要符合相關規定。

(3) **氧化劑**：通常使用過氧化氫（雙氧水）作為染髮劑中的氧化劑原

料，該產品性質不穩定，遇光、熱、受振動或重金屬時，易發生分解反應，釋放氧和熱。過氧化氫爲化妝品組成分中限用物質，最大允許濃度爲12%（40 體積氧，以存在或釋放的 H_2O_2 來計算）。在化妝品標識上必須印製「含有過氧化氫」，避免與眼部接觸，如果產品不愼進入眼睛，應立即沖洗。

3.燙髮劑

燙髮劑主要是由兩類化合物構成，一類是具有氧化還原作用，能切斷頭髮的雙硫鍵的還原劑。另一類是具有氧化中和作用的定型（卷曲或拉直）劑。

(1)還原劑：主要代表原料爲硫基乙酸或稱爲硫代乙醇酸，由於其分子兩端爲硫基和羧基，具有還原性和較強的酸性，可以切斷頭髮雙硫鍵，將胱胺酸還原成半胱胺酸，使頭髮柔軟亦彎曲。在配製燙髮劑時，一般用硫基乙酸的鹽類，如硫基乙酸銨鹽和鈉鹽。硫基乙酸進如人體時，會刺激皮膚而引起過敏、皮膚發炎及濕疹等症狀，硫基乙酸鹽類是化妝品組成分中限用物質，一般使用在燙髮劑最大允許濃度爲 8%。在化妝品標識上必須印製「含有硫基乙酸鹽類」，避免與眼部接觸，如果產品不愼進入眼睛，應立即沖洗及立即就醫。硫基乙二醇酯、硫基甘油酯等對皮膚作用較爲溫和，可以用作頭髮燙卷劑或燙直劑。

(2)氧化定型劑：過氧化氫、四硼酸鈉均可釋放出活性氧，常作爲燙髮劑中的定型劑使用。

(3)鹼劑：爲使毛髮溶脹鬆軟，增強卷曲與拉直效果，常使用鹼類物質，如氨水、三乙醇胺等，若選用強鹼如氫氧化鉀、氫氧化鋰、氫氧化鈣其最大允許濃度必須符合相關規定之要求。

4.脫毛劑

可以分爲物理性脫毛和化學性脫毛劑兩大類，前者一般是將蠟、松香、樹脂等熔化後敷於脫毛部位，待其冷固後從皮膚表面剝除時，毛髮也隨之拔掉，此法感覺不適且刺激皮膚。化學性脫毛劑可以使用毛髮滲透壓增加，膨脹柔軟以至破壞，是可以改變毛髮角蛋白結構的一類物質。常使用的無機化學性脫毛劑爲鹼金屬的硫化物或鹼土金屬的硫化物，如硫化鈉、硫化鉀，最大允許濃度爲 2%（以硫計算，pH ≦ 12.7）。硫化鈣、硫化鍶和硫化鋇，最大允許濃度爲 6%（以硫計算，pH ≦ 12.7）；有機化學性脫毛劑主要是硫基乙酸及其鹽類，如硫基乙酸鈣，最大允許濃度爲 5%（備好現用，pH = 7~12.7）。

二、強化化妝品對皮膚生理作用的原料

1.保濕劑

是指對皮膚、毛髮、唇部等部位產生滋潤、柔軟、保濕作用或本身具有水分保留的作用，使化妝品在儲存與使用時能保持一定濕度，有助於保持體系的穩定性的一類物質。保濕劑的分類上，按保濕劑作用來分類可分爲：親水性物質和親油性物質兩大類。按保濕劑的化學結構分類則是：脂肪醇類、脂肪酸及其鹽類、脂肪酸酯類、天然的保濕因子成分及尿囊素等。

(1)親水性物質

是指能增強皮膚角質層的吸水性，易與水分子結合而達到保濕作用的物質。這些親水性物質多爲天然保濕因數的組成成分，分子結構特徵是具有極性基團，保濕作用極強。代表性物質爲：各種脂肪醇類、胺基酸及其鹽類、乳酸及其鹽類、吡咯烷酮酸及其鹽類、尿素及其衍生物等。

(2)親油性物質

是指能夠在皮膚表面上形成油膜狀的保護性物質。形成的油膜能減少或防止角質層中水分的損失，保護角質層下面水分的擴散並在皮膚表面上可以形成連續油膜的油脂，可以使角質層恢復彈性，使皮膚變得光滑。而恢復了彈性的皮膚角質層也可以從下層組織中得到水分，同時可以防止水分的損失。

其代表性物質分類如下：

- 蠟脂：羊毛脂、鯨蠟、蜂蠟等。
- 脂肪醇：月桂醇、鯨蠟醇、油醇和脂蠟醇等。
- 類固醇：膽固醇和其他羊毛脂醇等。
- 多元醇酯：乙二醇、二甘醇、丙二醇、甘油（丙三醇）、聚乙二醇、山梨醇、甘露醇、3° 戊四醇、聚氧乙烯山梨醇等的單脂肪酸和雙脂肪酸酯等。
- 三甘油酯：各種動、植物油脂。磷脂：卵磷脂和腦磷脂。
- 脂肪醇醚：鯨蠟醇、脂蠟醇和油醇等的環氧乙烷加成物。
- 烷基脂肪酸酯：脂肪酸的甲酯、異丙酯和丁酯等。
- 烷烴類油和蠟：液狀石蠟（礦物油）、凡士林和石蠟等。
- 親水性羊毛脂衍生物：聚氧乙烯山梨醇羊毛脂以及聚氧乙烯羊毛脂衍生物。
- 親水性蜂蠟衍生物：聚氧乙烯山梨醇蜂蠟。
- 矽酮油：二甲基聚矽氧烷和甲基苯基聚矽氧烷。

2.美白去斑劑

是指能抑制黑色素的形成，以達到減退皮膚色素沉著的物質。目前在化妝品中常添加如下列幾種：

(1)維生素C、維生素E及其衍生物：維生素C在體內可還原黑色素的中間體 - 多巴醌，可阻止黑色素生成的作用；維生素E是很強的抗氧化劑，在體內可減少不飽和脂肪酸過氧化物的產生，因此能減少皮膚的色素沉著。因爲維生素C（抗壞血酸）不夠穩定，故多使用維生素C的衍生物，如維生素C棕櫚酸酯、維生素C磷酸酯鎂、維生素C單磷酸鈉等。

(2)熊果素（arbutin）：化學名稱爲對羥基苯 -β-D- 吡喃葡萄糖，爲對苯二酚（hydroquinone）的糖類衍生物，水解產物爲對苯二酚和葡萄糖。依衛福部規定添加熊果素的美白產品，其中所含不純物對苯二酚應該低於20 ppm。熊果素是安全且高效果的去斑美白劑，能抑制酪胺酸酶活性，減少酪胺酸酶在黑色素細胞內的累積並降低黑色素的生成。在化妝品的用量爲1%~7%。

(3)麴酸及其衍生物（kojic acid）：化學名稱爲5- 羥基 -2- 羥甲基 -4- 吡喃酮（5-hydroxy-2-hydroxymethyl-4-pyrone）。也可以酯化及烷基化，產生麴酸衍生物。具有廣範圍的抗菌效果，也有抑制酪胺酸酶活性的作用，能有效抑制由紫外線照射所引起的色素沉著澱，故具有減緩色素沉澱、去斑、增白的效果，但其穩定度較差，而麴酸衍生物克服其不足。目前商品化的麴酸雙酯中的異棕櫚酸酯、麴酸雙棕櫚酸酯（KAD-15）、麴酸亞麻油酸酯及醯氨基脂肪酸麴酸酯等，均具有不錯的美白效果及穩定性。KAD-15與氨基葡萄糖衍生物複合後，美白效果倍增。麴酸單酯中的單亞麻油酸酯結合麴酸和亞麻油酸的雙重美白效果。醯氨基脂肪酸麴酸酯除了較好的酪胺酸酶抑制作用外，同時將脂肪酸醯氨基加入化合物中，賦予潤膚和調理的作用。在化妝品的用量一般爲1%~2.5%。

(4)自由基清除劑：例如，SOD（超氧化歧化酶）可以清除超氧自由基；MT（金屬硫蛋白酶）能清除超氧自由基外，還能清除羥基自由基，可顯著降低體內脂褐質素的含量，從而減少色斑的生成。

(5)其他：例如，內皮素擷抗劑和各種天然植物萃取物，中草藥製劑也均具有一定的美白去斑效果。由於紫外線可誘導刺激酪胺酸酶的活性，因此防曬劑也是美白去斑化妝品中不可缺少的添加劑之一。

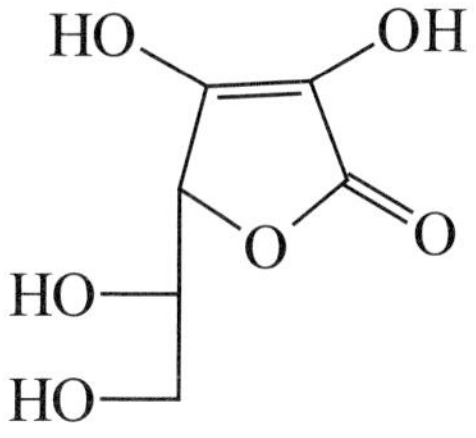

維生素 C

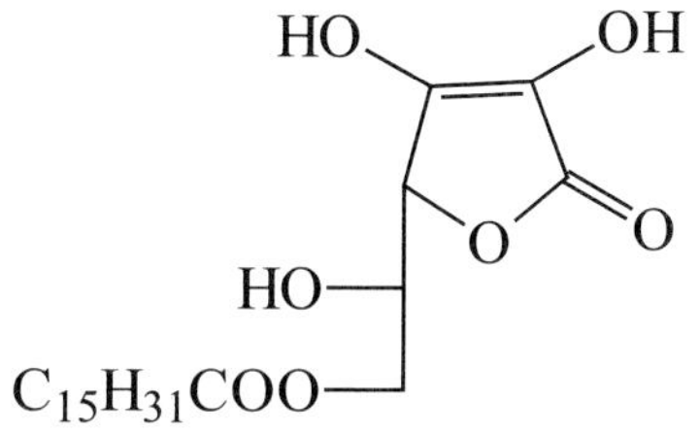

VC 棕櫚酸酯

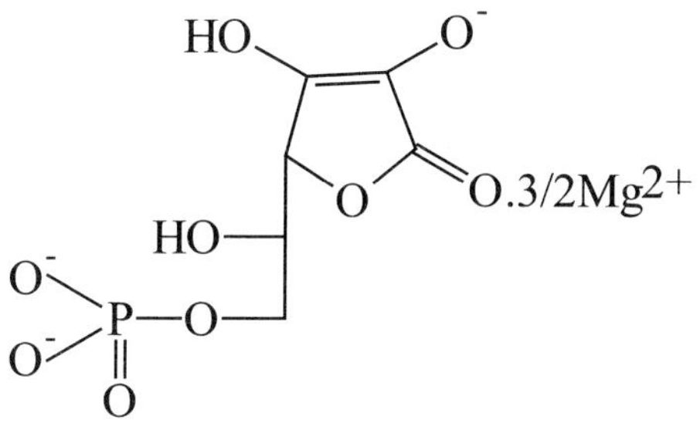

VC 磷酸酯鎂

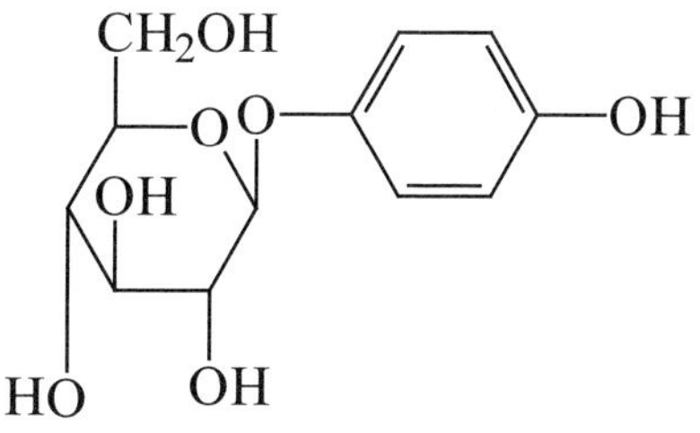

熊果素（arbutin）

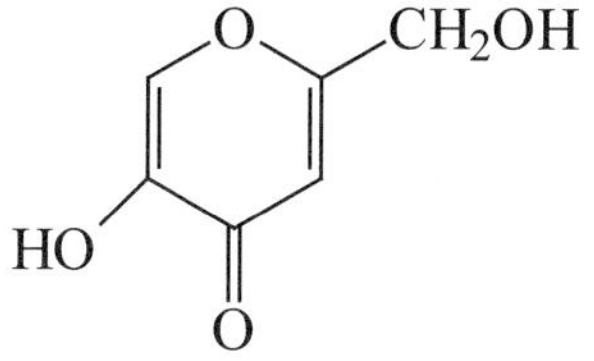

麴酸

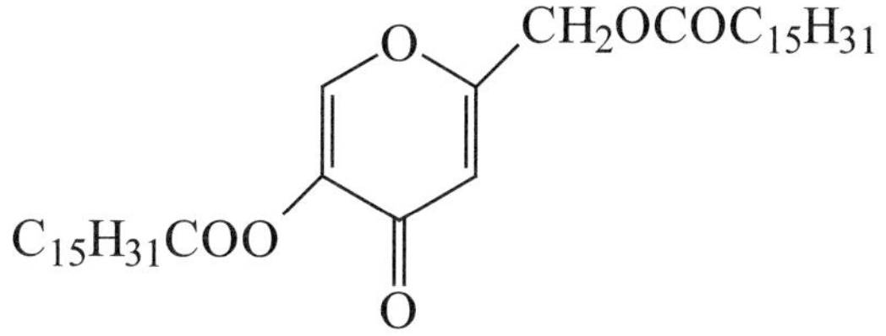

麴酸雙棕櫚酸酯（KAD-15）

3.防曬劑

這一類防止紫外線照射的物質，種類眾多，可以分為兩類：物理性的紫外線屏蔽劑和化學性的紫外線吸收劑。

(1) **紫外線屏蔽劑**：當日光照射到含有這類物質的製劑時，可使紫外線散射，從而阻止紫外線的射入。這類物質包括有白色無機粉末如鈦白粉、滑石粉、陶土粉氧化鋅。粉狀散射物質的折射率越高，散射能力越強；粉狀顆粒越細，散射能力越強。現代化妝品作為防曬劑使用的紫外線屏蔽劑有奈米級鈦白粉和氧化鋅，它們極強的散射能力使其具有良好的防曬作用。

(2) **紫外線吸收劑**：這是一類對紫外線具有吸收作用的物質。目前，防曬劑仍以化學合成的紫外線吸收劑為主，因為種類眾多、易製備、價格較低及具有較強的紫外線吸收能力。化妝品常用的紫外線吸收劑如下：

- **對甲氧基肉桂酸酯類**：這是一類具有強吸收率的 UVB 區防曬劑，其為油溶性，能與各類油性原料伍配性好且安全。4- 甲氧基肉桂酸 -2- 乙基己基酯最為常用，在化妝品中最大允許濃度為 10%。
- **二苯（甲）酮類**：這類紫外線吸收劑能對 UVA 及 UVB 區兼能吸收，但其吸收率稍差。此類產品對光、熱穩定，耐氧化稍差，需要添加抗氧化劑，但其滲透性強，無光敏性且毒性低。3- 二苯酮（羥苯甲酮）為油溶性，是目前公認最有效的 UVA 區防曬劑，兼具有 UVB 區的吸收作用，在化妝品中最大允許濃度為 10%；4- 苯（甲）酮為水溶性的，在化妝品中最大允許濃度為 5%（以酸計算）。
- **水揚酸酯類**：這是較早開發的一類 UVB 區紫外線吸收劑，為油溶性，對光、熱穩定，因其吸收率不高，價格較低，因此常作為輔助防曬劑使用。它對其他防曬劑有良好的增效作用和偶合作用。例如，水揚酸 2- 乙基己基酯（水揚酸鋅酯），在化妝品中最大允許濃度爲 5%。

- 對胺基苯甲酸及其酯類（PABA）：這是最早使用的一類紫外線吸收劑，它的作用是 UVB 區的吸收劑，不足之處是它對皮膚有刺激性，例如，4- 胺基苯甲酸，在化妝品中最大允許濃度爲 5%。改良的同係物 - 二甲基胺基苯甲酸酯類，刺激性較低。例如，4- 二甲基胺基苯甲酸 2- 乙基己基酯（二甲基胺基本甲酸鋅酯），在化妝品中最大允許濃度爲 8% ，乙氧基化 4- 胺基苯甲酸乙酯（聚乙二醇 -2, 5 對胺基苯甲酸），在化妝品最大允許濃度爲 10%。
- 丙烷衍生物：它是一類高效 UVA 去紫外線吸收劑，如 1-（4- 第二丁基苯基）-3-（4- 甲氧基苯基）丙烷 -1, 3- 二酮、INCI（butyl methoxydi-benziylmethane）商品名爲 Parsal® 1789，主要功能爲防曬黑，紫外線吸收波長爲 332~385 nm ，在化妝品中最大允許濃度爲 5%。
- 樟腦系列物：該類防曬劑能有效吸收 UVB 區紫外線，防曬傷效果好，但對 UVA 區紫外線則通透力強，歐美常用於曬黑化妝品中。該品貯藏穩定性好，對皮膚吸收弱，無刺激性，無光敏性，使用安全。產品如 3-（4'- 甲基苯並甲基）-*d*-1- 樟腦（4- 甲基苯並甲基樟腦），在化妝品中最大允許濃度爲 4%；3- 苯並甲基樟腦，在化妝品中最大允許濃度爲 2%。

4.抗皺及抗老化劑

是指能延緩皮膚老化及減少皮膚細紋的一類物質。

(1) 皮膚保濕與修復皮膚屏障功能的原料：保濕、滋潤皮膚和角質代謝過程是相互影響的。皮膚的乾燥與老化，與保濕因子 NMF 的保濕性下降有關，皮膚若乾燥或老化，會迫使皮膚的代謝紊亂。相關研究顯示，優質的保濕化妝品可以改善皮角質化代謝過程，使殘存於角質細胞中的細胞核消失，使角質化過程恢復正常。具有保濕和修復皮膚屏障功能的原料，主要有神經醯胺、透明質酸、吡咯烷酮 -5- 羧酸鈉、乳酸和乳酸鈉。

(2) 促進細胞分化、增殖，及促進膠原和彈性細胞合成的原料：

- 細胞生長因子：生長因子是調節細胞增殖和分化的一群物質，包括表皮生長因子（epidermal growth factor, EGF）、纖維生長因子（fibroblast growth factor, FGF）及角質形成細胞生長因子（keratinocytes growth factor, KGF）。衰老是一種牽涉基因層面的過程，可藉由表現或降低細胞增殖的基因，導致細胞對於分化增殖刺激訊號的反應能力喪失。同時，降低生長因子的能力，減少訊號傳遞過程中各種蛋白質的磷酸化。
- 果酸類物質：是從檸檬、甘蔗、蘋果、蔓越橘（cranberry）等水果中萃取的羥基酸，有羥基乙酸、L- 乳酸、檸檬酸、蘋果酸、甘醇酸、酒石酸等幾十種物質，俗稱果酸。果酸可以被迅速吸收，且具有強的保濕能力。同時，可做爲剝離劑透過滲透至皮膚角質層，使皮膚老化角質層中細胞間的鍵結力量減弱，加速老化細胞剝離脫落，促進細胞分化、增殖及產生新細胞。透過加速細胞更新速度和促進死亡細胞剝離方式達到改善皮膚狀態的目的，使皮膚光滑、柔軟、富有彈性，對皮膚具有消除皺及抗老化的作用。果酸的抗皺作用與果酸的種類、濃度及添加的濃度均有關係。通常果酸分子量越小，pH 值越低，濃度越高，去皺效果越好，但刺激性也越大。幾種不同的果酸可以混合使用，加入不同濃度可祛除皮膚外層的死細胞。無論單獨使用或者混合使用，均有副作用，一般化妝品配方中的濃度爲 2%~8%。
- 其他：發揮促進細胞分裂、增殖，增進膠原蛋白分泌的活性物質有：胎盤素（placental extract）、脫氧核糖核酸、膠原蛋白（collagen）、卡巴彈性蛋白（kappaelastin）、β- 葡聚糖（β-glucan）等。

(3)抗氧化傷害的原料：隨著年齡的增長，身體保護機制下降，體內出現生理性損傷，特別是引起脂質過氧化反應，即內源性超氧自由基作用於身體中的不飽和脂肪酸，產生不穩定的過氧化脂質，進而分解產生醛類，特別是丙二醛，它會攻擊磷脂和蛋白質。反應形成脂質蛋白複合物一脂褐素，累積於細胞內，成爲細胞老化的標誌。因此，有效地清除氧自由基，成爲抵抗老化的必要手段。抗氧化物質包括抗氧化酵素和小分子抗氧化劑兩類。抗氧化酵素是細胞膜和胞器膜上存在的多種特異性的消除自由基的酵素。這些酵素能夠清除自由基，抑制自由基的脂質過氧化。人體細胞內存在的小分子抗氧化劑，主要包括維生素 E、維生素 C 及 β 胡蘿蔔素等，主要功能是消除自由基 R—、脂質過氧自由基 ROO—。抗衰老化妝品常用的活性原料有超氧化物歧化酶（superoxidedismatase, SOD）、谷胱甘肽過氧化酶（glutathione peroxides, GTP）、維生素類（維生素 E 和維生素 C）、金屬硫蛋白（metallothioneie, MT）、木瓜硫基酶（papaya sulfhydrylase）、輔酶 Q10。

(4)抵抗紫外線的成分：日光中的紫外線 UVB（280 nm~320 nm）和 UVA（320 nm~400 nm）會使皮膚曬出紅斑、黑斑及產生過氧化脂質，促使皮膚老化，降低自身免疫力，嚴重者會引起皮膚癌。使用紫外線散射劑或紫外線吸收劑，即可減輕因日曬引起的皮膚損傷。

- 紫外線散射劑：大多爲無機粉體，如 ZnO、TiO_2、滑石粉、高嶺土等。以奈米級 ZnO 和 TiO_2 爲最好，可對可見光具有極高的穿透性，但對紫外線具有較佳的阻擋作用。
- 紫外線吸收劑：能吸收使皮膚產生紅斑的中波紫外線 UVB 或使皮

膚變黑的長波紫外線 UVA ，可防止皮膚曬紅或曬嘿。例如，對氨基苯甲酸甲酯、水揚酸辛酯、甲氧基肉桂酸辛酯、3- 二苯甲酮、4- 第二丁基 -4 - 甲氧基二苯甲醯甲烷等。

- 天然動、植物成分也具有防曬作用：例如，蘆薈、海藻、甲殼素、蕓香素、黃芩、銀杏等。

5.美乳劑

是指有助於乳房豐滿、堅挺、富有彈性的一類物質，該類物質具有改善乳房組織微血液循環，增強細胞活力作用。具有美乳功效的添加劑如下：

(1)天然植物及中草藥：例如，蛇麻、馬尾草積雪草、水芹、常春藤、金纓梅、山金車、蘆薈、油梨、酸棗、啤酒花、紅花、百合、甘草、益母草、女貞子、紫河車、當歸等。

(2)生物活性成分：例如，水解膠原蛋白、彈性蛋白、胎盤蛋白、胎盤素、胸線胜肽素等，它們等具有增加胸部血流量，刺激胸部成纖維細胞，活化和重組結締組織，增強組織纖維韌性，滋養乳房的效果。近來國外公司推出一種生物胜肽物質，生物胜肽鏈分子經皮吸收後，能參與組織重組和變緊實。它可促進胸部膠原蛋白合成，具有彈性蛋白胜肽鏈的重組活性，從而加強乳房的緊實度和堅挺度，提高胸部的負荷能力和美感。

6.健美劑

是指有助於人體體態健美的一類物質，該類物質經皮吸收後，可使脂肪酶代謝，抑制脂肪合成，協助排出脂肪分解物，以達到瘦身健美的目的。具有健美瘦身效果的添加物如下：

(1)促使脂肪分解的物質：環狀腺苷 - 磷酸（AMP）可以刺激脂肪組織，促使脂肪酶活化，使三酸甘油酯分解形成甘油和脂肪酸，還可阻礙其代謝物沉澱。例如，咖啡因、茶鹼、可可鹼等活性成分都有助於細胞體內環狀 AMP 的生成。

(2) 增強代謝作用的物質：例如，黃酮類化合物可以直接對靜脈和淋巴毛細微循環系統發生作用，有助於維持良好的排泄功能，有利於脂肪的排除。

(3) 促進結締組織再生的物質：例如，各類糖苷、類固醇、水解彈性蛋白及細胞生長因子等可刺激成纖維細胞產生彈性硬蛋白和膠原，而建立新的結締組織取代病態結締組織，這有利於脂肪類的分解。

此外，海洋生物類萃取物有抑制磷酸雙脂酶，進促脂肪分解的作用。多種天然植物和中草藥的活性成分，亦具有健美瘦身的效果（請參見表 9-1）。

7.除臭劑

是指能防止散發和掩蓋或除去體臭的一類物質，一般含有三種組成。

(1) 收斂抑汗劑：可收斂汗腺口，減少排汗量。該類物質如有機酸類和鋁、鋅、鉍鹽類，如檸檬酸、硫酸鋁鉀、4- 羥基苯磺酸鋅（最大允許濃度爲 6%，以無水物計算）。

(2) 殺菌劑：可以抑制細菌繁殖，防止因大汗腺分泌的汗液有機成分氧化酸敗反應的代謝物引起體臭。常選用硼酸、氧化鋅及四級銨鹽類陽離子化合物等。

(3) 芳香劑：選擇添加適宜香精，用以掩蓋體臭。

習　題

1. 請舉一實例說明生物工程製劑在化妝品上的應用。
2. 人參是暢銷的植物萃取物之一，請問人參中的有效成分爲何？這些有效成分的生理活性及作用原理爲何？

3. 請問特殊用途添加劑可以分成幾種類型及各包括哪些添加劑？
4. 請說明育髮劑、染髮劑及燙髮劑的作用為何？
5. 應用在化妝品中的保濕劑有哪些類別？
6. 美白去斑原料的種類為何？其作用原理為何？
7. 防曬性原料的種類有哪些？各舉一實例說明之。
8. 抗老化、抗皺紋的原料種類可以區分成幾類？其特性為何？

第四篇 化妝品分類與實例

化妝品種類繁多，其分類方法也五花八門。例如，按劑型分類、按內含物成分分類、按使用部位和使用目的分類、按使用年齡、性別分類等等。

就劑型分類分類：即按產品的外觀形狀、生產工藝和配方特點。可分爲水劑類產品、油劑類產品、乳劑類產品、粉狀產品、塊狀產品、懸浮狀產品、表面活性劑溶液類產品、凝膠狀產品、氣溶膠製品、膏狀產品、錠狀產品、筆狀產品及珠光狀產品等十三類。此分類方法，有利於化妝品生產裝置的設計和選用。

就產品的使用部位和目的分類：皮膚用化妝品類、毛髮用化妝品類、美容用化妝品及口腔衛生用品等四類。此分類方法，有利於配方原料的選擇、消費者瞭解和選用。

隨著化妝品工業的發展，化妝品已從單一功能向多功能方向發展，許多產品在特性和應用方面已沒有明顯界線，同一劑型的產品可以具有不同的特性和用途，而同一使用目的的產品也可製成不同的劑型。因此，要考慮生產上的需要，又考慮應用方面的需要。本篇介紹各種化妝品實例與配方上，主要重於按使用部位和使用目的分成四類。再針對不同類別的化妝品及劑型介紹各種化妝品實例與配方。

第十章　皮膚用化妝品

皮膚是人體的第一道防線，也是人體的最大器官，皮膚擔負著人體生理功能中的重要責任。爲了保護人體這道天然的屏障，人們研製和使用各種各樣的化妝品，目的就是增強皮膚的生理功能，延緩皮膚的衰老。皮膚用化妝品主要包括潔膚類化妝品、護膚類化妝品及功效類化妝品。

第一節　潔膚類化妝品

很多化妝品的使用者往往認爲化妝品是用來保護皮膚的，但是皮膚的清潔是保護皮膚的重要前提，是必不可少的環節。人體的皮膚是暴露在空氣之中的器官，每天的灰塵、髒東西都積存在皮膚的表面，加上人體自身的油脂、汗液等分泌物都會污染皮膚，堵塞毛細孔若處理不當，便會引發粉刺、暗瘡等皮膚疾病。因此，清潔皮膚尤其顯得更爲重要。

皮膚的清潔類化妝品主要有：清潔霜、洗面乳液、眼部清潔用品以及面膜。

一、清潔霜（cleansing cream）

清潔霜是乳化型的膏霜，由水相、油相經乳化而成。清潔霜的主要成分是油相，油性的成分約占 70%。清潔霜能夠溶解皮膚毛孔內的油溶性污垢，特別適合濃妝或油性皮膚的清潔。清潔霜的使用操作簡便，只要把清潔霜塗敷於面部，均勻打圈，使污垢和化妝殘留溶解於清潔霜內，用化妝棉或是面紙輕輕擦去即可。如果一次清洗沒有完全清潔，還可以重複以上步驟。

清潔霜的另一特點就是無需用水，可以單獨外出使用，並能在面部留下一層薄薄的保護層，但感覺會比較油膩。優質的清潔霜通常是中性或弱酸性的清潔用品，對皮膚沒有刺激作用，也適合乾性、衰老性皮膚選用。清潔霜配方舉例如下（表 10-1）。

表 10-1 清潔霜配方

成分	含量 %
單硬脂酸甘油脂（glycerol monostearate）	12
鯨蠟醇（cetanol）	3.0
凡士林（vaseline, petrolatum）	10.0
丙二醇（propylene glycol）	5.0
硬脂酸（stearic acid）	2.0
白油（white oil）	38.0
失水山梨醇單硬脂肪酸（sorbitan monostearate）	2.5
去離子水（water）	27.5
香精及防腐劑（essence and preservative）	適量

【配製】

將加入丙二醇的去離子水加熱到 80℃，其他的油相加熱融化到 70℃左右，把前者緩慢地加入到後者中，均勻地攪拌，等溫度降至 40℃左右，加入香精，攪拌降溫至室溫即可。

二、洗面乳液（face cleansing lotion）

洗面乳液就是俗稱的洗面乳。它是乳液狀的液態霜。洗面乳主要的成分是油脂、水分和乳化劑，但和清潔霜不同的是，洗面乳的主要成分不是油脂而是表面活性劑，其中的水分可以清潔水溶性的污垢和分泌物；油脂可以溶解油溶性的污垢，並能潤膚。乳化劑通常由陰離子表面活性劑、非離子表面活性劑和兩性表面活性劑組成。表面活性劑的選用是根據產品的性質和價格來決定的，例如兩性表面活性劑的刺激性最小，但是價格非常昂貴。

因爲洗面乳是人們最普遍、也最頻繁使用的清潔用品，一般每個人每天要使用 1~2 次，所以成分的選用一定要愼重，不能對皮膚產生不良的影響，更不能刺激皮膚。優質的洗面乳會添加一定的營養成分，在洗臉的同時滋養皮膚。洗面乳液配方舉例如下（表 10-2）。

表 10-2　洗面乳液配方

成分	含量 %
硬脂酸（stearic acid）	3.0
十八烷醇（octacosanol）	0.5
液體石蠟（liquid petrolatum）	35.0
丙二醇（propylene glycol）	5.0
失水山梨醇倍半油酸酯（sorbitan sesquioleate）	2.0
聚丙烯酸樹脂（1% 水溶液）（poly (aikyl acrylate) resin 1% solution）	15.0
去離子水（water）	44.5
香精、防腐劑、螯合劑（essence, preservative and chelating agent）	適量

【配製】

將所有油脂及乳化劑加熱至 70℃，添加其他的添加劑，保濕劑和螯合劑加入到去離子水中加熱至同樣的溫度，將油相加入至水相中進行預乳化，加入調整好的聚丙烯酸水溶液，攪拌均勻，脫氣過濾後冷卻即可。

三、眼部清潔用品（eye cleansing）

眼部的清潔用品主要是指眼部的卸妝清潔用品，眼部清潔用品是潔膚類化妝品中比較特殊的種類，它專門用於特定的範圍，因爲眼部的皮膚非常薄，很容易受到傷害。但是化妝及日常生活中，眼部是展現女性風采的最佳「窗口」，所以眼部應當得到特別的呵護。

一般來說，眼部皮膚所用的產品都是要防過敏的。眼部產品主要可以分爲卸妝油、卸妝乳液和卸妝水三大類。

- 卸妝水（make up removal lotion）：卸妝水是其中使用最爲方便，消費者感覺也最爲舒適的產品。它的主要成分是水，使用時只要用化妝棉沾取少量直接擦拭眼部即可卸妝，但是清潔的效果較差，只能應付日常的生活淡妝。
- 卸妝乳液（make up removal emulsion）：卸妝乳液的油脂含量高於卸妝水，主要的油脂成分是植物油，乳化後的性質比較溫和，不容易引起過敏，且對化妝品中的油脂類物質有比較好的溶解性，卸妝效果比水劑好，但對於濃重的舞台化妝或濃妝也要重複使用幾次方可。使用方法同卸妝水。
- 卸妝油（make up removal oil）：卸妝油是較之三種產品中卸妝最爲徹底、效果最好的產品。它的主要成分是油脂，對於濃妝有很好的清除效果，一般用於舞台妝或濃妝。使用方法同卸妝水。由於卸妝油主要的油脂採用的是礦物油，不含水分，所以不容易徹底地清洗乾淨，在清洗時要多加注意。

四、面膜（face mask）

面膜是目前深受消費者喜愛的深層潔膚產品。面膜能夠達到一般清潔類化妝品所達不到的效果，能夠較容易地把皮膚深層的污垢和髒東西帶出皮膚，並具有迅速改善膚質，補充皮膚所需營養的功效。面膜主要根據其凝結性狀分爲凝結性面膜、非凝結性面膜和特殊面膜。

1.凝結性面膜（setting mask）

凝結性面膜包括有軟膜和硬膜兩種。軟膜一般凝結後呈橡膠狀，而硬膜在凝結後呈石膏狀。軟膜一般含有較多的營養物質，而硬膜的主要成分不是營養成分，但是它可以幫助塗敷於臉部的營養物質被皮膚所吸收。

2.非凝結性面膜（non-setting mask）

非凝結性面膜的種類非常繁多，有膏體狀、泥狀、凝膠狀及氣溶膠狀等等。他們的作用和使用方法都相似，都是易於塗敷，帶給皮膚營養，使用方便，不像凝結性面膜使用時需要技巧，只是清潔起來略麻煩一些。

3.特殊面膜（special mask）

特殊面膜一般是指使用的方法或是使用的產品本身與上所述兩種面膜不盡相同的面膜。例如，家庭自製的黃瓜面膜、雞蛋面膜等。許多新材料爲消費者還提供了全新的、功能多樣的特殊面膜產品。比如用無織布經事先加工好的面膜，營養成分都加入布中，使用時只要往臉上一蓋即可，經20~30 分鐘之後取下，不用再洗臉。這些新產品都爲消費者的使用提供了方便。面膜配方舉例如下（表 10-3）。

表 10-3 面膜配方

成分	含量 %
聚乙烯醇（polyvinyl alcohol）	15.0
羧甲基纖維素（carboxy methylcellulose）	5.0
甘油（glycerol）	5.0
乙醇（alcohol）	10.0
去離子水（water）	65.0
香精及防腐劑（essence and preservative）	適量

【配製】

在加入防腐劑的去離子水中加入用部分乙醇溶解的聚乙烯醇和羧甲基纖維素加熱至 70℃，攪拌，等其全部溶解後靜置 24 小時，加入甘油、香精和剩下的乙醇，攪拌均勻。

第二節　護膚類化妝品

保護皮膚的健康，擁有光潤、白晰的皮膚是許多人的夢想，爲了達到這個目標，許多人都在試圖尋找合適的護膚方法，以使皮膚達到最佳的狀態。護膚類化妝品的品種很多，從狀態上來講，可以分爲水劑、膏霜和乳液三大類型。

一、水劑（lotion）

水劑類的護膚化妝品一般被稱爲化妝水，是在清潔皮膚之後使用的，它能補充皮膚的水分，平衡皮膚的 pH ，收縮皮膚的毛孔。根據配方的不同，大致可以分爲爽膚水、平衡水和美膚水。

- 爽膚水（skincare lotion）：爽膚水除了基礎的配方之外添加了一

定量的酒精成分和收斂劑的成分，適合油性皮膚的人使用。爽膚水能夠收縮油性皮膚過於粗大的毛孔，抑制皮脂腺的分泌，改善皮膚泛油光的狀況。

- 平衡水（balancing lotion）：平衡水具有調節人體皮膚 pH 的作用，使人體皮膚的酸鹼度保持在正常的範圍之內。在使用的時候，要根據自己的皮膚性質來選用，因為不同皮膚的 pH 是完全不同的。
- 美膚水（beauty lotion）：美膚水的主要成分上，除了基礎配方外主要是營養成分，並且絕對不含酒精。適合乾性皮膚使用，能夠補充皮膚所需的水分。

二、膏霜類（cream）

膏霜類是護膚類化妝品中品種最為繁多的一類護膚品。通常的品種有雪花膏、冷霜等，它們共同的特點是含有豐富的油脂以滋潤皮膚，並含有多元化的營養成分來保護皮膚，而且使用非常方便，只要均勻地塗敷於面部即可。

膏霜類護膚品根據其主要成分的乳化類型可分為 O/W 和 W/O 兩大類型。O/W 是水包油，是指乳化的小分子油脂外層包裹著水層，而 W/O 是油包水，正好相反，是水分子外層包裹著油層。

1.雪花膏（vanishing cream）

雪花膏相對目前的一些護膚品來說是歷史悠久的護膚類化妝品之一，它是非油膩性的護膚品。一般雪花膏都有令人舒適的香味，膏體潔白細膩，由於它塗敷在皮膚上，會像雪花一樣很快的融化，故而得名。

雪花膏是屬於 O/W 類型的，水分的含量很大，可以達到 80% 左右。因此塗敷於皮膚表面，水分會逐漸蒸發，留下一層肉眼看不見的薄膜，保護皮膚內的水分不被過量的蒸發，從而達到保濕的作用。雪花膏很適合在夏天使用，在化妝前使用，可以作爲底霜保護皮膚，隔離皮膚與彩妝。油性皮膚也比較適合使用這個類型的護膚品，使用後感覺舒適爽快，沒有黏膩的感覺。雪花膏配方舉例如下（表 10-4）。

表 10-4 雪花膏配方

成分	含量 %
脂肪醇（alkyl alcohol）	3.0-7.5
硬脂醇（stearyl alcohol）	10-20
多元醇（polyhydric alcohol）	5-20
鹼（以 KOH 計算）（alkali）（use KOH）	0.5-1.5
去離子水（water）	60-80
香精（essence）	0.3-1.0
防腐劑（preservative）	適量

雪花膏中的主要成分硬脂酸，與鹼中和產生硬脂酸皀作爲乳化劑的主體。體系中的鹼作爲中和劑對整個雪花膏的質量有很大的影響。首先不同的鹼作爲中和劑就會使雪花膏質量大相徑庭。過去最早採用的是碳酸鹽作爲鹼，但是由於工藝太複雜，現已淘汰。目前一般採用氫氧化鉀，或者是氫氧化鉀和氫氧化鈉的混合進行中和反應，其質量較好，但目前由於開始使用表面活性劑使反應乳化和表面活性劑兩者相互組合型的膏霜增多起來，爲使膏霜的 pH 値近於中性，以非離子表面活性劑爲主，拌用少量肥皀體系已成爲主流。

雪花膏的工業製作可以分爲以下幾步：

原料加熱＋混合乳化＋攪拌冷卻＋靜止冷卻＋包裝儲存

2.冷霜（cold cream）

冷霜也叫香脂或護膚脂，它是一種 O/W 類型的乳化體。冷霜早在西元前 100~200 年，希臘人就有其配製的處方，但那時只是最簡單的將融化的蜂蠟、橄欖油和玫瑰液混合在一起，混合的物質很不穩定，後來又加入硼砂穩定膏體。因爲使用者發現膏體塗敷於皮膚上，會引起水分蒸發，有涼爽的感覺，所以起名叫冷霜。

冷霜是所有的產品中含油量最多的產品，油性的成分最高可占到 85%。其中主要的成分爲蜂蠟，被沿用至今，因此也稱「蜜蠟」，是天然的酯類和酸類的混合體。但不是所有的蜂蠟都能使用，一般蜂蠟的酸值在 17~24 左右可以入選，若酸值太低，則會影響冷霜乳化體系的穩定程度。蜂蠟水解可以提高其酸值。冷霜配方舉例如下（表 10-5）。

表 10-5　冷霜配方

成分	含量 %
蜂蠟（酸值 17.5）（bee wax, acid value 17.5）	16.0
白油（white oil）	44.7
去離子水（water）	38.7
硼砂（sodium borate）	0.6
香精及防腐劑（essence and preservative）	適量

備註：台灣化妝品中禁止使用硼砂，但用以乳化 bee wax 及 bleached bee wax 者不在此限，惟其含量不得超過 0.76%（衛署藥字 646105 號公告）。

【配製】

將油相和水相分別加熱至 80℃左右，然後將水相均勻加入油相中，當溫度降至 50℃時加入香精，40℃時停止攪拌，冷卻至室溫。目前冷霜配方中會添加一些其他的療效成分，但基本配方都相同。

三、乳液類（emulsion）

乳液類護膚化妝品的流動性是介於潤膚水和膏霜類之間，大多爲油脂含量較低的 O/W 類型，又稱爲潤膚蜜。早期製造的杏仁蜜是用鉀皂做成乳化劑（emulsifier），但存放一段時間後，乳化體會變厚，且難以從瓶口倒出。目前，採用三乙醇胺和硬脂酸化合成皂做乳化劑。還有採用非離子型乳化劑如聚氧乙烯縮水山梨醇單油酸酯作爲乳化劑，則能改善其流動性，並能配製出和皮膚酸鹼值類似的乳液。但是，由於乳液穩定性差，長期放置容易分層。一般可以採用減小乳化粒子的直徑；減少內相和外相的密度差，提高外相的黏度，來改善其穩定性。現在的乳液通常還會加入一些營養物質，以增加保護和滋養皮膚的作用。例如，油性皮膚的產品中，添加維生素 C 、收斂劑（astringent）。乾性皮膚的乳液中，添加保濕劑（moisturer）。乳液配方舉例如下（表 10-6）。

表 10-6　乳液配方

成分	含量 %
鯨蠟醇（cetanol）	1.5
硬脂酸（stearic acid）	2.0
凡士林（vaseline, petrolatum）	4.0
角鯊烷（squalane）	5.0
甘油三 -2- 乙基己酸酯（glycol tri-2-ethylhexyl ester）	2.0
縮水山梨醇單油酸酯（sorbitan monoolate）	2.0
丙二醇（propylene glycol）	5.0
PEG1500（poly（ethylene）glycol 1500）	3.0

成分	含量 %
三乙醇胺（triethanolamine）	1.0
香料，防腐劑（perfume and preservative）	適量
去離子水（water）	74.5

【配製】

在去離子水中加入丙二醇、PEG1500 和三乙醇胺，加熱至 80℃，成爲水相。硬脂酸、鯨蠟醇、凡士林和角鯊烷、甘油三 -2- 乙基己酸酯以及縮水山梨醇單油酸酯和防腐劑在 80℃加熱融化成爲油相。將油相均勻地攪拌加入水相，進行乳化，當溫度降至 55℃時加入香精，到 40℃時停止攪拌。

第三節　功效類化妝品

功效類（特殊用途）美容化妝品是指同時具有美容和治療兩種功用的化妝品，同常在配方中加入具有一定療效的原料。

一、防曬類化妝品

防曬是指防止人的皮膚經過長期日光曝曬後出現的異常現象，它包括陽光曬到皮膚上所引起日光性皮膚炎，症狀是被曬的部位皮膚出現鮮紅色斑，有時會酌熱、疼痛、起水泡、腫脹和脫皮，以及由光照造成的皮膚老化現象。

陽光中紫外線分爲：短波紫外線、中波紫外線和長波紫外線。短波紫外線被大氣臭氧層阻擋，故不會造成皮膚的傷害。而中波紫外線和長波紫外線是會對皮膚造成傷害的波段。因此，防曬製品要對這部分紫外線有吸收或散射的能力，這是對防曬製品中防曬劑的要求。此外，還要要求防曬劑能夠均勻地溶解或分散於製品的介質中。但是，要求不溶或難溶於水，否則就容易被汗水沖掉。且使用後，即使液體揮發或其他原料流失，而防曬劑仍能較好地附著於皮膚表面。防曬劑應具有化學穩定性並不會刺激皮膚。

早期的防曬劑是粉類無機物，例如滑石粉、高嶺土、氧化鋅等。這些物質僅能遮蓋皮膚，減少日光與皮膚的接觸面，對於紫外線的吸收能力很弱。防曬劑大多數是能夠吸收紫外線的有機物，如對胺基苯甲酸及其衍生物（para aminobenzoic acid and derivatives）、水揚酸鹽（salicylate）、桂皮酸鹽（cinnamate）、二苯甲酮（benzophenone）或其他具紫外線吸收的功效成分等。

SPF 是防曬係數（sun protection factor）的縮寫，是計算該防曬品能在多長時間裡保持皮膚不被紫外線曬傷的一個係數，係數值越高表示防曬能力越強。雖然，SPF 值是防曬係數越大的產品能夠給皮膚提供良好的防曬，但也不是越大就越好。經使用經驗證明，SPF 值過大的產品會感覺油膩，對於過敏性皮膚的人來說，有可能會引起過敏。所以，過敏性皮膚的人，只能選用 SPF 係數小的產品。

近年來，防曬化妝品發展很快，產品眾多，劑型也很豐富，按其使用目的不同分為：

1.防曬化妝品（suncreen cosmetics）

這類防曬製品可以防禦陽光中的紫外線，防止皮膚曬黑。

(1) **防曬膏霜**：這類乳化體系是防曬製品中最流行的劑型。優點是容易乳化高含量的防曬劑，達到較高的 SPF 值。防曬膏霜和乳液容易分散和舒展於皮膚上，不會感到發黏和油膩，可在皮膚表面形成均勻的、有一定厚度的防曬膜，而且基質成本低。缺點是不太穩定，容易變質腐敗，防水性及耐水性較差。配方舉例：W/O 防曬霜（表 10-7）。

表 10-7　W/O 防曬霜配方

成分	含量 %
對甲氧基肉桂酸辛酯（p-methoxyl laureth octanoate）	5.0
羥基二甲氧基二苯甲酮（hydroxy dimethoxylbenzophenone）	3.0
4- 第三丁基 -4- 甲氧基丙烷二酮（4-*tert*-butyl-4-methoxyl propanedione）	1.0
二氧化鈦（titanium dioxide）	3.0
角鯊烷（squalane）	40.0
甘油二異硬脂酸酯（glyceryl diisostearate）	3.0
防腐劑（preservative）	適量
香精（essence）	適量
去離子水（water）	40.0
1, 3- 丁二醇（1, 3-butylene glycol）	5.0

(2) 防曬油（sunscreen oil）：防曬油是較爲古老的防曬製品，容易大面積分散和舒展全身，製作工藝簡單，耐水和防水性較好，但形成的薄膜較薄，不能達到很高的 SPF 值，且成本比乳液製品高。防曬油配方舉例如下（表 10-8）。

表 10-8　防曬油配方

成分	含量 %
水揚酸辛酯（octyl salicylate）	5.0
鄰胺基苯甲酸酯（o-aminobenzoate）	3.5
荷荷巴油（jojoba oil）	2.0

成分	含量 %
可哥脂（cocoa fat）	2.0
異十六醇（hexyldecanol）	15.0
香精（essence）	1.0
環狀二甲基矽氧烷（cyclodimethylsiloxane）	31.0
苯基二甲基矽氧烷（dimethylsiloxane）	0.1
白油（white oil）	40.0

(3) 防曬凝膠（sunscreen gel）：透明凝膠型產品能給人以純淨和雅致的感覺，在炎熱夏天使用，會感覺清爽涼快，但製造工藝複雜，且不容易製得 SPF 値高的產品。一般在配方中加入水溶性聚合物，如羥乙基纖維素、聚丙烯酸類樹脂、羧基乙烯類聚合物作爲凝膠劑。

(4) 防曬慕絲（sunscreen mousse）：防曬慕絲泡沫量高，產品密度小，與同樣重量的防曬品相比，塗抹容易面積大，無油膩感，使用時慕絲中的拋射劑會大量蒸發，有涼爽感覺，適合夏天使用。它的主要優點使用方便，但在海濱使用時，由於日照高溫，容器內壓力增大，會造成危險。

2.曬黑化妝品（tanning comsetic）

這類防曬製品是使皮膚在陽光下不發生炎症、紅斑等，可增加黑色素沉積，減少曬黑所需的日光劑量，達到既曬黑又不會受日光傷害的目的，賦予皮膚均勻自然的棕黑色，具有健美感。配方中的主要成分是防紫外線的物質和曬黑加速劑。曬黑化妝品常用於夏季的海濱，要求產品不黏，不黏沙粒，並具有良好的耐水性，爲提高耐水性，常在配方中加入薄膜形成劑。曬黑化妝品配方舉例如下（表 10-9）。

表 10-9　曬黑化妝品配方

成分	含量 %
對甲氧基肉桂酸異丙酯（p-methoxyl isopropyl cinnamate）	2.0
白油（white oil）	73.0
肉荳蔻酸異丙酯（isopropyl myristate）	20.0
矽酮油（silicone oil）	5.0
硅樹脂（薄膜形成劑）（silicone resin）（film forming agent）	適量
BHT（抗氧化劑）（butylhydroxytoluene）（anti-oxidant）	適量
香精（essence）	適量

二、除臭類化妝品

除臭即除去腋臭。腋臭發生在腋下、足部等多汗部位（即人體大汗腺部位）。然而汗液本體並無臭味，只是當汗腺分泌汗液後，其中的有機物經細菌分解產生有臭味的物質。體臭因人種、性別、年齡及氣候環境的不同而差別很大。

除臭產品要求具有抑止汗液分泌過多，防止、掩蓋或去除臭味的功能以及具有殺菌作用。除臭化妝品在國外特別是歐美極爲普遍，占有很大的市場。針對體臭產生的過程，除臭化妝品應該具備以下四種功能：

(1) 抑制大汗腺分泌的汗液。
(2) 具有殺菌作用。
(3) 消除體臭。
(4) 掩蓋體臭。

世界範圍的除臭化妝品已成爲僅次於香皂和護髮用品的個人衛生用

品，銷售量逐步增加，新產品也層出不窮，主要發展特點是對天然型原料分外受青睞，以符合人們崇尚自然的心理；產品的專用性更強，如法國的除臭化妝品根據男、女汗液分泌量的不同，對香型的要求也不同，分爲男性用和女性用兩種；除專用性外，還注重產品的多效能、多劑型，如在市場上，能去除腋臭、腳臭、汗臭的多效能除臭產品最受歡迎。常見的種類有：

1.除臭化妝水（deodorant lotion）

除臭化妝水中含有大量的乙醇，感覺清涼，除臭效果好。除臭化妝水配方舉例如下（表 10-10）。

表 10-10 除臭化妝水配方

成分	含量 %
羧基氧化鋁（carboxyl aluminum）	20.0
氧化二甲基苯甲胺（dimethyl benzedrine, oxidated）	0.2
聚氧乙烯油醇醚（polyoxyethylene oleylether）	0.5
丙二醇（propylene glycol）	5.0
乙醇（alcohol）	25.0
去離子水（water）	49.3
香精（essence）	適量

2.固體除臭劑（solid deodorant）

固體除臭劑是將除臭物質加到油性原料中做成細圓條狀的固體劑型，由於其附著力良好，所以除臭的持續性較長。固體除臭劑配方舉例如下（表 10-11）。

表 10-11 固體除臭劑配方

成分	含量 %
氧化鋅（zinc oxide）	12.0
固體石蠟（paraffin）	12.0
蜂蠟（bee wax）	23.0
凡士林（vaseline, petrolatum）	23.0
液體石蠟（liquid petrolatum）	30.0
香精（essence）	適量
抗氧化劑（anti-oxidant）	適量

三、去斑類化妝品

皮膚內色素增多會在皮膚上沉積，使皮膚表面呈現黑色、黃褐色的小斑點，稱作色斑。色斑形成的根本原因是由於體內的黑色素增多，黑色素是由黑色素細胞產生的。皮膚黑色素的產生是一系列複雜的生理變化過程。黑色素生合成反應是由酪胺酸（tyrosine）開始，經由酪胺酸酶催化成多巴（dihydroxyphenylalanine, Dopa），再由酪胺酸酶催化形成多巴（dopaquinone），之後如果遇到含硫的胺基酸，例如半胱胺酸（cysteine）或甲硫胺酸（methionine），會形成苯并唑衍生物（benzothiazine intermediates）之後再聚合成類黑色素（phaeomelanins）；如果沒遇到含硫胺基酸，多巴便會產生自發性的化學反應，轉變爲無色多巴色素（leucodopachrome）再迅速轉變成多巴色素（dopachrome），最後變成對苯二酮（quinones）之後就聚合成爲眞黑色素（eumelanins）。最後形成混合型之黑色素（mix type melanin）。常見的色斑有：

(1) 雀斑（freckle）：雀斑是一種多發於臉部的黑褐色斑點，主要在兩側面頰和眼下方，常在青春期出現。原因可能是日光或其他含紫外線的光和射線引起皮膚過敏所致。

(2)黃褐斑（chloasma）：黃褐斑常出現在鼻兩側或口唇周圍，呈咖啡色或淡褐色、黃褐色甚至黑褐色斑點，形狀像蝴蝶，故又稱「蝴蝶斑」。外因主要是日光的強烈照射，原因主要有：妊娠、慢性肝病、結核病等，或者機體缺乏維生素，服用藥物和機械刺激也可引起。

(3)老年斑（age sport）：多發生於中、老年人的臉部和手背等處，隨年齡增長而加劇。這是因爲隨年齡增長和各種疾病的影響，人體內會產生大量的自由基，這些自由基可以引發體內不飽和脂肪酸的過氧化，最終生成丙二醛，並與體內蛋白質和核酸反應，產生螢光物質，這些螢光物質的積聚就表現爲老年斑。

「膚如雪，凝如脂」歷來是東方女性的追求，因此去除各類色斑的除斑美白化妝品應運而生。目前美白產品已很少採用化學物質，用的最多的一些軟化肌膚角質層、清除污垢及補充養分的防曬天然萃取物。

主要可分爲：

(1)酪胺酸抑制劑（tyrosine inhibitor）：例如，當歸萃取物（angelica extract）、熊果苷（arbutin）等。

(2)氧化反應抑制劑（oxide reaction inhibitor）：例如，超氧化歧化酶（SOD）、甘草萃取物（licorice extract）等。

(3)對黑色素細胞有特異毒性物質（specific toxic for melatonin）：例如，氫醌（hydroquinone）。

(4)角質剝脫劑（corneum peelings）：例如，果酸（AHA）。去斑美白化妝品的種類很多，在蜜類、膏霜類、乳類、面膜類和洗面乳類等中都可添加美白成分。

去斑美白化妝品配方舉例如下（表 10-12）。

表 10-12　去斑美白化妝品配方

成分	含量 %
麴酸（kojic acid）	2.0
胎盤素（placenta extract）	4.0
甘草單硬脂酸酯（licorice monostearate）	1.2
聚氧乙烯十六醇醚（polyoxyethlene cetylether）	2.0
硬脂酸（stearic acid）	2.0
十六醇（hexadecanol）	1.0
肉荳蔻酸異丙酯（isopropyl myristate）	2.0
尼泊金甲酯（methyl paraben）	0.1
香精（essence）	適量
去離子水（water）	85.7

四、防粉刺、抗皺美白化妝品

1.防粉刺類製品（anti-comedo）

粉刺（comedo）在醫學上稱爲痤瘡，常見於青春發育期男女青年。主要發生在臉部，發後大都自然痊癒。生長粉刺的根本原因是男女在青春期內分泌機能發生重大變化，皮脂分泌旺盛，毛囊上皮增生，皮脂腺管口毛囊角質化而使管口阻塞，導致皮脂產生與排出平衡的失調而造成的。

痤瘡可形成丘疹或膿疱，迅速化膿吸收，呈密布的小黑點。爲防止痤瘡感染惡化和使症狀減輕，一般可用肥皂溫熱水洗滌臉頰，少食多脂性食物、酒類及糖果，加強胃腸機能，另外使用具有功效性的化妝品－粉刺霜等防治粉刺類製品。

以前防粉刺類製品都用硫磺、間苯二酚等滅菌劑，配以輔助穿透劑，以增進療效。但由於它們不能使脂肪及黑頭鬆弛，所以效果一般。防粉刺類製品配方舉例如下（表 10-13）。

表 10-13　防粉刺類製品配方

成分	含量 %
硫磺（sulfur）	6.0
樟腦（作爲輔助穿透劑用）（camphor）（to be auxiliary-penetration agent）	0.5
阿拉伯樹膠（gumarabic）	3.0
氫氧化鈣（calcium hydroxide）	0.1
香精（essence）	適量
去離子水（加至）（water）（add to）	100.0 ml

先將阿拉伯樹膠溶於 30 ml 水中呈現黏稠液體，在此黏稠液中邊研磨混合加入硫磺、樟腦混合物，然後再加入氫氧化鈣飽和水溶液（0.1 g 氫氧化鈣氫氧化鈣氫氧化鈣溶於 50 ml 水中），振盪混合均勻。最後，將香料和水（總量 100 ml）加入上述混合物中，由此製劑爲懸浮液，放置後會出現沉澱，使用時要搖勻。

2.抗皺美白化妝品（anti-wrinkle and whitening）

隨年齡增長和外界因素影響，人體皮膚的皮下脂肪和水分會逐漸減少，彈力纖維斷裂，角蛋白降低，皮膚的彈性逐漸變差，表皮變的乾燥、皺紋增多，甚至出現粗糙乾裂現象，失去美感。塗用防皺、抗衰老膏霜，可以減輕皺紋，延緩皮膚的衰老，保持皮膚的潤澤。年齡增長的同時，皮膚內色素增多，會在皮膚上沉積，使皮膚表面呈現黑色、黃褐色的小斑點，稱為色斑。

常用的抗皺美白化妝品有：防皺霜（anti-wrinkle cream）、增白霜（whitening cream）等。防皺霜配方舉例如下（表 10-14）；增白霜配方舉例如下（表 10-15）。

表 10-14 防皺霜配方舉例

成分	含量 %
A. 矽酸鎂鋁（sodium magnesium silicate）	1.5
纖維素膠（CMC7 LF）（cellulose gel CMC7 LF）	1.0
蒸餾水（water）	82.5
B. 聚苯乙烯磺酸鈉（sodium polystyrene sulfonate）	12.0
C. 膠原蛋白（collagen）	3.0
防腐劑（尼泊金甲酯或丁酯）（preservative, methyl paraben or butyl paraben）	適量

【配製】

將 A 組成分混合，緩慢攪拌均勻。依次加入 B 組成分和 C 組成分，每組成分加入後，混合均勻。該防皺霜的 pH 為 7.5~8.0，具有舒展臉部表皮皺紋的功效，並有促進皮層再生的能力；塗抹後，使人有爽快感覺，能均勻地在皮膚上舒展，適合中年人保護皮膚。

表 10-15 增白霜配方舉例

成分	含量 %
A.3- 乙酸乙酯基醚基抗壞血酸（3-ethyl acetate ester eher ascorbic acid）	1.5
微晶蠟（microcrystalline wax）	11.0
蜂蠟（bee wax）	4.0
凡士林（vaseline, petrolatum）	5.0
氧化羊毛脂（oxidated lanolin）	7.0
角鯊烷（squalane）	34.0
己二酸十六烷酯（cetyl adipate）	10.0
甘油單硬脂酸酯（glyceryl monostearate）	3.0
Tween-80（polyoxyethylene sorbitan monooleate）	1.0
B. 丙二醇（propylene glycol）	2.5
抗氧化劑、殺菌劑（anti-oxidant and bactericide）	適量
蒸餾水（water）	20.5
C. 香精（essence）	0.5

【配製】

將 A 組成分混合，加熱至 80℃。將 B 組成分混合，加熱至 80℃。在攪拌下，將 A 組成分加於 B 組成分中，乳化均勻後冷卻至 45℃時加入香精，冷卻至室溫。

習 題

1. 陽光中的紫外線會對皮膚造成哪些危害？
2. 什麼是 SPF 值？SPF 值是否越大越好？
3. 常用的防曬用品有哪些？
4. 什麼是曬黑化妝品？

5. 爲什麼要使用除臭化妝品？
6. 世界範圍內目前流行哪類除臭用品？
7. 黑色素是怎樣形成的？如何抑制它？
8. 皮膚上常見的色斑有哪些？

第十一章　毛髮用化妝品

頭髮是人體美化的重點部位，頭髮的柔順、光澤和飄逸是人們身體健康的指標之一。頭髮用化妝品主要是針對頭髮的清潔、保養與美化而言的，故可將其分爲洗髮類化妝品、護髮類化妝品及美髮類化妝品。

第一節　洗髮類化妝品

洗髮類化妝品的功能在於清除頭髮及頭皮上的污垢，以保持頭髮的清潔。目前，人們習慣使用的洗髮用品主要是洗髮精和護髮素。洗髮精之所以能很快取代香皂，成爲家庭常用的頭髮清潔用品，主要是洗髮精無論在製作或使用方面都具有較大的優越性。第一，以表面活性劑爲主要原料的洗髮精具有良好的去污能力及相當的泡沫穩定性；第二，在洗髮精的製作中能較方便地調配合適的黏度，便於取用；第三，表面活性劑還能有效地去除硬水中的鈣、鎂離子，改善洗髮精的洗滌功能，使洗滌後的頭髮易於梳理，並富有光澤。

一、洗髮精（shampoo）

洗髮精按功能分類有通用型、調理型及特殊功效型。人們通常使用的中性洗髮精、油性洗髮精、乾性洗髮精爲通用型洗髮精；染髮精、燙髮精爲恢復髮質的調理型精；而去屑精、止癢精則爲特殊功效型精。

香皀通常有液狀與膏狀兩種劑型。液狀香皀通常採用表面活性劑爲主要原料，而膏狀香皀剛採用脂肪酸皀爲主要原料。其中，液狀香皀是人們通常使用的洗髮用品。

1.液狀香皂(liquid soap)

又稱洗髮液，常見的有透明香皂和珠光香皂兩種。影響液狀香皂的重要物理指標是香皂的黏度。一般而言，黏度較高的香皂便於貯存與使用。增加香皂的黏度，通常可適量加入，如氯化鈉、氯化銨等無機鹽，也可適當加入水溶性高分子物質用於增稠。液狀香皂，如透明香皂(transparent soap)、珠光香皂(pearl soap)、調理香皂(conditioning soap)及去屑香皂(anti-dandruff soap)配方舉例如下(表 11-1~ 表 11-4)。

表 11-1 透明香皂配方

成分	含量 %
烷基醚硫酸鈉(sodium laureth sulfate)	20.0
烷基醇醯胺(alkanolamide)	4.0
氯化鈉(sodium chloride)	2.0
防腐劑、色素、香精(preservative, pigment and essence)	適量
去離子水(water)	74.0

表 11-2 珠光香皂配方

成分	含量 %
烷基硫酸三乙醇胺鹽(alkyl sulfate triethanolamine)	20.0
烷基醇醯胺(alkanolamide)	4.0
乙二醇單硬脂酸酯(glycerol monostearate)	2.0
防腐劑、色素、香精(preservative, pigment and essence)	適量
去離子水(water)	74.0

表 11-3　調理香皂配方

成分	含量 %
烷基醚硫酸鈉（sodium laureth sulfate）	20.0
椰子脂肪酸二乙醇醯胺（coconut fatty acid diethanolamide）	2.0
陽離子變性纖維醚（cationic cellouse ester, denatured）	2.0
防腐劑、色素、香精（preservative, pigment and essence）	適量
去離子水（water）	76.0

表 11-4　去屑香皂配方

成分	含量 %
烷基硫酸三乙醇胺鹽（alkyl sulfate triethanolamine）	20.0
月桂酸二乙醇醯胺（lauric acid diethanolamide）	4.0
聚丙烯酸三乙醇胺鹽（polyacrylic acid triethanolamide salt）	1.0
鋅吡啶硫銅（zinc pyrithione）	1.0
防腐劑、色素、香精（preservative, pigment and essence）	適量
去離子水（water）	76.0

2.膏狀香皂（cream soap）

是以脂肪酸皀為主要原料配製成的膏狀體香皀。優點是脫脂力強、貯存方便，但其過強的洗淨力會破壞頭髮表層的脂質，使得洗後的頭髮缺乏光澤、不易梳理。膏狀香皀配方舉例如下（表 11-5）。

表 11-5　膏狀香皀配方

成分	含量 %
十二烷基硫酸鈉（sodium dodecyl sulfate）	20.0
烷基醇醯胺（alkanolamide）	1.0
單硬脂酸甘油酯（glyceryl monostearate）	2.0

成分	含量 %
硬脂酸（stearic acid）	5.0
氫氧化鈉（sodium hydroxide）	2.0
防腐劑、色素、香精（preservative, pigment and essence）	適量
去離子水（water）	70.0

二、護髮素（hair conditioner）

護髮素的功能是增加養分、消除頭髮靜電、修復受損頭髮，使洗後頭髮柔軟、飄逸並富有光澤。護髮素的主要成分爲陽離子表面活性劑，具有中和頭髮表面靜電的功效，同時能被頭髮的髮角質蛋白吸收，使頭髮顯得柔軟、有彈性。

護髮素的陽離子表面活性劑通常有氯化烷基三甲基銨、氯化二烷基二甲基銨及氯化烷基二甲基苄基銨三種。頭髮對陽離子表面活性劑的吸附量會因 pH 值、溫度、處理時間、銨鹽的化學結構及毛髮本身的損傷程度而受到影響。一般而言，頭髮對陽離子表面活性劑的吸附量比油脂類要大得多。

護髮素通常有膏霜、油狀及調理型三種。膏霜護髮素（cream hair conditioner）、油狀護髮素（oil hair conditioner）及調理型護髮素（conditioning hair conditioner）配方舉例如下（表 11-6~11-8）。

表 11-6　膏霜護髮膏配方

成分	含量 %
氯化硬脂醯二甲基苄銨（stearamidobimethylbenzyl ammonium chloride）	1.5
硬脂酸（stearic acid）	1.0

成分	含量 %
單硬脂酸甘油酯（glyceryl monostearate）	2.0
氯化鈉（sodium chloride）	0.5
防腐劑、色素、香精（preservative, pigment and essence）	適量
去離子水（water）	95.0

表 11-7　油狀護髮膏配方

成分	含量 %
氯化硬脂醯三甲基銨（stearoyl trimethyl ammonium chloride）	2.0
聚氧乙烯十六烯基醚（polyoxyethylene hexadecylene ester）	1.5
聚氧乙烯羊毛脂醚（polyoxyethylene lanolin alcohol ether）	3.0
丙二醇（propylene glycol）	5.0
檸檬酸（citric acid）	0.1
檸檬酸鈉（sodium citrate）	0.1
對羥基苯甲酸丁脂（butyl parahydroxybenzoate）	0.1
對羥基苯甲酸甲脂（methyl parahydroxybenzoate）	0.1
防腐劑、色素、香精（preservative, pigment and essence）	適量
去離子水（water）	88.1

表 11-8　調理護髮膏配方

成分	含量 %
變性澱粉（denature starch）	2.0
聚氧乙烯膽固醇（polyoxyethylene cholesterol）	1.0
單硬脂酸甘油酯（glyceryl monostearate）	2.0
矽酮油（silicone oil）	0.2
防腐劑、色素、香精（preservative, pigment and essence）	適量
去離子水（water）	94.8

第二節 護髮類化妝品

護髮類化妝品的功能在於促進頭皮的血液循環，增加髮根的營養，恢復因燙髮、漂染而受損的頭髮，同時具有防止脫髮、去屑止癢、殺菌消毒等效果。常用的護髮用品，包括以水劑爲主、適合油性髮質的油／水型髮乳，及以油脂含量爲主的、適合乾性髮質的水／油型髮乳。除此以外，還有水劑、髮油及油膏等等。

一、護髮水（hair caring lotion）

護髮水是在乙醇溶液中加入各種營養組分及藥效成分配製而成，通常用於防止脫髮、去屑止癢及滋潤頭髮。護髮水配方舉例如下（表 11-9）。

表 11-9 護髮水配方

成分	含量 %
乙醇（alochol）	80.0
乙醯化羊毛醇（acetylate lanolin alcohol）	10.0
丙二醇（propylene glycol）	4.0
卵磷脂（lecithin）	1.0
膽固醇（cholesterol）	0.5
維生素（vitamin）	1.0
乳酸（lactic acid）	0.5
防腐劑、色素、香精（preservative, pigment and essence）	適量
去離子水（water）	3.0

二、髮油（pomade）

髮油中不含乙醇和水，主要原料是植物油或礦物油，是一種重油型護髮產品。若在礦物油或植物油中適量增加羊毛脂、維生素 E 可促進頭髮對營養的吸收，使頭髮光澤和柔順。髮油的配製簡單而方便，可單純選用植物油或礦物油，也可根據需要配製成功效型護髮用品。髮油通常用於乾性髮質。

三、髮乳（hair cream）

髮乳是油和水的混合體，可分成油／水型適合油性髮質的輕油性護髮用品及水／油型適合乾性髮質的重油性護髮用品。油／水型適合油性髮質的輕油性髮乳配方舉例如下（表 11-10）。水／油型適合乾性髮質的重油性髮乳配方舉例如下（表 11-11）。

表 11-10　油／水型適合油性髮質的輕油性髮乳配方

成分	含量 %
液體石蠟（liquid petrolatum）	15.0
羊毛脂（lanolin）	2.0
硬脂酸（stearic acid）	6.0
三乙醇胺（triethanolamine）	2.0
丙二醇（propylene glycol）	1.0
單硬脂酸聚乙二醇酯（polyethyleneglycol monostearate）	2.0
防腐劑、色素、香精（preservative, pigment and essence）	適量
去離子水（water）	73.0

表 11-11　水／油型適合乾性髮質的重油性髮乳配方

成分	含量 %
液體石蠟（liquid petrolatum）	40.0
蜂蠟（bee wax）	3.0

成分	含量 %
硬脂酸（stearic acid）	4.0
三乙醇胺（triethanolamine）	2.0
甘油（glycerol）	1.0
防腐劑、色素、香精（preservative, pigment and essence）	適量
去離子水（water）	50.0

四、油膏（ointment）

油膏主要給頭髮補充油脂，修復燙染後受損的頭髮。油膏通常採用高品質的動、植物油脂、蛋白質、表面活性劑等，使用後頭髮柔順自然且無油膩感。油膏配方舉例如下（表 11-12）。

表 11-12　油膏配方

成分	含量 %
硬脂酸異十六酯（isocetyl stearate）	32.0
三辛酸甘油酯（caprylic acid triglyceride）	32.0
環甲基聚矽氧烷（cyclomethylpolysiloxane）	30.0
貂油（marten oil）	4.0
防腐劑、色素、香精（preservative, pigment and essence）	適量
去離子水（water）	2.0

第三節　美髮類化妝品

美髮類化妝品的功能在於改變或輔助塑造頭髮形象，並且具有保持髮型、增強頭髮美感之功效。美髮類化妝品有改變頭髮形狀的燙髮用品，也有調整頭髮顏色的染髮用品，還有保持頭髮形狀的定型用品。

一、燙髮用品

頭髮主要由角蛋白構成，是由多種化學鍵組成的網狀結構。頭髮的捲曲形狀主要由雙硫鍵決定，要使得直髮捲曲，必須使用含還原劑的燙髮液，使頭髮中胱胺酸的雙硫鍵斷裂，形成兩個半胱胺酸。此時，毛髮將顯得柔軟，並可在捲髮槓的作用下隨意成型。成型後的頭髮可運用含氧化劑的定型液復原斷裂的雙硫鍵，使捲曲的頭髮形狀得以保存。

燙髮劑（permanent waving agent）的原料有還原劑（reducing agent）（胱胺酸、硫基乙酸及其鹽類）、鹼化劑（alkaliner）、軟化劑（emollient）、滋潤劑（wetting agent）、調理劑（conditioning agent）、乳化劑（emulsifier）、增稠劑（thickener）等等。其中，還原劑是促使雙硫鍵發生斷裂的主要因素；鹼用於調節燙髮劑的pH，以促使還原效應增強；軟化劑可使頭髮軟化膨脹，有利於燙髮劑滲透至髮質內部；滋潤劑可使捲燙過的頭髮不至於過度受損；調理劑則可改善頭髮的光澤和柔軟性；乳化劑與增稠劑用於膏霜及乳液的配製。燙髮劑配方舉例如下（表 11-13）。

表 11-13　燙髮劑配方

成分	含量 %
硫基乙酸（thioacetic acid）	5.8
碳酸氫銨（ammonium hydrogencarbonate）	7.0
乙醇胺（ethanolamine）	2.0
羊毛脂聚氧乙烯醚（polyoxythylene lanolin）	0.5
EDTA (ethylene diaminetetra acetic acid)	適量
防腐劑、色素、香精（preservative, pigment and essence）	適量
去離子水（water）	84.7

定型劑（hair fixative agent）的原料有氧化劑（oxidising agent）、酸類（acidifier）、調理劑（conditioning agent）及其他配製用品。其中，氧化劑是進行氧化劑作用，是用來復原被還原劑打斷的雙硫鍵，使捲曲後的頭髮定型；酸類用於調節定型液的 pH ，有利於氧化反應的進行；調理劑用於改善頭髮的光澤和柔軟性，並有利於頭髮的保濕。在定型液的製作中，同樣需要增加一些增稠劑（thickener）、香精（essence）、色料（pigment）等，以增強定型劑的物理性能。定型劑配方舉例如下（表 11-14）。

表 11-14 定型劑配方

成分	含量 %
溴酸鈉（sodium bromate）	5.0
磷酸二氫鈉（sodium dihydrogen phosphate）	3.0
碳酸鈉（sodium carbonate）	1.0
防腐劑、色素、香精（preservative, pigment and essence）	適量
去離子水（water）	91.0

二、染髮用品

染髮用品用於滿足白髮的染黑或其他色澤的漂染，染髮化妝品有永久性染髮劑、半永久性染髮劑和暫時性染髮劑。

暫時性染髮化妝用品，主要原料爲顏料（pigment）和黏結劑（binder）。上色原理如同採用毛刷將顏料直接塗刷於頭髮表面，或是透過透明液體介質將染料噴灑至頭髮表面，將頭髮染成所需要的顏色。使用暫時性染髮用品，優點是安全而有效，方便於各種場合使用。但其缺點是色澤度差，持續時間短，因此常用於特殊造型的需要。

永久性染髮化妝用品是美髮中使用最多的染髮用品，主要成分是染料中間體，染髮原理是染料中間體滲透入毛髮組織被氧化劑氧化而使毛髮染色，氧化劑還可使頭髮顏色變淡，並可根據氧化染料用量的多少及反應程度的不等，控制頭髮的漂染顏色。使用永久性染髮化妝品，優點是染髮色澤牢固，耐多次洗滌，色澤有較大的選配餘地，是目前染髮化妝用品的主導產品；缺點是容易損傷頭髮且不易掌握染色深淺及均勻度。氧化型染髮用品，由於氧化染料用量不等將會產生不同的染髮色澤效果，因此產品配製技術要求較高。氧化型染髮用品通常配製成二劑型。氧化型染髮劑配方舉例如下（表 11-15 及表 11-16）。

表 11-15　氧化型染髮劑配方 I 劑

成分	含量 %
氧化染料（oxidate-dye）	適量
油酸（oleic acid）	20.0
聚氧乙烯油醇醚（polyoxyethylene oleylether）	15.0
異丙醇（isopropanol）	10.0
氨水（ammonia water）	10.0
2, 4- 二氨基甲氧基苯（2,4-diaminomethoxy benzene）	1.0
間苯二酚（resorcinol）	0.2
防腐劑、色素、香精（preservative, pigment and essence）	適量
去離子水（water）	43.8

其中，氧化染料常選用對苯二胺，用量隨色澤由深至淺可分別選用 2.7%、0.08% 不等。

表 11-16 氧化型染髮劑配方 II 劑

成分	含量 %
過氧化氫（hydrogen peroxide）	18.0
穩定劑（stabiliser）	2.0
去離子水（water）	80.0

三、定型用品

定型用品大致有定型慕絲（fixativing mousse）和噴髮膠（hair spray）兩類。功效是將造型後的髮型定型，以保持一段時間。定型劑通常屬於氣溶膠型化妝品，所謂氣溶膠是指液體或固體的微粒，分散在氣體中形成膠態體系。製作時將有效產品與噴射劑共存於帶有閥門的耐壓容器中。

定型劑（hair fixative agent）中有效成分為化妝品原液，包括成膜劑（film former）、溶劑（solvent）、增塑劑（plasticizer）、中和劑（neutralizer）、護髮劑（hair caring agent）等等。在原液中產生定型作用的主要是成膜劑，常用的成膜劑有聚乙烯醇、聚乙烯吡咯烷酮、聚乙烯甲基醚及其衍生物等。溶劑主要起溶解成膜劑的作用，常用的有乙醇或去離子水。其中，乙醇對高分子化合物有較好的溶解性，並且在噴射後又較易揮發而成膜，因此在製作時常作為較適合的溶劑。增塑劑是為了增加定型膜的彈性，使用後的頭髮光滑、柔軟而富有彈性，常用的增塑劑有二甲基矽氧烷、高級醇乳酸酯、乙二酸二異丙酯等。中和劑的作用是將酸性聚合物形成羧酸鹽，以增加在水中的溶解性，常用的中和劑有三乙醇胺、三異丙醇胺等。護髮劑是高檔定型產品中調理頭髮的添加劑，常用矽酮油、羊毛脂等。定型劑若為慕絲泡沫劑型則需添加脂肪醇聚氧乙烯醚類、山梨醇聚氧乙烯醚類非離子界面活性劑作為發泡劑。

噴射劑（propellants）一般使用液化氣體或高壓氣體，液態噴色劑常使用氟氯碳化物（fluorochlorocarbons）或稱氟里昂（freon）是氟氯代甲烷和氟氯代乙烷的總稱，因此又稱「氟氯烷」或「氟氯烴」，可用符號「CFC」表示。化學性質穩定毒性低，並不易燃燒，但會因破壞臭氧層而引起環境污染。壓縮氣體噴射劑在氣溶膠容器內以氣體狀態直接存在於原液上部，噴射時起推動作用，常用的氣體有氮氣、二氧化碳及氦氣等，其性質都不活潑。使用這些氣體，對原液要求不高，但對容器閥門和按鈕有特殊要求。

習 題

1. 洗髮精的功能分類有哪些？
2. 試述洗髮精和護髮素的作用。
3. 護髮類化妝品的功能有哪些？
4. 燙髮劑的主要原料有哪些？
5. 試述暫時性染髮和永久性染髮的不同。

第十二章　美容化妝品

美容化妝品，是用於美化容顏的，此類化妝品名目繁多，色彩豐富，是所有化妝品中最富魅力的類型。美容化妝品能在瞬間改變容顏，修飾或遮蓋容貌中的缺陷，突現容貌的優點。美容化妝品主要介紹臉部基面用化妝品、彩妝化妝品等。

第一節　基面化妝品

基面化妝品主要是指用於整個臉部和身體顯露部位，達到調整膚色的作用。基面化妝品透過遮蓋瑕疵、調整膚色，使人看起來更精神，並且能夠達到隔離皮膚與外界灰塵及紫外線的作用。基面化妝品按狀態分類包括粉底液、粉底霜和粉底膏，以及散粉、粉餅；按功能分類有修容類和膚色類兩大類；若以色彩分類，則無以計數。

一、粉底液（foundation lotion）

是乳液狀的產品，又稱粉底乳或粉底蜜。粉底液的使用非常方便，可以直接用手指均勻塗敷，適合生活中的日常化妝使用，感覺自然、清爽。缺點是遮蓋力有限，如果面部的瑕疵比較明顯，粉底液無法達到很好的修飾作用。粉底液是將與膚色相似的粉料加入到乳液中，這樣粉底液比普通的乳液多了一種粉料成分。粉底乳液中的水相、油相和粉料經乳化成爲一體，但是穩定性與普通的乳液相較之下，則難以保證，若配置不當、長時間的存放容易出現分層。粉底液配方舉例如下（表 12-1）。

表 12-1 粉底液配方

成分	含量 %
滑石粉（talc, talcum powder）	6.0
二氧化鈦（titania oxide）	6.0
硬脂酸（stearic acid）	2.0
丙二醇硬脂酸酯（propyleneglycol stearate）	2.0
鯨蠟醇（cetanol）	0.3
白油（white oil）	3.0
羊毛脂（lanolin）	2.0
肉豆蔻酸異丙酯（isopropyl myristate）	2.0
去離子水（water）	64.3
膨潤土（bentonite）	0.5
丙二醇（propylene glycol）	4.0
三乙醇胺（triethanolamine）	1.0
羧甲基纖維素（carboxy methylcellulose）	0.2
顏料、香精和防腐劑（pigment, essence and preservative）	適量

【配製】

將二氧化鈦、滑石粉和色料混合研磨成粉狀，去離子水中加丙二醇、三乙醇胺溶解成水相。將粉末全部加入水相中，用乳化攪拌器使之攪拌均勻，保持 70℃。其他成分混合，並加熱使之溶解，保持溫度在 70℃成為油相。將混合相加入油相中進行乳化，乳化後邊攪拌邊冷卻，冷卻至室溫停止。

二、粉底霜（foundation cream）

粉底霜有兩種，一種不含粉料，配方和雪花膏相似，不具備遮瑕能力；另一種加入了鈦白粉、氧化鋅等粉質的原料，具有較好的遮蓋能力。

粉底霜中的油脂含量比粉底液多，油的含量約在 30% ，成非流動的霜狀。因此更容易塗抹，對皮膚的黏附力更強，瑕疵的遮蓋力也更強，同時又有一定的潤膚和護膚的作用，因此很受消費者的歡迎。粉底霜配方舉例如下（表 12-2）。

表 12-2　粉底霜配方

成分	配方 I 含量%	配方 II 含量%
硬脂酸（stearic acid）	17.0	2.0
單硬脂酸甘油酯（glycerol monostearate）	—	4.0
乙二醇月桂酸酯（ethylene glycol laurate）	2.0	—
十六醇（hexadecanol）	2.0	—
白油（white oil）	2.0	8.0
棕櫚酸異丙酯（isopropyl palmitate）	2.0	6.0
氫氧化鉀（potassium hydroxide）	1.0	0.1
甘油（glycerol）	5.0	34.0
鈦白粉（titanium dioxide）	—	5.0
氧化鐵紅（iron oxides red）	—	0.15
氧化鐵黃（iron oxides yellow）	—	0.5
矽酸鋁（aluminum silicon）	2.0	—
去離子水（water）	67.0	40.25
香精和防腐劑（essence and preservative）	適量	適量

【配製】

配方 I 的粉底霜。膏體結構與雪花膏很接近，其中的棕櫚酸異丙酯能改進粉底霜的塗敷性。矽酸鋁是作爲白色的顏料，用來增加膏體對皮膚的遮蓋能力。配製時將氫氧化鉀稀釋至 10% ，並加熱至 70℃。同時將油溶性物質放在一起加熱熔化至 75℃。將矽酸鋁等顏料與甘油調製成糊狀，經過 200 目的篩子篩過備用。將氫氧化鉀水溶液倒入油相，並不斷的攪拌，即將過篩後備用的漿狀矽酸鋁倒入 65℃的乳化體中，不斷攪拌至膏體變厚，停止。

配方 II 是膚色粉底霜。先將顏料粉質和部分甘油混合研磨均勻，使粉胚更爲細膩。再將此粉胚加入還在攪拌的乳化體中，繼續攪拌，冷卻至 50℃加入香精，在 40℃時停止攪拌。由於加入粉質原料時更易使空氣帶入而使成品產生小氣泡，所以要在乳化體 70℃時加入粉胚，除去小氣泡。

三、粉底膏（foundation cream）

粉底膏與粉底霜的成分很相似，不同的是粉底膏不含乳化劑和溶劑。通常粉底膏被製成條狀，便於攜帶和使用。在此不再重複。此外新型的粉底產品還有各種色彩，多用於修顏。例如，修飾過於黃的皮膚可以使用紫色的修顏粉底，偏紅的膚色可以使用綠色的修顏粉底。它們可以透過補色的運用來修飾膚色的不當之處。修飾膚色的產品有適合各種膚色的顏色，國外還有根據色盤配置的可調式膚色粉底。所有的粉底產品都必須符合以下幾個條件，才能被稱之爲好的基面狀用品：

- 第一是方便使用、方便攜帶、方便塗抹。
- 第二是產品的乳化體均勻，不易產生沉澱。
- 第三產品穩定性好，使用後妝面持久不脫落。
- 第四是產品遮蓋性強，能遮蓋臉部瑕疵，且使用後感覺光滑。

四、散粉和粉餅（compact powder）

散粉又可稱爲香粉，能達到固定妝面的作用，常用在粉底塗抹後的定妝，另有各種色彩的散粉，可達到調整膚色的作用。粉餅只是把散粉固化，用機械力將散粉壓實，以便於攜帶和使用。散粉配方舉例如下（表12-3）。

表 12-3　散粉配方

成分	含量 %
滑石粉（talc, talcum powder）	74.0
高嶺土（kaolin）	10.0
二氧化鈦（titanium dioxide）	5.0
白油（white oil）	3.0
無水山梨醇油酸酯（sorbitan oleate）	2.0
顏料和香料（pigment and essence）	適量
山梨醇（sorbitol）	4.0
丙二醇（propylene glycol）	2.0

第二節　彩妝用品

彩妝用品（color cosmetic）是色彩斑斕的化妝品。彩妝用品的品種繁多，臉部各個不同的部位有其特定的彩妝用品。彩妝用品的作用就是透過色彩的使用，突出和美化人體臉部的各個部位。

一、眼部化妝品

每個人都想擁有一雙明亮動人的眼睛，從古至今，文人常稱眼睛「秋水如波」，可見眼睛的化妝是多麼的重要。眼部使用的化妝品無論是從數量，還是品種或色彩來說，都是化妝品之最。本節將分門別類地詳細介紹其化學組成。

1.眉筆（eye brow pencil）

眉筆古已有之，過去女性經常使用碳條或黑墨畫眉。到了現代，眉筆的基本原材料還基本是傳統的主要成分。眉筆的外形大多呈鉛筆狀，但筆芯有許多不同的製法。有的類似鉛筆，筆芯用木料包裹，使用前要用專用的刀削；有的是把原料製成單獨的筆芯，安裝在可以旋轉的筆桿內，無需再用刀削，只要向上旋轉就能使用。一般來說，類似鉛筆的筆芯較軟，而旋轉式眉筆的筆芯因爲沒有木材的保護，要求製作有一定的硬度。但兩者的基本配方是相似的。眉筆配方舉例如下（表 12-4）。

表 12-4　眉筆配方

成分	含量 %
蜂蠟（bee wax）	5.0
氧化鐵（黑）（ferric oxide black）	10.0
滑石粉（talc, talcum powder）	10.0
高嶺土（kaolin）	15.0
珠光劑（pearlescent）	15.0
硬脂酸（stearic acid）	10.0
野漆樹蠟（sumach wax, wild）	20.0
硬化蓖麻油（castor oil harden）	5.0
凡士林（vaseline, petrolatum）	4.0
羊毛脂（lanolin）	3.0
角鯊烷（squalane）	3.0
防腐劑和抗氧劑（preservative and anti-oxidant）	適量

【配製】

將顏料、粉料烘乾，磨細，過篩，再與熔化好的油、脂、蠟等原料混合攪拌均勻後，倒入淺盤中冷卻。等凝固後切片，經三輥機研磨數次後，放入壓條機壓注成型。這是鉛筆式的眉筆。旋轉式的眉筆，則是在原料上增加蠟量，減少油分，在工藝上採取熱澆方式，自然凝結而成，硬度較高。

2.眼影（eye shadow）

眼影的色彩豐富多樣，點綴恰到好處能賦予眼睛神奇的魅力。不同色彩的眼影是添加不同顏料配置而成的。眼影產品主要包括有傳統的眼影粉和新型的眼影膏。

(1)眼影膏（eye shadow cream）：眼影膏是用油、脂和蠟製成的產品，也有製成乳化體系的。由油、脂和蠟製成的產品，不含水分，故持久性較好，適合乾性皮膚使用；而乳化體系產品持久性較差，但使用時沒有油膩感，適用於油性皮膚。眼影膏的使用不需要技巧，只需用手指或海綿頭刷勻即可，使用簡便。眼影膏配方舉例如下（表 12-5）。

表 12-5　眼影膏配方

成分	配方 I 含量 %	配方 II 含量 %
礦脂（petrolatums）	63.0	22.0
無水羊毛脂（lanolin anhydrous）	4.0	4.5
蜂蠟（bee wax）	6.5	3.6
地蠟（ozokerite wax）	10.0	—
液體石蠟（liquid petrolatum）	16.5	—
硬脂酸（stearic acid）	—	11.0
甘油（glycerol）	—	5.0

成分	配方 I 含量 %	配方 II 含量 %
三乙醇胺（triethanolamine）	—	3.6
去離子水（water）	—	40.3
顏料（pigment）	適量	10.0

(2) 眼影粉（eye shadow powder）：眼影粉是傳統的眼部色彩化妝品。眼影粉是將粉質原料壓製在一個小的器皿中。在使用上，需要一定的工具，例如化妝刷，較適合專業人士使用。眼影粉在配製方面，大多採用的是滑石粉和色料，以及極少量的油、脂和蠟，在此不再舉例。

3.眼線（eyeliner）

眼線化妝品是用於直接描畫眼睛的上下眼瞼邊緣所用的化妝品。它可以使眼睛看上去大而明亮，並可修改眼睛的形狀。由於是直接使用在眼睛部位，故產品的安全性非常重要，必須要求無任何毒副作用，並且易於描畫，防水、防油。

一般眼線化妝品有兩種，眼線液和眼線筆。

(1) 眼線筆（eyeliner pencils）：眼線筆的主要成分都和眉筆相類似，只是在原料的選擇上更爲謹慎。眼線筆配方舉例如下（表 12-6）。

表 12-6　眼線筆配方

成分	含量 %
硬脂酸鋅（znic stearate）	5.0
碳酸鈣（calcium carbonate）	5.0
無機顏料（inorganic pigment）	15.0
對羧基苯甲酸丙酯（*p*-carboxyyl propylbenzoate）	0.2

成分	含量 %
咪唑烷基脲（imidazolidinyl urea）	0.2
羊毛脂（lanolin）	2.0
失水山梨醇倍半油酸酯（sorbitan sesquioleate）	7.0
滑石粉（talc, talcum powder）	65.6

(2)眼線液（eyeliner lotion）：液態的眼線化妝品通常裝在一個小的玻璃瓶中，使用時用小的纖維毛狀的刷子來描畫。一般液態眼線化妝品會很快乾燥，在卸妝時，可以方便地整體剝離。

除此之外，有的眼線液是乳液配方，不能整體剝離。眼線液配方舉例如下（表12-7）。

表12-7　眼線液配方

成分	含量 %
聚乙烯醇（polyvinyl alcohol）	6.0
肉豆蔻酸異丙酯（isopropyl myristate）	1.0
Tween-60（polyoxyethylene sorbitan monostearate）	0.4
羊毛脂（lanolin）	0.6
丙二醇（propylene glycol）	5.0
去離子水（water）	80.0
碳黑（carbon black）	7.0
防腐劑（preservative）	適量

4.睫毛膏（mascara）

修飾眼睫毛的色彩有很多，睫毛膏可以透過不同的色料進行配製。睫毛膏使用方便，通常裝在小的長圓形管中，蓋子下面有專用的睫毛刷，只要從睫毛根部向睫毛尖端均勻地刷上即可。新型的睫毛膏可以使睫毛變長，變翹和更加濃密，這與添加的纖維素等特別成分有關。睫毛膏使用時非常貼近眼睛，因此安全和衛生非常重要。睫毛膏配方舉例如下（表 12-8）。

表 12-8 睫毛膏配方

成分	含量 %
硬脂酸（stearic acid）	9.0
液體石蠟（liquid petrolatum）	9.0
礦脂（petrolatums）	6.0
三乙醇胺（triethanolamine）	3.0
甘油（glycerol）	10.0
色素（pigment）	9.0
去離子水（water）	53.85
防腐劑（preservative）	適量

【配製】

將油脂和蠟等加熱熔化至 60℃，再將水溶性物質溶解後加熱至 62℃，將水溶液倒入油相中，不斷攪拌至形成均勻細膩的乳劑，在攪拌下加入顏料，經過研磨即可。

二、腮紅（rouge）

腮紅又稱胭脂，是用於臉頰部位的彩色化妝品。腮紅大多以紅色基調爲主，可以使臉部顯得紅潤，健康。古代使用的是天然的紅色顏料，大多從植物花朵中提煉所得。

胭脂主要有膏狀和塊狀兩種。塊狀的胭脂配方類似於粉餅，並添加了一些油脂和色素。膏狀的胭脂是將顏料分散在油性基質中製成的，油脂可占總量的70%~80%。塊狀胭脂適合日常使用，色彩淡雅；膏狀胭脂適合舞台或是濃妝使用，色彩純度高，使用方便。胭脂配方舉例如下（表12-9）。

表12-9 胭脂配方

成分	配方I含量%	配方II含量%
滑石粉（talc, talcum powder）	76.0	10.0
氧化鋅（znic oxide）	5.0	—
硬脂酸鋅（zinc stearate）	5.0	—
米澱粉（rice starch）	10.0	—
液體石蠟（liquid petrolatum）	—	22.0
棕櫚酸異丙酯（isopropyl palmitate）	—	28.0
無水羊毛脂（lanolin anhydrous）	—	1.0
巴西棕櫚蠟（carnauba wax）	—	6.0
蜂蠟（bee wax）	—	2.0
地蠟（ozokerite wax）	—	7.0
色澱（lake）	4.0	34.0
鈦白粉（titanium dioxide）	—	20.0
香精、防腐劑（essence and preservative）	適量	適量

三、口紅（lipstick）

口紅又稱唇膏，是用來修改唇部色彩的化妝品，以紅色爲基調，有糯紅色系、紫紅色系和工紅色系。口紅能保護唇部黏膜，隔離紫外線，滋潤唇部，還能使唇部看起來嬌艷動人。口紅中最重要的原料就是色素。唇膏使用的色素通常包括可溶性色素和非溶性色素兩種。

最常用的可溶性色素是溴酸紅，也稱曙紅（eosin）。曙紅能夠染紅嘴唇，並且色彩牢固持久，但是不溶於水，少量的溶解於油脂。非溶性色素主要是色澱，需混入油、脂、蠟基體中，但是附著力不佳，通常與曙紅同時使用。有時唇膏中還會加入一些珠光顏料，使唇膏產生閃爍的效果，這主要是添加了天然魚鱗、氧氯化鉍和鈦雲母，其中雲母 - 二氧化鐵膜由於特性優越而被使用廣泛。

唇膏的主體是油、脂、蠟，含量要達到 90% 左右。極高的油性基質使得唇膏易於塗抹、使用方便。最常採用的有蓖麻油、單硬脂酸甘油酯和羊毛脂，以及蜂蠟、地蠟等材料。唇膏主要的工藝流程包括有顏料的研磨、顏料相與基質的混合、眞空脫氣、鑄模成型、表面上光等。唇膏配方舉例如下（表 12-10）。

表 12-10　唇膏配方

成分	含量 %
巴西棕櫚蠟（carnauba wax）	5.0
蜂蠟（bee wax）	20.0
無水羊毛脂（lanolin anhydrous）	4.5
鯨蠟醇（cetanol）	2.0
蓖麻油（castor oil）	44.5
硬脂肪甘油酯（glycerol monostearate）	9.5
棕櫚酸異丙酯（isopropyl palmitate）	2.5
溴酸紅（red bromate）	2.0
色澱（lake）	10.0
香精和抗氧劑（essence and anti-oxidant）	適量

四、指甲油（nail lacqure）

指甲油是用來美化指甲的特殊化妝品。指甲油的主要原料有成膜劑（film formers）、黏合劑（binders）、增塑劑（plasticizers）、溶劑（solvents）、著色劑（colorants）和防塵劑（anti-dusting agent）。它的工藝要求較高，要求成膜迅速，光亮度好，耐摩擦，不易剝落等。好的指甲油使用方便，易於塗抹，色調一致，能夠使指甲乾燥迅速，不含任何毒性物質，並且能夠保持色彩持久不剝落。指甲油配方舉例如下（表 12-11）。

表 12-11　指甲油配方

成分	含量 %
硝化纖維素（nitrocllulose）	15.0
對甲苯磺醯胺甲醛樹脂（*p*-toluenesul fonamide formaldehyde resin）	7.0
鄰苯二甲酸二丁酯（di-*n*-butylphthalate）	3.5
乙酸乙酯（ethyl acetate）	5.0
乙酸丁酯（butyl acetate）	30.0
丁醇（butanol）	4.0
甲苯（methyl benzene）	35.5
色素（pigment）	0.5

【配製】

顏料色素要磨細，粉碎後的色素顆粒至少要能通過 300 目的篩子，否則會影響指甲油的光亮度。

去除指甲油要使用專用的去甲水（nailpolish remover），主要的成分爲乙酸乙醋和乙酸丁酯，具有與指甲油原料相似的結構，當然去甲水沒有色料，去甲水還含有羊毛脂衍生物來補充由於去甲油而消耗的指甲表層的油分。

習 題

1. 基面類化妝品的概念及其作用是什麼？
2. 根據產品的乳化狀態來區分，基面化妝品可分爲哪幾大類？根據產品的功能來劃分，可分爲哪幾大類？
3. 散粉和粉餅的主要區別有哪些？
4. 列舉眼部化妝品，分別說明其用途。
5. 睫毛膏的主要化學成分有哪些？

第十三章 口腔衛生用品

口腔衛生對保持人體健康在預防疾病是十分重要的，注意口腔衛生可以減少齲齒、牙周炎、口腔潰瘍、口臭等疾病的發生。保持口腔衛生最有效的方法是刷牙、漱口等，常用的門腔衛生用品有牙膏、牙粉、漱口劑等，其中牙膏是應用最廣、最普及的口腔衛生用品。因此，本章將主要介紹牙膏的作用、分類、組成及相關的配方，並簡單介紹另一類口腔衛生用品－漱口劑的組成及配方。

第一節 牙膏（toothpaste）

一、牙膏的作用和分類

牙膏的作用是和牙刷配合，透過刷牙可以清潔牙齒，除去牙齒表面的食物殘渣、牙垢等，使口腔內潔淨，感覺清爽舒適，同時還具有去除口臭，預防或減輕齲齒、牙周發炎等作用，而達到保持牙齒的潔白、健康和美觀的作用。因此，牙膏可以定義為：「牙膏是與牙刷配合，透過刷牙達到清潔、保護、健美牙齒作用的一種口腔衛生用品」。

爲了能達到上述作用，牙膏需具有如下特性需求：

1.具有適宜的摩擦力

能夠盡可能的除去牙齒表面的菌斑、牙垢、牙結石等，而又不損傷牙釉質或牙本質。

2.具有良好的發泡性

雖然牙膏的質量並不完全取決於泡沫的多少，但具有良好的發泡性和適度的泡沫，可使刷牙感覺舒適，而且泡沫對於清除污穢物具有重要的作用。因此，良好的發泡性，能提高牙齒的清潔作用。

3.具有抑菌和防齲作用

口腔內常有能損傷牙齒健康的致病菌（如乳酸桿菌、變性鏈球菌等），能分解食物而生成乳酸，並對牙齒產生腐蝕，或發生齲齒。因此，在牙膏中添加有效成分，使之具有抑菌作用，可以提高牙齒抗酸、抗病能力。減少齲齒的發生，而達到保護牙齒的作用。

4.有舒適的香味和口感

在牙膏中添加適當的香精和矯味劑，可使在刷牙過程或刷牙之後，感到涼爽、清新，並能除去口腔內異味。

5.穩定性好

即具有一定的化學及物理穩定性，在貯存和使用期間內必須穩定性好，不腐敗變質，膏體不被破壞及 pH 值不變等。

6.安全性好

要求牙膏無毒性，尤其對口腔黏膜無刺激性。

隨著人民生活水準的提高，文明生活方式的需要，現在牙膏的種類很多，分類方法也較多。有的按添加香精香型分類，如薄荷香型、留蘭香型、水果香型等；有的按牙膏酸鹼性分類，如中性、酸性和鹼性牙膏；有的按牙膏作用的摩擦劑分類，如碳酸鈣型、磷酸氫鈣型和氫氧化鋁型等；還有的按牙膏功能分類，如普通牙膏、藥物牙膏，其中藥物牙膏又可分爲脫敏性牙膏、防齲牙膏、消炎止血牙膏等。

二、牙膏的組成

牙膏的組成主要有摩擦劑、洗滌發泡劑、膠黏劑、保濕劑、甜味劑、防腐劑和香精等。此外，具有特殊作用的牙膏還要加入達到特殊作用的添加成分。

1.摩擦劑（abrasive）

是清潔牙齒作用的主要成分，可以除去附著於牙齒表面的污垢和色斑等物質。當作摩擦劑應具有適宜的硬度和粒度，有較好的清潔能力，不損傷牙齒組織，化學上穩定、無毒、無刺激性、無臭、無味等。常用的多為無機粉末摩擦劑，一般占配方的 20%~50%。例如：

(1) 碳酸鈣（calcium carbonate）[$CaCO_3$]：有輕質、重質及天然碳酸鈣等，均為無臭、無味的白色粉末，粒度直徑大部分在 2~6 μm，摩擦力一般比磷酸鈣大，常用於中、低檔的牙膏中。

(2) 二水合磷酸氫鈣（calcium phosphate, dibasic dehydrate）[$CaHPO_4 \cdot 2H_2O$]：是最常用的一種比較溫和的優良摩擦劑，對於牙釉質的摩擦力大小適中。所製得的牙膏體光潔美觀，但價格較貴，常用於高檔牙膏。在長期保存時，膏體容易失去結晶水，使膏體變硬，需要添加焦磷酸鈉、磷酸鎂等穩定劑。它與大多數氟化物不相容，不能用於含氟牙膏。

(3) 焦磷酸鈣（calcium pyrophosphate）[$Ca_2P_2O_7$]：焦磷酸鈣是白色、無臭、無味粉末。結晶形式有 α、β、γ 之分，其中 β、γ 型結晶與氟化物相容性好，摩擦性能優良，屬軟型摩擦劑。

(4) 水不溶性偏磷酸鈉（water non-soluble metaphosphate）[$NaPO_3$)]：它的摩擦力適度，與鈣鹽混合使用時，摩擦作用要比單獨使用效果好。與氟化物伍配性好，但價格較昂貴。

(5) 氫氧化鋁（aluminum hydroxide）[$Al(OH)_3$]：氫氧化鋁的穩定性

較好，是理想的摩擦劑之一，特別是它與氟化物的相容性好，適合用於藥物牙膏中。

(6) 二氧化矽（silicon dioxide）[$Si_2O \cdot xHO_2$]：用作摩擦劑的二氧化矽是無定型粉末狀，摩擦力適中，與氟化物相容性好，適合用於藥物牙膏中。它的折光率與液體的折光率常相近，膏體是透明狀態，常用作透明牙膏的磨擦劑。

此外，還有磷酸鈣、鋁矽酸鈉等無機粉末摩擦劑。除無機粉末摩擦劑外，也有使用熱塑性樹脂作爲摩擦劑，優點是對氟化物穩定、有良好的伍配性。常用的熱塑性樹脂粉末有聚丙烯、聚氯乙烯、聚甲基丙烯酸甲酯等，用量爲 30%~50%。它們還常與 2%~5% 的矽酸鋯混合使用。

2.膠黏劑（gellant）

主要作用是防止牙膏的粉末成分與液體成分分離，並賦予膏體適當的黏彈性及擠出成型性。常用於牙膏的膠黏劑有天然膠黏劑，如海藻酸鈉、黃蓍樹膠、阿拉伯膠等；變性天然膠黏劑，如羧甲基纖維素、羥乙基纖維素等；合成膠黏劑，如聚乙烯醇、聚乙烯吡咯烷酮、聚丙烯醯胺等；無機膠黏劑，如膠性二氧化矽、矽酸鋁鎂等。一般用量爲 1%~2%。

3.洗滌發泡劑（cleasing foam booster）

使牙膏具有去污、起泡的能力。透過表面活性劑的洗滌、發泡、乳化、分散等作用，能使牙膏在口腔迅速擴散，降低污穢物、食物殘渣等在牙齒表面的附著力，並被豐富的泡沫乳化而懸浮，隨漱口水清除出去，達到清潔牙齒和口腔的作用。當作牙膏洗滌發泡劑的表面活性劑應無毒、無刺激性及不影響牙齒的其他功能。常用的洗滌發泡劑有十二烷基硫酸鈉、月桂醯基肌氨基酸鈉、月桂醇磺乙酸鈉、月桂醯基谷氨酸鈉等。用量一般爲 2%~3%。

4.保濕劑（moisturizer）

作用是保持膏體水分，不易變乾、硬而易於擠出，還可以使膏體具有一定黏度和光滑度。用量在普通牙膏中一般為 20%~30% ，透明牙膏中高達 70%。當作牙膏保濕劑一般為多元醇，如丙二醇、甘油、山梨醇、木糖醇、聚乙二醇等。丙二醇的吸濕性很大，但略帶有苦味；甘油、山梨醇有適度的甜味；木糖醇既有蔗糖的甜味，又有保濕性和防腐作用。

5.甜味劑（sweetener）

用於矯正香精的苦味及摩擦劑的粉塵味。可當作牙膏甜味劑有糖精（$C_6H_4CONHSO_2$）、木糖醇、甘油等。用量一般為 0.05%~0.25%。

6.香精（essence）

用來掩蓋牙膏中各種成分所產生的異味，並能在刷牙之後感到有清新、爽口香味的感覺。牙膏常用的香精類型有留蘭香型、薄荷香型、果香型及冬青香型等。用量為 1%~2%。

7.防腐劑（preservative）

可防止添加的膠黏劑、甜味劑等物質，因為長時間貯存易發生黴變。常用的防腐劑有苯甲酸鈉、尼泊金甲酯或丙酯和山梨酸等，用量為 0.05%~0.5%。

8.中草藥萃取液（nature herb medicine extract）

可以增加防齲、脫敏性等作用。例如，兩面葉、草珊瑚、田七、三七、杜仲等萃取液。

三、牙膏的配方

1.普通牙膏（common toothpaste）

是指不添加任何藥物成分的牙膏，主要作用是刷淨牙齒表面，清潔口腔，預防牙垢和齲牙的發生，保持牙齒潔白和健康。由於防止牙病的能力差，逐漸被具有療效的藥物牙膏替代。普通牙膏配方舉例如下表（13-1）。

表 13-1 普通牙膏配方

	組成	含量比例（%）	
		(1)	(2)
摩擦劑（abrasive）	二水合磷酸氫鈣（calcium phosphate, dibasic dihydrate）	49.0	—
	碳酸鈣（calcium carbonate）	—	48.0
穩定劑（stabiliser）	焦磷酸鈉（sodium pyrophosphate）	1.0	—
保濕劑（moisturizer）	甘油（glycerol）	25.0	30.0
膠黏劑（gellant）	羧甲基纖維素（carboxy methyl cellulose）	1.2	1.0
發泡劑（foam booster）	十二烷基硫酸鈉（sodium dodecyl sulfate）	3.0	3.2
甜味劑（sweetener）	糖精（saccharin）	0.3	0.3
其他（other）	蒸餾水（water）	19.2	16.3
	香精（essence）	1.3	1.2
	防腐劑（preservative）	適量	適量

【配製】

將甘油與膠黏劑均勻分散，加入水後使膠黏劑溶脹成膠溶體。放置一定時間後，拌入摩擦劑，並加入發泡劑、甜味劑、香精、防腐劑等，經研磨、貯存陳化，眞空脫氣，即可製得膏體。

普通牙膏從外觀上有透明牙膏與不透明牙膏之分，上述配方是不透明牙膏配方。透明牙膏的磨擦劑多爲二氧化矽，用量在 20% 左右，保濕劑用量也相應增加，可達 50%~70%。配方舉例如下（表 13-2）。

表 13-2　透明普通牙膏配方

	組成	成分比例（%）
摩擦劑（abrasive）	二氧化矽（silicon dioxide）	25.0
保濕劑（moisturizer）	山梨醇（70%）（sorbitol, 70%）	30.0
	甘油（glycerol）	25.0
膠黏劑（gellant）	羧甲基纖維素（carboxy methylcellulose）	0.5
發泡劑（foam booster）	十二烷基硫酸鈉（sodium dodecylsulfate）	2.0
甜味劑（sweetener）	糖精（saccharin）	0.2
其他（other）	蒸餾水（water）	16.3
	香精（essence）	1.0
	防腐劑（preservative）	適量

【配製】

同普通牙膏製法相同。

2.防齲牙膏（anti-dental caries toothpaste）

主要具有防止齲齒（dental caries），防治牙齦炎、消除口臭等作用。防齲牙膏有含氟化物牙膏、加酶牙膏、中草藥牙膏等。作用主要是透過抑制乳酸菌等，降低由於細菌產生的酸對牙齒的腐蝕；促進氟化物在牙釉質表面形成不溶物沉澱，增強牙釉質表面的硬度等，達到防治齲齒的作用。

含氟化物牙膏是應用最廣的防齲牙膏，它是將能夠離解爲氟離子的水溶性氟化物加入膏體中製得的。常用的氟化物有氟化鈉、氟化亞錫、氟化鍶、單氟磷酸鈉等。用量一般在 1% 以下，還要根據氟化物的種類不同而定，一般要求按氟化物的分子式計算量爲 10^{-9}。對於飲用水含氟量高的地區，不宜用含氟牙膏。配方舉例如下（表 13-3）。

表 13-3　防齲牙膏配方

	組成	成分比例（%）
摩擦劑（abrasive）	氫氧化鋁（aluminum hydroxide）	52.0
保濕劑（moisturizer）	山梨醇（70%）（sorbitol, 70%）	27.0
膠黏劑（gellant）	羧甲基纖維素（carboxy methylcellulose）	1.1
發泡劑（foam booster）	十二烷基硫酸鈉（sodium dodecylsulfate）	1.5
防齲劑（anti-dental caries agent）	單氟磷酸鈉（sodium monofluorophosphate）	0.8
甜味劑（sweetener）	糖精（saccharin）	0.2
其他（others）	蒸餾水（water）	16.55
	香精（essence）	0.85
	防腐劑（preservative）	適量

【配製】

將膠黏劑與粉質原料預先混合均勻，在混合過程中將水、保濕劑等其他成分加入，再混合均勻即可。

3.防牙垢牙膏（anti-tartar toothpaste）

牙垢（tartar）又稱牙結石，是由於牙結石和牙菌斑的產生是引起齲齒和牙周病的重要原因，因此，抑制和清除牙結石和牙菌斑是預防牙病和保護牙齒的有效方法。使用於牙膏中，進行抑制和清除牙結石和牙菌斑的主要成分有兩類：一類是化學去垢成分，另一類是酶抑制劑成分。

(1)化學去垢成分（chemical detergent）：化學去垢成分有尿素、檸檬酸鋅、聚磷酸鹽等。尿素添加於牙膏中，可以防止牙垢的沉積並使已形成的結石脫除；檸檬酸鋅的鋅離子能阻止過飽和的磷酸離子與鈣離子生成磷酸鈣沉澱。檸檬酸鋅與氟化鈉等配合使用，溶解牙結石和抑制菌斑形成效果較好。聚磷酸鹽是有效的抗結石劑。這些化學成分，一般與焦磷酸鈣、氫氧化鋁、二氧化鋁等摩擦劑伍配性好。配方舉例如下（表 13-4）。

表 13-4　透明防結石牙膏配方

	組成	成分比例（%）
摩擦劑（abrasive）	二氧化矽（silicon dioxide）	12.0
保濕劑（moisturizer）	山梨醇（78%）（sorbitol, 78%）	35.0
	甘油（glycerol）	26.0
膠黏劑（gelant）	羥乙基纖維素（hdroxyethyl cellulose）	1.7
發泡劑（foam booster）	十二烷基硫酸鈉（sodium dodecylsulfate）	1.5
甜味劑（sweetener）	糖精（saccharin）	0.2

	組成	成分比例（%）
抗結石劑（antilitter）	檸檬酸鋅（zinc citrate）	0.5
	三聚磷酸鈉（sodium tripolyphosphate）	1.0
	氟化鈉（sodium fluoride）	0.23
其他（other）	蒸餾水（water）	20.87
	香精（essence）	1.0

【配製】

同普通牙膏製法相同。

(2)**酶**抑制劑（enzyme inhibitor）：酶抑制劑作用是利用酶的催化性能（catalytic property），使難溶解的沉澱物轉化爲水溶性物質，進而達到抑制和清除牙結石和牙菌斑的作用。添加的酶類有聚糖酶、澱粉酶、蛋白酶和溶菌酶。加酶的牙膏配製過程中重要的問題是保持酶的活性。配方舉例如下（表 13-5）。

表 13-5　抑制劑防結石牙膏配方

	組成	成分比例（%）
摩擦劑（abrasive）	氫氧化鋁（aluminum hydroxide）	44.0
保濕劑（moisturizer）	山梨醇（sorbitol）	30.0
膠黏劑（gelant）	角叉膠（carrageenin）	1.0
發泡劑（foam booster）	十二烷基硫酸鈉（sodium dodecylsulfate）	1.5
緩衝劑（buffered）	十二烷基二乙醇胺（dodecyl diethanolamine）	0.5

	組成	成分比例（%）
殺菌劑（bactericide）	十六烷基吡啶氯化銨（cetylpyridinium ammonium chloride）	0.01
抗結石劑（antilithic）	單氟磷酸鈉（sodium monofluorophosphate）	0.75
酶抑制劑（enzyme inhibitor）	內型糊精酶（80萬單位/g）（intra-dextranase, 800,000 unit/g）	0.9
	外型異麥芽糖糊精酶（80萬單位/g）（extra-isomaltodextranase, 800,000 unit/g）	0.1
甜味劑（sweetener）	糖精（saccharin）	0.1
其他（other）	蒸餾水（water）	20.64
	香精（essence）	0.8

【配製】

同普通牙膏製法相同。

4.脫敏性牙膏（desensitizing toothpaste）

對因為牙根部分裸露而使牙齒遇冷、熱、酸和甜等引起牙痛的過敏症有一定療效。膏體中通常加入化學脫敏劑或中草藥脫敏劑等，可進行脫敏作用。

化學脫敏劑有氯化鍶（$SrCl_2$）、硝酸鉀、甲醛、檸檬酸及其鹽類等。中草藥脫敏劑有細辛、荊芥、川芎、藁木、草珊瑚等中草藥萃取液。配方舉例如下（表13-6、表13-7）。

表 13-6 透明型化學脫敏牙膏配方

	組成	成分比例（%）
摩擦劑（abrasive）	二氧化矽（silicon dioxide）	24.0
保濕劑（moisturizer）	甘油（glycerol）	25.0
膠黏劑（gelant）	羥乙基纖維素（hdroxyethyl cellulose）	1.6
發泡劑（foam booster）	聚氧乙烯（20）失水山梨醇單月桂酸酯（polyoxyethylene sorbitan monolaurate）	2.0
脫敏劑（desensitizer）	硝酸鉀（potassium nitrate）	10.0
甜味劑（sweetener）	糖精（saccharin）	0.2
其他（other）	蒸餾水（water）	36.2
	防腐劑（preservative）	適量

【配製】

同普通牙膏製法相同。

表 13-7 普通型中草藥與脫敏牙膏配方

	組成	成分比例（%）
摩擦劑（abrasive）	磷酸氫鈣（calcium hydrogen phosphate）	50.0
保濕劑（moisturizer）	甘油（glycerol）	20.0
膠黏劑（gelant）	羧甲基纖維素（carboxy methyl cellulose）	1.0

	組成	成分比例（%）
發泡劑（foam booster）	十二烷基硫酸鈉（sodium dodecyl sulfate）	2.5
穩定劑（stabiliser）	焦磷酸鈉（sodium pyrophosphate）	0.5
甜味劑（sweetener）	糖精（saccharin）	0.3
脫敏劑（desensitizer）	中草藥脫敏劑（nature herb medicine desensitizer）	0.5
其他（other）	蒸餾水（water）	24.2
	香精（essence）	1.0
	防腐劑（preservative）	適量

【配製】

同普通牙膏製法相同。

第二節　漱口劑（mouth washes）

漱口劑也稱口腔清潔劑，簡稱漱口水。漱口水的特點是漱洗方便，不需要用牙刷配合就可以達到清潔口腔的目的。它的主要作用是殺菌、除去腐敗及發酵食物碎屑，以及去除口臭和預防齲齒等。漱口劑是由殺菌劑、保濕劑、表面活性劑、香精、防腐劑、酒精等組成。

1.殺菌劑（bactericide）

主要是陽離子表面活性劑，如含 C_{12}~C_{18} 長碳鏈的四級銨鹽類，還有硼酸、苯甲酸、氯己定等。除了殺菌作用外，還具有發泡等作用。

2.表面活性劑（surfactant）

除上述陽離子表面活性劑外，還有非離子、陰離子表面活性劑。主要作用爲發泡、增溶、清除食物碎屑等作用。

3.保濕劑（moisturizer）

在漱口劑中可以增稠、增加甜味和緩衝刺激等作用，一般用量爲5%~20%。常用的保濕劑，例如甘油、山梨醇等多元醇。

4.乙醇與水（alochol and water）

是組成漱口劑的主要溶液部分，乙醇除有溶劑作用外，還具有殺菌、防腐等作用。

5. 香精（essence）

在漱口劑中的主要作用爲使漱口劑具有愉快的香味。漱口後，在口腔內留有芬香氣味，可掩蓋口臭。常用的香精有冬青油、薄荷油、黃樟油和茴香油等，用量約爲0.5%~2.0%。

此外，還需加入適量的甜味劑，如糖精、葡萄糖和果糖等，用量爲0.05%~2.0%。漱口劑配方舉例如下（表13-8）。

表13-8　漱口劑配方

	組成	成分比例（%）	
		(1)	(2)
殺菌劑（bactericide）	十六烷基吡啶氯化銨（cetylpridium ammonium chloride）	0.1	
	月桂醯甲胺乙酸鈉（sodium lauroyl methylamine acetate）		1.0
發泡增溶劑（foam boosting solubilizer）	聚氧乙烯失水山梨醇單硬脂酸酯（polyoxyethylene sorbitan monostearate）	0.3	
	聚氧乙烯失水山梨醇單月桂酸酯（polyoxyethylene sorbitan monolaurate）		1.0

	組成	成分比例（%）	
		(1)	(2)
保濕劑（moisturizer）	甘油（glycerol）		13.0
	山梨醇（70%）（sorbitol, 70%）	20.0	
緩衝劑（buffered）	檸檬酸（citric acid）	0.1	
	醋酸鈉（sodium acetate）		2.0
矯味劑（flavoring agent）	薄荷油（peppermint oil）	0.1	0.3
	肉桂油（cassia oil）	0.05	
溶劑（solvent）	乙醇（alochol）	10.0	18.0
	蒸餾水（water）	69.35	63.9
其他（other）	香精（essence）	適量	0.8
	色素（pigment）	適量	適量

【配製】

將增溶劑、矯味劑、香精等加入乙醇中攪拌溶解，另將殺菌劑、緩衝劑等加入水中攪拌溶解，將水溶液加入乙醇溶液中混合，並加入色素混合均勻，陳化、冷卻（5℃），然後過濾即可。

習　題

1. 牙膏的使用目的爲何？
2. 牙膏的功能需求有哪些？
3. 牙膏中的主要成分有哪些？
4. 根據牙膏產品的配方，可以區分成哪些種類？
5. 漱口水的主要成分有哪些？

參考文獻

1. 化妝品衛生管理條例暨有關法規，行政院衛生署，2000。
2. 張麗卿編著：化妝品製造實務，台灣復文書局，1998。
3. 洪偉章、陳容秀著：化妝品科技概論，高立圖書，1996。
4. 李仰川編著：化妝品原理，文京圖書，1999。
5. 嚴嘉蕙編著：化妝品概論第二版，新文京圖書，2001。
6. 李明陽，化妝品化學，21 世紀高等醫學院校教材，2002。
7. 鍾振聲、章莉娟編著：表面活性劑在化妝品中的應用，化學工業出版社，2003。
8. 垣原高志著，邱標麟編譯：化妝品的實際知識第三版，台灣復文書局，1999。
9. 童琍琍、馮蘭賓編著：化妝品工藝學，中國輕工業出版社，1999。
10. 李國貞，化妝保養品產業現況與展望，Vol.148：p.115~125，化工技術，2005。
11. 蕭志權，多重乳化技術在製作微囊球與奈米囊球之應用，Vol.148：p.141~145，化工技術，2005。
12. 劉吉平、郝向陽編著，奈米科技與技術，世茂出版社，2003。
13. 羅怡情著，化妝品成分辭典，聯經初版社，2005。
14. 王理中、王燕，英漢化妝品辭典，化學工業出版社，2001。
15. 光井武夫主編，陳韋達、鄭慧文譯：新化妝品學，合記出版社，1996。
16. 趙坤山、張效銘著，化妝品化學，五南圖書出版股份有限公司，2006。
17. 張效銘、趙坤山著，化妝品原料學第二版，滄海圖書資訊股份有限公司，2015。

18.張效銘、趙坤山著，化妝品基礎化學，滄海圖書資訊股份有限公司，2015。

19.陳育誠、邱純慧，2014 年第四季及全年我國特用化學品產業回顧與展望，工研院IEK。

20.陳育誠、邱純慧，2013 年第四季及全年我國特用化學品產業回顧與展望，工研院IEK。

21.邱純慧，2014 年台灣最美麗的化學產業-化妝品製造產業發展趨勢，工研院IEK。

22.Mathews and van Holde, Biochemistry-2nd ed. The Benjamin/ Cummings Publishing Company, 1995.

23.A Guide to the cosmetic products (safety) regulations. London:dti Department of Trde and Industry. Sep. 2001.

24.Cosmetic Handbook. U. S. Food and Drug Administration, Center for Food Safety and Applied Nutrition, FDA/IAS* Booklet:1992.

25.S. D. Gershon *et al.,*: Cosmetucs Science and technology p.178, Wiley-Interscience, 1972.

26.Akiu, S., Suzuki, Y., Fujinuma, Y., Asahara, T., Fukuda, M. 1988. Inhibitory effect of arbutin on melanogenesis: biochemical study in cultured B16 melanoma cells and effect on the UV-induced pigmentation in human skin. Proc. Jan. Soc. Dermatol., 12, 138~139.

27.Kim, JH., Yoo, SJ. OH. DK., Kweon, YG., Park, DW., Lee, CH., Gil, GH. 1996. Selection streptococcus equi mutant andoptimization of culture conditions for the production of high molecular weight hyaluronic acid. Enzyme Microbiol. Techol. 19, 440~445.

28. Matarasso, S. L. 2004. Understanding and using hyaluronic acid. Asethetic Surg. J., 24:361~364.

二、網站資料

1. 行政衛生福利部（http://www.mohw.gov.tw）
2. 化妝保養品產業資料網（http://www.cosmetic.org.tw）

中文索引

四畫

五畫

六畫

七畫

八畫

九畫

十畫

英文索引

F

G

H

I

K

O

P

T

U

V

W

X

Y

Z

國家圖書館出版品預行編目資料

化妝品概論／張效銘著．——初版．——臺北市：五南，2016.04
面；　公分
ISBN 978-957-11-8560-6（平裝）

1.化粧品

466.7　　　105004202

5B21

化妝品概論

作　　者— 張效銘（224.2）
發 行 人— 楊榮川
總 編 輯— 王翠華
主　　編— 王正華
責任編輯— 金明芬
封面設計— 陳翰陞
出 版 者— 五南圖書出版股份有限公司
地　　址：106台北市大安區和平東路二段339號4樓
電　　話：(02)2705-5066　　傳　　真：(02)2706-6100
網　　址：http://www.wunan.com.tw
電子郵件：wunan@wunan.com.tw
劃撥帳號：01068953
戶　　名：五南圖書出版股份有限公司
法律顧問　林勝安律師事務所　林勝安律師
出版日期　2016年4月初版一刷
定　　價　新臺幣420元

凝煉知識品味閱讀